吉林省矿产资源潜力评价系列成果，

是所有在白山松水间

辛勤耕耘的几代地质工作者

集体智慧的结晶。

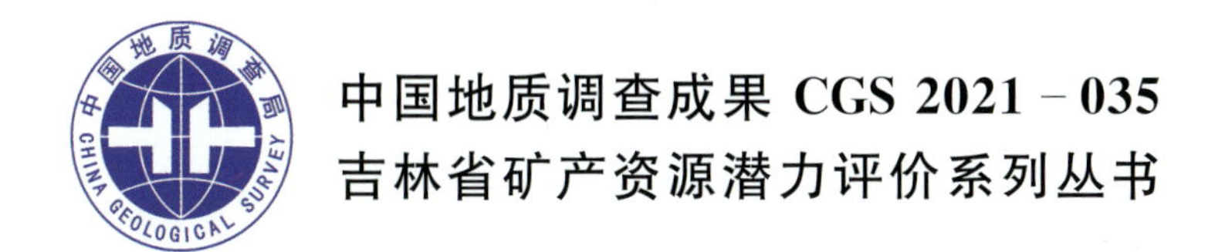

吉林省矿产资源潜力评价
成矿地质背景研究

JILIN SHENG KUANGCHAN ZIYUAN QIANLI PINGJIA
CHENGKUANG DIZHI BEIJING YANJIU

于宏斌　李东津　张艳玲　聂立军　王光奇　王铁成　等编著

图书在版编目(CIP)数据

吉林省矿产资源潜力评价成矿地质背景研究/于宏斌等编著.—武汉:中国地质大学出版社,2021.7
(吉林省矿产资源潜力评价系列丛书)
ISBN 978-7-5625-5048-8

Ⅰ.①吉…
Ⅱ.①于…
Ⅲ.①成矿带-矿产地质调查-吉林
Ⅳ.①P622

中国版本图书馆CIP数据核字(2021)第130465号

吉林省矿产资源潜力评价成矿地质背景研究 于宏斌 李东津 张艳玲 聂立军 王光奇 王铁成 等编著

责任编辑:周 旭 选题策划:毕克成 段 勇 张 旭 责任校对:张咏梅

出版发行:中国地质大学出版社(武汉市洪山区鲁磨路388号) 邮编:430074
电 话:(027)67883511 传 真:(027)67883580 E-mail:cbb@cug.edu.cn
经 销:全国新华书店 http://cugp.cug.edu.cn

开本:880毫米×1230毫米 1/16 字数:333千字 印张:10.5
版次:2021年7月第1版 印次:2021年7月第1次印刷
印刷:武汉中远印务有限公司

ISBN 978-7-5625-5048-8 定价:258.00元

如有印装质量问题请与印刷厂联系调换

《吉林省矿产资源潜力评价成矿地质背景研究》

主　　任：李景波
副 主 任：周晓东
主　　编：于宏斌
编 著 者：于宏斌　李东津　张艳玲　聂立军　王光奇
　　　　　王铁成　卢兴波　孙　罡　邸　新　周　凯
　　　　　潘　建　赵　娟　胡红霞　王凯红　任军丽
　　　　　韩永晟　辛玉莲　徐　卫　孙喜庆　郭嘉琨
承担单位：吉林省地质调查院
编写单位：吉林省区域地质矿产调查所

前　言

本书以近年来区域地质矿产调查实际资料和各种科研专题资料为基础，充分应用物探、化探、遥感综合信息，按板块构造理论和大陆动力学观点，对吉林省基础地质与成矿作用关系进行了系统研究和充分探讨，推演地质发展历史及演化过程，探讨大地构造相与区域成矿作用及成矿规律的关系，为区域地质研究和找矿勘探提出了新的思路和认识。

通过此次研究，除了对吉林省基础地质和大地构造有了新的认识以外，还发现了一些困扰吉林省基础地质研究的问题。如西伯利亚板块与华北板块对接碰撞的时间、地点及碰撞方式，和龙地块的性质及其与龙岗地块的关系，吉林南部古元古代地质体的构造属性，吉林省的优势矿种金、钼成矿与地质构造的关系，等等。

通过此次编图，认为此项工作有必要长期持续地进行下去，地质资料的不断积累必将对此次编图成果进行补充和完善。基础地质的调查与研究，必须有先进的理论作指导。随着板块构造和大陆动力学理论基础不断完善，新的认识不断提出，必将进一步提高吉林省的基础地质研究水平。

在此次成矿地质背景研究及吉林省大地构造相编图过程中，始终受到全国专家组专家叶天竺、张智勇、肖庆辉、潘桂棠、冯艳芳、邓晋福、陆松年、冯益民、张克信、李锦轶、王方国、邢光福、郝国杰、王惠初及中国地质调查局沈阳地质调查中心专家张允平、张长捷、赵春荆多次指导和帮助。经过多次办班研讨及工作各阶段汇报检查，笔者不但对板块构造及大陆动力学理论认识水平有所提高，而且加深了对吉林省基础地质研究的认识，很好地指导了本次编图工作。吉林省区域地质方面知名专家彭玉鲸、李东津、王光奇亦亲自参加了此项工作，并付出了宝贵的知识。在此一并表示衷心的感谢！

由于时间紧、任务重，加之水平所限，不足之处敬请指教。

编著者

2021 年 6 月

目　录

第一章 概 述

第一节 目标任务

对吉林省已有的区域地质调查和专题研究等资料(包括沉积岩、火山岩、侵入岩、变质岩、大型变形构造等各个方面),按照大陆动力地学理论和大地构造相工作方法,依据技术要求的内容、方法和程序进行系统整理归纳。以1∶25万实际材料图为基础,编制吉林省沉积建造构造图、火山岩相构造图、侵入岩浆构造图、变质建造构造图以及大型变形构造图,完成吉林省大地构造相图的编制工作。在初步分析成矿大地构造环境的基础上,按矿产预测类型的控制因素以及分布,分析成矿地质构造条件,为矿产资源潜力评价提供成矿地质背景和地质构造预测要素信息,为吉林省重要矿产资源评价项目提供区域性和评价区基础地质资料,完成吉林省成矿地质背景课题研究工作。

(1)划分吉林省沉积岩地层分区,研究沉积岩石地层单位的岩石类型、岩性和岩石组合特征;研究与沉积成矿密切相关的、有特殊意义的岩性岩相标志层;研究岩石地层单位的岩石结构和沉积构造。

(2)研究吉林省海相、陆相火山岩的分布范围,岩石地层单位的岩石类型、岩性和岩石组合特征;研究岩石的结构构造、火山碎屑物、主要矿物、次要矿物、副矿物、成矿元素、矿化、蚀变破碎、火山岩相划分等特征;研究火山岩石的构造(环境)组合、岩石系列、岩浆演化趋势、喷发类型、喷发韵律、喷发旋回、火山构造岩浆旋回、火山作用方式、成因类型等特征。

(3)研究侵入体的形态、空间分布范围、所处的构造位置及其与区域构造的关系;研究侵入单元岩石类型、岩性、矿物组合、岩体产状、与围岩的接触关系、侵入相带划分等特征;研究不同单元侵入体之间的接触关系、生成顺序、岩石组合类型、造岩矿物成分、副矿物、岩石结构构造、岩石化学成分、地球化学成分等特征;研究岩浆演化、侵入体的构造、侵入体与围岩的关系、岩浆活动与区域构造的关系、岩浆活动与构造环境的关系、岩浆活动与成矿作用的关系等特征;以与围岩的穿切关系为准则,以周边沉积盆地分析为参照,以同位素为依据,判定岩体侵入时代和年龄,确定侵入体的侵入期次。

(4)研究变质岩石单位的空间分布范围,不同岩石单位的产状、层序特征、规模与纵横向变化规律、时空展布特点,变质侵入体的原生构造;划分太古宙变质表壳岩、变质深成侵入岩(体);划分太古宙—古生代变质相、变质建造与变质反应;研究原岩建造、大地构造环境、原岩年龄、变质年龄、混合岩化程度、蚀变特征、矿化特征、变质温度、变质压力等特征;划分变质相、变质相系、变质作用类型、变质建造,确定变质期次。

(5)研究大型变形构造空间分布、岩石类型、产状、变形构造特征、蚀变特征、矿化特征、矿物成分和矿物共生组合。

(6)研究省区(内)及跨省的各级构造单元,构造分区及控制构造分区的构造带的位置、性质及其产状。划分大地构造相,叙述不同大地构造环境和构造部位形成的岩石-构造组合特征。划分建造类型,叙述它们的位置、岩性和岩石组合等特征，如沉积建造、火山建造、侵入建造。划分区域构造类型，叙述其岩石组合特征。研究构造旋回、构造期、大地构造演化阶段等特征。

(7)编制相关基础图件和预测工作区地质构造底图，建立与吉林省矿产资源潜力评价相关的地质空间数据库。

第二节 自然地理概况

吉林省位于中国东北地区的中部，地处日本海的西侧。南、北分别与辽宁省和黑龙江省毗邻，西与内蒙古自治区相接，东部与朝鲜、俄罗斯南部滨海接壤。南北纬差 5°26′(北纬 40°51′—46°17′)，东西经差 9°24′(东经 121°54′—131°18′)。东西长约 650km，南北宽约 300km，呈北西-南东向延伸，而东南部呈较宽的狭长形，总面积 187 400km^2。全省共辖长春、吉林、四平、辽源、通化、白山、松原、白城及延边朝鲜族自治州 8 市 1 州，省会长春市。全省人口 2407 万人，有汉族，以及朝鲜族、满族、回族、蒙古族等少数民族。

吉林省地势东南高而西北低，起伏比较大。在地形上自东向西北排列，基本上可分为东部山地、中部丘陵和西部平原三大部分。

东部山地是指北起张广才岭，向西南延至通化、柳河交界的龙岗山脉连线以东的地区，以长白山的主脉及其支脉为主。长白山主脉位于和龙、安图、长白、抚松、靖宇等县(市)一带，海拔多在 1000m 以上，其上有大面积的玄武岩覆盖，组成熔岩高原。长白山主峰为我国及东亚著名的火山，1597 年、1668 年及 1702 年还有活动。顶部天池(又名龙潭)为一典型的火口湖，面积 9.2km^2，湖面海拔 2155m，水深 312.7m。湖的北西有缺口，形成落差达 68m 的瀑布，为西流松花江上游的源头，长白山为三江(图们江、鸭绿江和松花江)的发源地。天池外围(1990 年)已被联合国教科文组织列为自然保护区。长白山山脉向北延至哈尔巴岭东地区，受扇形图们江水系的切割，已成为周高中低的盆地形式，四周山地高度在 600～800m，河谷低地则降到 200m 左右，珲春附近最低海拔仅 80m。张广才岭与哈尔巴岭之间为牡丹江上流谷地，浑江与鸭绿江之间为老岭，浑江之西为龙岗山脉，均为海拔 1000m 左右的山地。

张广才岭经富尔岭到龙岗山脉一线以西，四平、长春、榆树以东是中部丘陵，大部分海拔在 500m 以下，相对高差 200m 左右。

西部平原是松辽大平原的中部地段。自长春—公主岭经长岭到开通，为宽达 100 多千米坡度和缓的松辽分水岭，海拔 200m 左右，相对高度不过 50～100m。分水岭之北为松嫩平原，海拔降至 100～150m；分水岭之南为辽河平原的一部分。在平原西北隅前郭、大安、白城等境内，受风沙堆积的影响，形成沙丘。由于沙丘的分割，其间的积水洼地形成大片的碱地、碱泡子式沼泽地。

吉林省主要河流，除东辽河、鸭绿江、图们江、大绥芬河水系外，其他河流均属于松花江水系，如西流松花江及其支流，嫩江和洮儿河、牡丹江、拉林河等。北部边界的拉林河直接注入松花江。

吉林省东部山区以山地棕色森林土、生草灰化土和沼泽土为主；中部地区多为淋溶黑钙土；西部土壤种类较多，有典型黑钙土、碳酸盐黑钙土、栗钙土、盐磷土和沙土等。

吉林省因气候土壤的差异，天然植物种类繁多，长白山区有驰名国内的大片针叶林、针品阔叶混交林和经济价值较高的野生植物。针叶林中有红松、长白落叶松、鱼鳞松、红皮臭松、黄花松等；阔叶林中有黄菠萝、水曲柳、胡桃秋、色木、榆、杨、白桦等；吉林长白山人参更是名闻中外的珍贵药材。毛皮类动物也很多，有野猪、熊、虎、豹、狼、紫貂、狐狸、麝、狍、东北马鹿、梅花鹿等。

吉林省矿产资源丰富，全省发现矿种 158 种(包括亚矿种)，有查明资源储量的矿种 115 种。查明资源储量的主要矿种有石油、天然气、煤炭、油页岩、地热等能源矿产；铁矿、铜矿、铅矿、锌矿、镍矿、钨矿、钼矿、镁矿、金矿、银矿等重要金属矿产；硼矿、石墨、耐火黏土、熔剂用石灰岩(白云岩)、沸石、硅灰石、硅藻土、膨润土、水泥用石灰岩(大理岩)、饰面石材、火山渣、陶粒页岩等非金属矿产；矿泉水、地下水、二氧化碳气等水气矿产。其中镍矿、钼矿、油页岩、硅灰石、硅藻土、膨润土、矿泉水等在全国资源储量中占有重要地位。

第三节 以往研究工作程度

吉林省地质工作始于19世纪初，早在清道光年间夹皮沟金矿就被当地居民发现并开采，至今已有近200年的历史。具有真正意义的地质调查为1897年阿皮尔特在吉林省舒兰县进行的煤矿地质调查。1921—1931年，我国地质学家翁文灏、丁文江、谢家荣、胡博渊、侯德封做过煤矿预测，王竹泉对蛟河、辽源煤田做过调查。1931—1945年，日本人围绕找矿工作开展矿区及路线地质调查，先后编制多幅地质图幅说明书，分别为《1∶40万公主岭图幅》(羽田重吉，1927)、《1∶40万吉林图幅》(河田学夫，1932)、《1∶40万豆满江图幅》(牛丸周太郎，1932)、《1∶40万龙井图幅》(西田彰一，1940)、《1∶50万通化图幅》(斋藤林次，1946)，基本反映了当时吉林省地质科学的水平。

中华人民共和国成立后，吉林省基础地质研究进入新阶段。1958—1962年，长春地质学院吉中区测队、吉南区测队分别开展了吉林市幅、磐石县幅、通化市幅、浑江市幅等区域地质调查(因故没有出版)，吉林省区调队开展了大拉子幅、长白漫江幅、延吉市幅等1∶20万区域地质调查，揭开了基础地质调查的序幕，至1987年以1∶20万吉林市幅完成为标志，覆盖全省的1∶20万区域地质调查全部结束(图1-3-1)。1978年吉林省区域地层表编写组编写了《东北地区区域地层表——吉林省分册》；1982年开始，吉林省区域地质矿产调查所对已经完成的1∶20万区域地质调查工作成果进行了全面总结，于1988年编写出版了《吉林省区域地质志》。

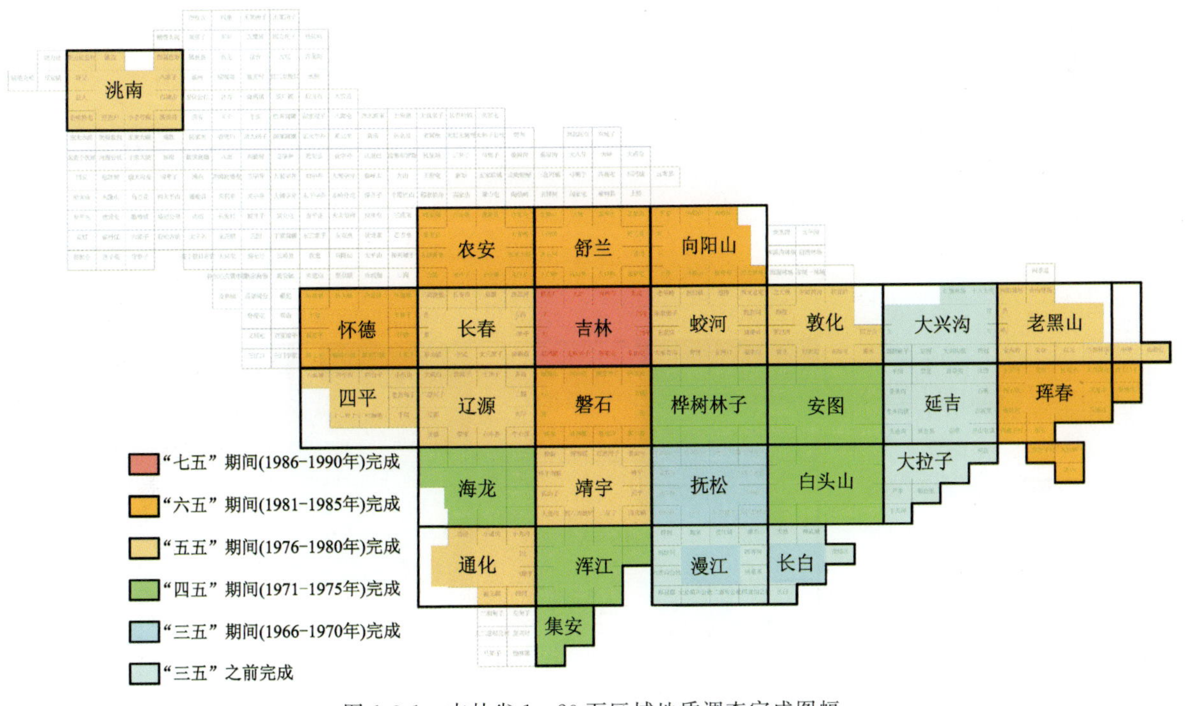

图1-3-1 吉林省1∶20万区域地质调查完成图幅

1972 年开始，以为地质找矿提供靶区为目标的 1∶5 万区域地质调查开始实施，1983 年 1∶5 万区域地质调查全面展开，至 2011 年，已经完成 1∶5 万区域地质调查图幅 168 幅，完成填图面积 42 000km^2（图 1-3-2）。与此同时，有关部门还比较系统地开展了区域地球物理、地球化学勘查工作，其中主要有全省性航空磁测、区域水系沉积物地球化学测量、区域重砂测量等。这些工作不仅为找矿提供了大量信息，而且为研究区域地球物理、地球化学场特征提供了依据，促进了区域成矿规律的研究。

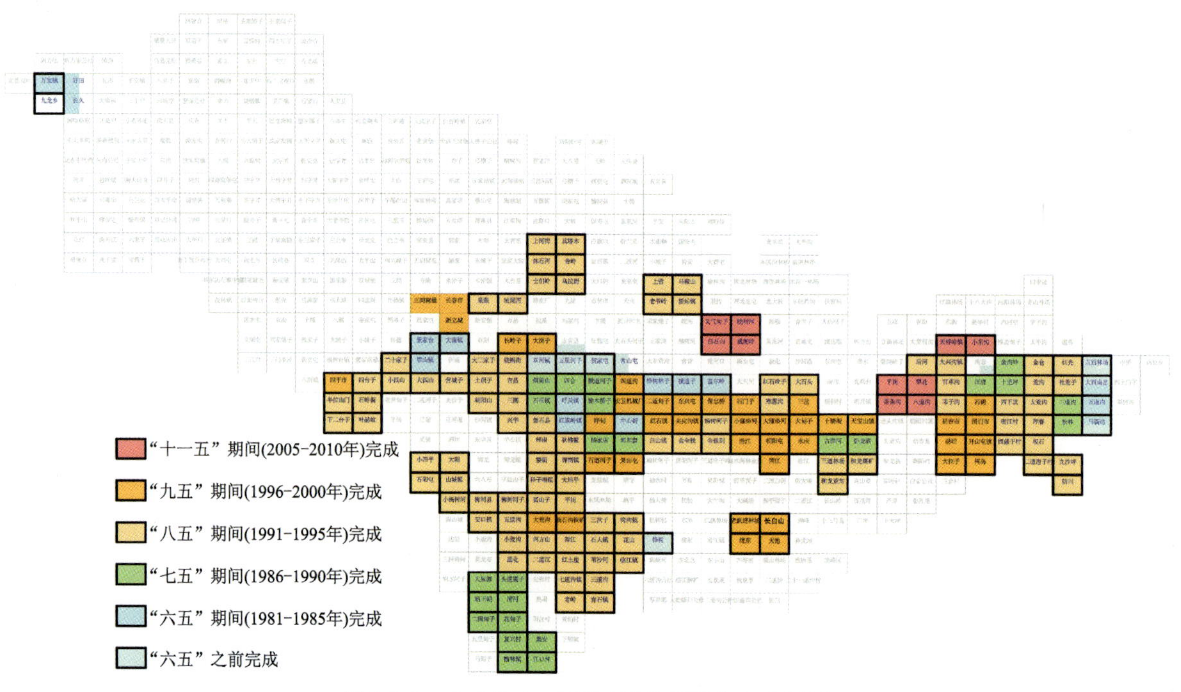

图 1-3-2　吉林省 1∶5 万区域地质调查完成图幅

国土资源大调查以来，1∶25 万区域地质调查（修测）全面开展，截至 2007 年覆盖全省的 1∶25 万区域地质调查已经接近尾声，见图 1-3-3。吉林省基础地质调查研究程度见表 1-3-1。

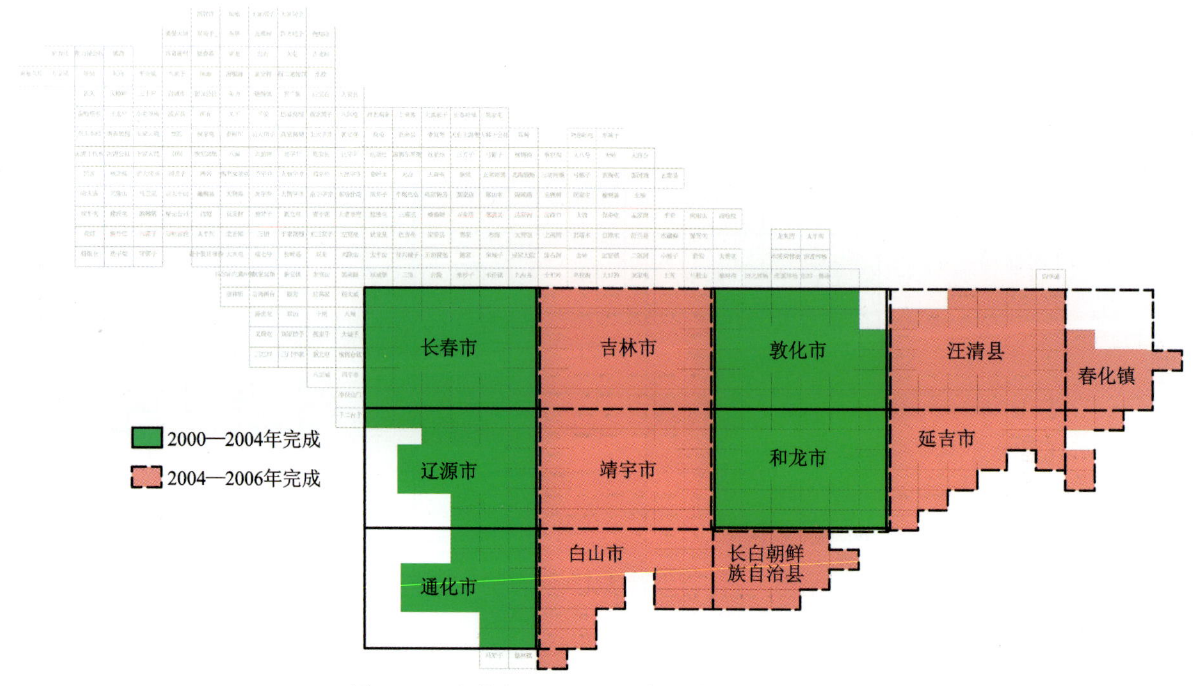

图 1-3-3　吉林省 1∶25 万区域地质调查完成图幅

表 1-3-1 吉林省基础地质调查研究程度表

1∶25 万图幅	1∶20 万图幅	完成时间/年	完成单位	1∶5 万图幅	完成时间/年	完成单位
白城市	突泉	1977	吉林省地质局区调队	万宝、前十家子	1985	吉林省第三地质调查所
	洮南	1979	吉林省地质局区调队	好田(西半幅)、长久(西半幅)	1985	吉林省第三地质调查所
大安县						
通榆县						
德惠县	农安	1984	吉林省地质局区调队			
榆树市	舒兰	1984	吉林省地质局区调队	舍岭、土门岭、乌拉街	1994	吉林省区域地质矿产调查所
				上河湾、其塔木河、沐石河	1995	吉林省区域地质矿产调查所
	向阳山	1984	吉林省地质局区调队	上营、马鞍山	1996	吉林省第一地质调查所
四平市	四平市	1979	吉林省地质局四平地质大队	四平市	1999	吉林大学环境与建设工程学院
				半拉山门	1993	长春地质学校
长春市	怀德	1984	吉林省地质局区调队	二十家子	1992	吉林省区域地质矿产调查所
				波泥河	1991	吉林省区域地质矿产调查所
	长春市	1978	吉林省地质局区调队	大三家子	1995	长春地质学校校办队
				开源堡、长春市、新立城	1997	吉林省区域地质矿产调查所
				烧锅街	1993	吉林省第二地质调查所
				泉眼沟	1993	长春地质学校校办队
				景家台、大南镇、靠山镇	1983	吉林省第三地质调查所
				长岭子	1999	长春科技大学工程技术学院
				四台子、小孤山	1992	吉林省区域地质矿产调查所
	四平市	1979	吉林省地质局四平地质大队	石岭街	1993	长春地质学校
				土顶子	1995	长春地质学校校办队
	辽源市	1978	吉林省地质局区调队	大孤山、营城子	1987	吉林省第三地质调查所
				吉昌	1993	吉林省第二地质调查所
				朝阳山、三棚砬子	1996	吉林地质科学研究所

续表 1-3-1

1∶25 万图幅	1∶20 万图幅	完成时间/年	完成单位	1∶5 万图幅	完成时间/年	完成单位
吉林市	吉林市	1988	吉林省区域地质矿产调查所	大岗子	1999	长春科技大学工程技术学院
				永吉县(南半幅)、五里河子	1980	吉林省地质局吉中大队
				双河镇	1979	长春地质学院校办队
				贺家屯、常家镇(西半幅)	1978	吉林省地质局吉中大队
	蛟河	1981	吉林省地质局区调队	老爷岭、新站	1994	吉林省第一地质调查所
	磐石县	1986	吉林省区域地质矿产调查所	呼兰镇	1985	吉林省第二地质矿产调查所
				烟筒山、石嘴镇	1989	吉林省区域地质矿产调查所
				四道沟、宏伟机械厂	1999	吉林省区域地质矿产调查所
				横道河子、榆木桥子	1989	吉林省第二地质矿产调查所
				四和	1989	吉林省第二地质矿产调查所
	桦树林子	1972	吉林省区域地质矿产调查所	二道甸子、东兴屯	1999	吉林省区域地质矿产调查所
				桦树林子、横道子	1982	吉林省区域地质矿产调查所
敦化市	蛟河	1981	吉林省地质局区调所	退抟、西北岔屯、义气岗子、胜利河	2009	吉林省区域地质矿产调查所
	敦化县	1978	吉林省地质局区调所			
	桦树林子	1972	吉林省地质局区调所	保忠桥、石门子	1999	吉林省区域地质矿产调查所
				富尔岭	1982	吉林省区域地质矿产调查所
	明月镇	1973	吉林省地质局区调所	红石砬子、大石头、寒葱沟	1995	吉林省区域地质矿产调查所
				三岔	1999	吉林省区域地质矿产调查所
汪清县	大兴沟	1966	吉林省地矿局区域地质调查大队	天桥岭、小东沟	2008	吉林省区域地质矿产调查所
				后河、大兴沟	1991	吉林省区域地质矿产调查所
				鸡冠(部分)		
	老黑山	1981	吉林省地矿局区域地质调查大队	金沟岭	1993	吉林省区域地质矿产调查所
				金仓	1997	吉林省第六地质调查所

续表 1-3-1

1∶25 万图幅	1∶20 万图幅	完成时间/年	完成单位	1∶5 万图幅	完成时间/年	完成单位
汪清县	延吉市	1967	吉林省第四地质大队	汪清县	1993	吉林省区域地质矿产调查所
				平岗、梨花、茶条沟、八道沟	2008	吉林省区域地质矿产调查所
				石岘	2001	吉林省区域地质矿产调查所
				百草沟、苇子沟	1991	吉林省区域地质矿产调查所
	珲春	1983	吉林省地矿局区域地质调查大队	十里坪	1993	吉林省区域地质矿产调查所
				荒沟、大荒沟	1997	吉林省第六地质调查所
				西下坎	1996	吉林省区域地质矿产调查所
春化	老黑山、伏罗希洛夫	1981	吉林省地矿局区域地质调查大队	兰西林场		
				红光	1997	吉林省第六地质调查所
	珲春	1983	吉林省地矿局区域地质调查大队	杜荒子	1997	吉林省第六地质调查所
				三道沟	1989	吉林省区域地质矿产调查所
				大西南岔、五道沟	1984	吉林省区域地质矿产调查所
	春化	1983	吉林省地矿局区域地质调查大队			
铁岭	四平市	1979	吉林省地质局四平地质大队	下二台子	1993	长春地质学校
辽源市	四平市	1979	吉林省地质局四平地质大队	叶赫	1993	长春地质学校
	辽源	1978	吉林省地矿局区域地质调查大队	兴华	1996	吉林省区域地质矿产调查所
	海龙	1976	吉林省地矿局区域地质调查大队	小杨树河	1996	吉林省第三地质调查所
				大阳	1996	吉林省区域地质矿产调查所
				小四平、山城镇	1996	吉林省区域地质矿产调查所
				石阳屯	1996	吉林省区域地质矿产调查所
				柳河县、柳树河子		
				安口镇、五道沟		

续表 1-3-1

1∶25 万图幅	1∶20 万图幅	完成时间/年	完成单位	1∶5 万图幅	完成时间/年	完成单位
靖宇市	磐石县	1986	吉林省地质局区调队	孙家屯	1985	吉林省地矿局区域地质调查所
				磐石县、辉南县、驮佛鳖	1996	吉林省区域地质矿产调查所
				红旗岭	1985	吉林省地质局第二地质矿产调查所
				杨家店、那尔轰	1989	吉林省区域地质矿产调查所
				桦甸市	2000	吉林省区域地质矿产调查所
	桦树林子	1972	吉林省地质局区调队	红石镇、夹皮沟	1999	吉林省区域地质矿产调查所
				白山镇、会全栈	1991	吉林省区域地质矿产调查所
	靖宇	1979	吉林省地矿局区域地质调查大队	楼街、辉南镇、样子哨	1994	吉林省区域地质矿产调查所
				大坦平、平岗	1996	吉林省区域地质矿产调查所
				大荒沟、板石沟铁矿	1998	长春科技大学吉通队
				三岔子、湾沟镇	1996	吉林省区域地质矿产调查所
				石道河子、景山	2000	吉林省区域地质矿产调查所
				孤山子	1996	吉林省第三地质调查所
	抚松	1971	吉林省地矿局区域地质调查大队			
和龙市	桦树林子	1972	吉林省地矿局区域地质调查大队	黄泥河林场、金银别	1991	吉林省区域地质矿产调查所
				小蒲柴河、沿江	2001	吉林省区域地质矿产调查所
	明月镇	1973	吉林省地质局区调所	大蒲柴河、大甸子、新合、天宝山镇、朝阳屯、永庆	2001	吉林省区域地质矿产调查所
				古洞河林场、卧龙	1988	吉林省第六地质调查所
	抚松县	1971	吉林省地矿局区域地质调查大队	老跃进林场	2000	吉林省区域地质矿产调查所
				露水河镇(部分)		
	白头山	1974	吉林省地矿局区域地质调查大队	两江镇	2001	吉林省区域地质矿产调查所
				三道林场、和龙煤矿、和龙荒沟林场	1995	吉林省第二地质调查所
				白头山	2000	吉林省区域地质矿产调查所

续表 1-3-1

1∶25 万图幅	1∶20 万图幅	完成时间/年	完成单位	1∶5 万图幅	完成时间/年	完成单位
延吉市	延吉	1967	吉林省第四地质大队	延吉市、图们市、崇明、开山屯、柯岛	2001	吉林省区域地质矿产调查所
	珲春	1983	吉林省地矿局区域地质调查大队	密江、珲春市、西崴子村、板石	1996	吉林省区域地质矿产调查所
	大拉子	1956	吉林省地矿局区域地质调查大队	大拉子	2001	吉林省区域地质矿产调查所
	敬信	1983	吉林省地矿局区域地质调查大队	二道泡子	1996	吉林省区域地质矿产调查所
马滴达	珲春	1983	吉林省地矿局区域地质调查大队	松林	1989	吉林省区域地质矿产调查所
				马滴达	1984	吉林省区域地质调查大队
				大马鞍山	1996	吉林省区域地质矿产调查所
	敬信	1983	吉林省地矿局区域地质调查大队	九沙坪、防川	1996	吉林省区域地质矿产调查所
通化市	通化市	1978	吉林省地矿局区域地质调查大队	小荒沟、通化市	1994	吉林省区域地质矿产调查所
				大泉源、头道崴子、霸王朝、清河	1989	吉林省第四地质调查所
	桓仁			二棚甸子、花甸镇	1989	吉林省第四地质调查所
				复兴村	1989	吉林省第四地质调查所
白山市	浑江	1976	吉林省地矿局区域地质调查大队	七道江镇、老岭	1995	吉林省第四地质调查所
				红土崖、二道江、四方山	1994	吉林省区域地质矿产调查所
				石人镇、花山、苇沙河、临江	1993	吉林省第四地质调查所
				白山市	1994	吉林省区域地质矿产调查所
	漫江	1963	吉林省地矿局区域地质调查大队	桦树	1976	吉林省通化地质大队
	集安	1976	吉林省地矿局区域地质调查大队	集安市	1989	吉林省第四地质调查所
长白县	漫江	1963	吉林省地矿局区域地质调查大队	维东	2000	吉林省区域地质矿产调查所
	长白	1963	吉林省地矿局区域地质调查大队	白头山天池	2000	吉林省区域地质矿产调查所
宽甸县	桓仁			榆林镇	1989	吉林省第四地质调查所
江界	集安	1976	吉林省地矿局区域地质调查大队	江口村	1989	吉林省第四地质调查所

中华人民共和国成立以来，吉林省地质科研始见于1951年侯德封在磐石县石嘴子铜矿创立上石炭统磐石组。此间，叶连俊调查浑江市大栗子铁矿，对大栗子组进行了地层学研究，俞建章、张文堂调查永吉县二道沟一带地层，发表“北满海相地层”一文。同年，东北有色金属管理局物探队在磐石呼兰镇一带工作时首创袭用迄今的“呼兰群”，而煤田地质工作者对石人、蛟河、平岗等含煤盆地都做了系统的基础地质工作，建立了东部山区的中生代地层层序，概括了当时吉林省地层研究的状况。1958年，地质部第二普查大队对松辽平原进行了全面调查，建立松辽平原中生界柱状剖面，层序基本上沿用至今。

1980年以来，吉林省基础地质研究获得了快速发展，先后有吉林省地质矿产勘查开发局(简称吉林省地矿局)、沈阳地质矿产研究所、吉林大学、天津地质矿产研究所、中国科学院、中国地质科学院等多家科研院所及高校做过不同学科的研究工作，取得了大量新的研究成果和认识，其中吉林省地质科学研究所编写的《吉林省地质图(1∶50万)说明书》是吉林省最早的地质图及说明书。而后，各类专项地质研究报告陆续发表，代表性的有1988年吉林省地矿局编写的《吉林省区域地质志》，同时还编制了1∶50万吉林省地质图、吉林省1∶100万构造体系图、吉林省1∶100万岩浆岩地质图等；1992年方文昌等完成了《吉林省花岗岩类及成矿作用》的编写，系统总结了吉林省岩浆岩特征；1993年吉林省第六地质调查所对长白山火山岩进行了系统研究，编写了《长白山火山地质研究报告》；1997年吉林省地矿局完成了《吉林省岩石地层》的编写，对吉林省的地层做了系统归纳和总结；1997年张允平等的《吉黑东部构造格架及构造演化》、1993年孙革的《中国吉林天桥岭晚三叠世植物群》、1996年白瑾等的《中国前寒武纪地壳演化》、1999年李锦铁的《长白山北段地壳的形成与演化》等均从不同侧面对吉林省基础地质问题进行了充分的论述。此外，张允平、彭玉鲸、邵济安、吴福元、王五力、张艳斌、殷长建、路孝平、孙德有、李景春等也在吉林省内做了大量工作，取得了诸多成果，为新一轮吉林省区域地质研究奠定了基础。

第四节 工作过程与完成的主要实物工作量

一、工作过程

(1)编制1∶25万实际材料图和1∶25万建造构造图，缩编1∶50万吉林省建造构造图，作为1∶50万大地构造相工作底图的编图底图。

(2)开展专题研究，编制1∶50万大地构造相(沉积岩区、侵入岩区、火山岩区、变质岩区和大型变形构造)工作底图，形成1∶50万吉林省大地构造图的编图底图。

(3)在5个大地构造相工作底图的基础上，确定大地构造相类型及特征，厘定大地构造单元，划分大地构造单元(Ⅳ级)亚相、(Ⅴ级)岩石构造组合，编制1∶50万吉林省大地构造图。

(4)编写吉林省大地构造图说明书及吉林省成矿地质背景研究成果报告。

(5)利用GIS技术与数据库技术建设吉林省大地构造图数据库。

二、主要实物工作量

完成工作量见表1-4-1。

表 1-4-1 主要实物工作量

序号	矿种	图件种类	数据库名称
1		建造构造图	吉林省 1∶25 万吉林市幅建造构造图
2			吉林省 1∶25 万长春市幅建造构造图
3			吉林省 1∶25 万辽源市幅建造构造图
4			吉林省 1∶25 万通化市幅建造构造图
5			吉林省 1∶25 万白城市幅建造构造图
6			吉林省 1∶25 万白山市幅建造构造图
7			吉林省 1∶25 万敦化市幅建造构造图
8			吉林省 1∶25 万延吉市幅建造构造图
9			吉林省 1∶25 万靖宇县幅建造构造图
10			吉林省 1∶25 万汪清县幅建造构造图
11			吉林省 1∶25 万和龙市幅建造构造图
12			吉林省 1∶25 万长白朝鲜族自治县幅建造构造图
13			吉林省 1∶25 万春化幅建造构造图
14			吉林省 1∶25 万榆树县幅建造构造图
15			吉林省 1∶25 万马滴达幅建造构造图
16			吉林省 1∶25 万德惠县幅建造构造图
17			吉林省 1∶25 万江界市幅建造构造图
18			吉林省 1∶25 万大安—泰赉县幅建造构造图
19			吉林省 1∶25 万瞻榆镇幅建造构造图
20			吉林省 1∶25 万通榆县幅建造构造图
21		实际材料图	吉林省 1∶25 万长春市幅实际材料图
22			吉林省 1∶25 万辽源市幅实际材料图
23			吉林省 1∶25 万通化市幅实际材料图
24			吉林省 1∶25 万白城市幅实际材料图
25			吉林省 1∶25 万白山市幅实际材料图
26			吉林省 1∶25 万敦化市幅实际材料图
27			吉林省 1∶25 万延吉市幅实际材料图
28			吉林省 1∶25 万靖宇县幅实际材料图
29			吉林省 1∶25 万汪清县幅实际材料图
30			吉林省 1∶25 万和龙市幅实际材料图
31			吉林省 1∶25 万长白朝鲜族自治县幅实际材料图
32			吉林省 1∶25 万春化幅实际材料图
33			吉林省 1∶25 万榆树县幅实际材料图
34			吉林省 1∶25 万马滴达幅实际材料图

续表 1-4-1

序号	矿种	图件种类	数据库名称
35		实际材料图	吉林省 1∶25 万德惠县幅实际材料图
36			吉林省 1∶25 万江界市幅实际材料图
37			吉林省 1∶25 万大安—泰赉县幅实际材料图
38			吉林省 1∶25 万瞻榆镇幅实际材料图
39			吉林省 1∶25 万通榆县幅实际材料图
40			吉林省 1∶25 万通榆县幅建造构造图
41	铁矿	岩相古地理图	吉林省吉南地区南华系钓鱼台组预测工作区构造岩相古地理图
42	铁矿		吉林省吉南地区南华系白房子组预测工作区构造岩相古地理图
43	铁矿	预测工作区建造构造图	吉林省吉昌地区吉昌式夕卡岩型铁矿预测工作区建造构造图
44	铁矿	预测工作区变质建造构造图	吉林省安口镇地区鞍山式沉积变质型铁矿预测工作区变质建造构造图
45	铁矿		吉林省海沟地区鞍山式沉积变质型铁矿预测工作区变质建造构造图
46	铁矿		吉林省夹皮沟—溜河地区鞍山式沉积变质型铁矿预测工作区变质建造构造图
47	铁矿		吉林省天合兴—那尔轰区鞍山式沉积变质型铁矿预测工作区变质建造构造图
48	铁矿		吉林省石棚沟—石道河子地区鞍山式沉积变质型铁矿预测工作区变质建造构造图
49	铁矿		吉林省四方山—板石地区鞍山式沉积变质型铁矿预测工作区变质建造构造图
50	铁矿		吉林省金城洞—木兰屯地区鞍山式沉积变质型铁矿预测工作区变质建造构造图
51	铁矿		吉林省塔东地区塔东式沉积变质型铁矿预测工作区变质建造构造图
52	铁矿		吉林省荒沟山—南岔地区大栗子式沉积变质型铁矿预测工作区变质建造构造图
53	铁矿		吉林省六道沟—八道沟地区大栗子式沉积变质型铁矿预测工作区变质建造构造图
54	铁矿	预测工作区沉积建造构造图	吉林省浑江南地区海相沉积型铁矿预测工作区沉积建造构造图
55	铁矿		吉林省浑江北地区海相沉积型铁矿预测工作区沉积建造构造图
56	金矿	预测工作区建造构造图	吉林省黄松甸子地区黄松甸子式砾岩型金预测工作区沉积建造构造图
57	金矿	预测工作区第四纪地貌地质图	吉林省珲春河地区珲春河式沉积型金预测工作区第四纪地貌地质图
58	金矿	预测工作区火山岩性岩相构造图	吉林省头道沟—吉昌地区头道川式变质火山岩型金预测工作区火山岩性岩相构造图

续表 1-4-1

序号	矿种	图件种类	数据库名称
59	金矿	预测工作区火山岩性岩相构造图	吉林省石嘴—官马地区头道川式变质火山岩型金预测工作区火山岩性岩相构造图
60	金矿		吉林地局子—倒木河地区刺猬沟式火山热液型金预测工作区火山岩性岩相构造图
61	金矿		吉林省漂河川地区二道甸子式变质火山岩型预测工作区火山岩性岩相构造图
62	金矿		吉林省金谷山—后底洞地区刺猬沟式火山热液型金预测工作区火山岩性岩相图
63	金矿		吉林省香炉碗子—山城镇地区香炉碗子式火山热液型金预测工作区火山岩性岩相构造图
64	金矿		吉林省延吉市五凤地区刺猬沟式火山热液型金预测工作区火山岩性岩相构造图
65	金矿		吉林省闹枝—棉田地区刺猬沟式火山热液型金预测工作区火山岩性岩相构造图
66	金矿		吉林省刺猬沟—九三沟地区刺猬沟式火山热液型金预测工作区火山岩性岩相构造图
67	金矿		吉林省杜荒岭地区刺猬沟式火山热液型金预测工作区火山岩性岩相构造图
68	金矿	预测工作区侵入岩浆构造图	吉林省海沟地区海沟式岩浆热液型金预测工作区侵入岩浆构造图
69	金矿		吉林省小西南岔—杨金沟地区小西南岔斑岩型金预测工作区侵入岩浆构造图
70	金矿		吉林省农坪—前山地区杨金沟式岩浆热液型金预测工作区侵入岩浆构造图
71	金矿	预测工作区建造构造图	吉林省浑北地区金英式热液改造型金预测工作区建造构造图
72	金矿		吉林省荒沟山—南岔地区荒沟山式岩浆热液改造型金预测工作区建造构造图
73	金矿		吉林省冰湖沟地区荒沟山式岩浆热液改造型金预测工作区建造构造图
74	金矿		吉林省古马岭—活龙地区下活龙式岩浆热液改造型金预测工作区建造构造图
75	金矿		吉林省六道沟—八道沟地区荒沟山式岩浆热液改造型金预测工作区建造构造图
76	金矿		吉林省长白—十六道沟地区荒沟山式岩浆热液改造型金预测工作区建造构造图
77	金矿		吉林省安口镇地区夹皮沟式绿岩型金预测工作区建造构造图
78	金矿		吉林省石棚沟—石道河子地区夹皮沟式绿岩型金预测工作区建造构造图
79	金矿		吉林省金城洞—木兰屯地区夹皮沟式绿岩型金预测工作区建造构造图
80	金矿		吉林省夹皮沟—溜河地区夹皮沟式绿岩型金预测工作区建造构造图
81	金矿		吉林省四方山—板石沟地区夹皮沟式绿岩型金预测工作区建造构造图

续表 1-4-1

序号	矿种	图件种类	数据库名称
82	金矿	预测工作区建造构造图	吉林省正岔—复兴屯地区西岔式岩浆热液改造型金预测工作区建造构造图
83	金矿		吉林省山门地区兰家式夕卡岩型金预测工作区建造构造图
84	金矿		吉林省兰家地区兰家式夕卡岩型金预测工作区建造构造图
85	金矿		吉林省万宝地区荒沟山式岩浆热液改造型金预测工作区建造构造图
86	铜矿	预测工作区火山岩性岩相构造图	吉林省石嘴—官马地区闹枝式火山热液型铜预测工作区火山岩性岩相构造图
87	铜矿		吉林省大黑山—锅盔顶子地区闹枝式火山热液岩型铜预测工作区火山岩性岩相构造图
88	铜矿		吉林地局子—倒木河地区闹枝式火山热液型铜预测工作区火山岩性岩相构造图
89	铜矿		吉林省梨树沟—红太平地区红太平式铜预测工作区火山岩性岩相构造图
90	铜矿		吉林省闹枝—棉田地区闹枝式火山热液型铜预测工作区火山岩性岩相构造图
91	铜矿		吉林省刺猬沟—九三沟地区刺猬沟式火山热液型铜预测工作区火山岩性岩相构造图
92	铜矿		吉林省汪清县杜荒岭地区闹枝式火山热液型铜预测工作区火山岩性岩相构造图
93	铜矿	预测工作区侵入岩浆构造图	吉林省红旗岭地区红旗岭式基性—超基性岩浆融离-贯入型铜预测工作区侵入岩建造构造图
94	铜矿		吉林省漂河川地区红旗岭式基性—超基性岩浆融离-贯入型铜预测工作区侵入岩浆构造图
95	铜矿		吉林省小西南岔—杨金沟地区小西南岔式斑岩型铜预测工作区侵入岩浆构造图
96	铜矿		吉林省农平—前山地区小西南岔式斑岩型铜预测工作区侵入岩浆构造图
97	铜矿		吉林省长仁—獐项地区红旗岭式基性—超基性岩浆融离-贯入型铜预测工作区侵入岩浆构造图
98	铜矿		吉林省万宝地区六道江式夕卡岩型铜预测工作区侵入岩浆构造图
99	铜矿		吉林省大营—万良地区六道江式夕卡岩型铜预测工作区侵入岩浆构造图
100	铜矿		吉林省天合兴—那尔轰地区二密式斑岩型铜预测工作区侵入岩浆构造图
101	铜矿		吉林省二密—老岭沟地区二密式斑岩型铜预测工作区侵入岩浆构造图
102	铜矿		吉林省赤柏松—金斗地区赤柏松式铜镍硫化物型铜预测工作区侵入岩浆构造图
103	铜矿		吉林省正岔—复兴屯地区二密式斑岩型铜预测工作区侵入岩浆构造图
104	铜矿	预测工作区变质建造构造图	吉林省荒沟山—南岔地区大横路式沉积变质型铜预测工作区变质岩建造构造图

续表 1-4-1

序号	矿种	图件种类	数据库名称
105	铜矿	预测工作区变质建造构造图	吉林省金城洞—木兰屯地区红透山式沉积变质改造型铜预测工作区变质建造构造图
106	铜矿		吉林省安口地区红透山式沉积变质改造型铜预测工作区变质建造构造图
107	铜矿		吉林省夹皮沟—溜河地区红透山式沉积变质改造型铜预测工作区变质建造构造图
108	铜矿	预测工作区建造构造图	吉林省兰家地区六道江式夕卡岩型铜预测工作区建造构造图
109	铅锌矿	预测工作区火山岩性岩相构造图	吉林省梨树沟—红太平地区红太平式火山热液型铅、锌预测工作区火山岩性岩相构造图
110	铅锌矿		吉林省放牛沟地区放牛沟式火山热液型铅锌预测工作区火山岩性岩相构造图
111	铅锌矿		吉林省地局子—倒木河地区放牛沟式火山热液型铅锌预测工作区火山岩性岩相构造图
112	铅锌矿	预测工作区建造构造图	吉林省天宝山地区天宝山式海相火山沉积型铅锌预测工作区建造构造图
113	铅锌矿		吉林省大营—万良地区万宝式夕卡岩型铅预测工作区建造构造图
114	铅锌矿		吉林省荒沟山—南岔地区青城子式沉积-改造型铅锌预测工作区建造构造图
115	铅锌矿		吉林省正岔—复兴屯地区正岔式沉积改造型铅锌预测工作区建造构造图
116	铅锌矿		吉林省矿洞子—青石镇地区万宝式夕卡岩型铅锌预测工作区建造构造图
117	锑矿	预测工作区侵入岩浆构造图	吉林省荒沟山—南岔地区青沟子式岩浆热液型锑预测工作区侵入岩浆构造图
118	锑矿	预测工作区火山岩性岩相构造图	吉林省石嘴—官马地区火山热液型锑预测工作区火山岩性岩相构造图
119	钨矿	预测工作区侵入岩浆构造图	吉林省小西南岔—杨金沟地区杨金沟式岩浆热液型钨预测工作区侵入岩浆构造图
120	稀土矿	预测工作区沉积建造构造图	吉林省西北岔地区预测工作区沉积建造构造图
121	磷矿	预测工作区沉积建造构造图	吉林省鸭园—六道江地区预测工作区沉积建造构造图
122	磷矿	预测工作区岩相古地理图	吉林省鸭园—六道江地区早寒武世水洞期磷预测工作区构造岩相古地理图
123	铬矿	预测工作区侵入岩浆构造图	吉林省小绥河地区小绥河式侵入岩浆型铬铁预测工作区侵入岩浆构造图
124	铬矿		吉林省开山屯地区小绥河式侵入岩浆型铬铁预测工作区侵入岩浆构造图
125	铬矿		吉林省头道沟地区小绥河式侵入岩浆型铬铁预测工作区侵入岩浆构造图

续表 1-4-1

序号	矿种	图件种类	数据库名称
126	硫矿	预测工作区火山岩性岩相构造图	吉林省放牛沟地区放牛沟式海相火山型硫预测工作区火山岩性岩相构造图
127	硫矿	预测工作区沉积建造构造图	吉林省西台子地区西台子式湖相沉积型硫预测工作区沉积建造构造图
128	硫矿	预测工作区建造构造图	吉林省倒木河—头道沟地区头道沟式夕卡岩型硫预测工作区建造构造图
129	硫矿		吉林省热闹—青石地区狼山式沉积变质型变质岩硫预测工作区建造构造图
130	硫矿	预测工作区变质建造构造图	吉林省上甸子—七道岔地区狼山式沉积变质型硫预测工作区变质岩建造构造图
131	硫矿	岩相古地理图	吉林省桦甸西台子地区始新世岩相古地理图
132	硼矿	预测工作区变质建造构造图	吉林省高台沟地区高台沟式沉积变质型硼预测工作区变质岩建造构造图
133	萤石	预测工作区建造构造图	吉林省拉溪地区金家屯式热液充填交代型萤石预测工作区建造构造图
134	萤石		吉林省明城地区南梨树式热液充填交代型萤石预测工作区建造构造图
135	萤石	预测工作区火山岩性岩相构造图	吉林省其塔木地区牛头山式火山热液型萤石预测工作区火山岩性岩相构造图
136	钼矿	预测工作区侵入岩浆构造图	吉林省前撮落—火龙岭地区大黑山式斑岩型四方甸子式石英脉型钼预测工作区侵入岩浆构造图
137	钼矿		吉林省西苇地区大黑山式斑岩型钼预测工作区侵入岩浆构造图
138	钼矿		吉林省天合兴地区天合兴式斑岩型钼预测工作区侵入岩浆构造图
139	钼矿		吉林省季德屯—福安堡地区大黑山式斑岩型钼预测工作区侵入岩浆构造图
140	钼矿		吉林省大石河—尔站地区大石河式斑岩型钼预测工作区侵入岩浆构造图
141	钼矿		吉林省刘生店—天宝山地区大黑山式斑岩型钼预测工作区侵入岩浆构造图
142	钼矿	预测工作区建造构造图	吉林省六道沟—八道沟地区铜山式夕卡岩型钼预测工作区建造构造图
143	银矿		吉林省山门地区山门式热液型银矿建造构造图
144	银矿		吉林省青石—热闹地区西岔式热液改造型银预测工作区建造构造图
145	银矿	预测工作区火山岩性岩相构造图	吉林省民主屯地区民主屯式火山热液型银预测工作区火山岩性岩相构造图
146	银矿		吉林省梨树沟—红太平地区红太平式火山岩型银预测工作区火山岩性岩相构造图
147	银矿		吉林省天宝山地区红太平式火山岩型银预测工作区火山岩性岩相构造图
148	银矿	预测工作区侵入岩浆构造图	吉林省西林河地区西林河式岩浆热液型银预测工作区侵入岩浆构造图

续表 1-4-1

序号	矿种	图件种类	数据库名称
149	银矿	预测工作区侵入岩浆构造图	吉林省百里坪地区百里坪式岩浆热液型银预测工作区侵入岩浆构造图
150	银矿	预测工作区建造构造图	吉林省上甸子—七道岔地区刘家堡子—狼洞沟式热液充填型银预测工作区建造构造图
151	银矿	预测工作区建造构造图	吉林省八台岭—孤甸子地区八台岭式构造蚀变岩型银预测工作区建造构造图
152	镍矿	预测工作区侵入岩浆构造图	吉林省红旗岭地区红旗岭式基性—超基性岩浆熔离-贯入型镍预测工作区侵入岩浆构造图
153	镍矿		吉林省双凤山地区红旗岭式基性—超基性岩浆熔离-贯入型镍预测工作区侵入岩浆构造图
154	镍矿		吉林省川连沟—二道岭子地区红旗岭式基性—超基性岩浆熔离-贯入型镍预测工作区侵入岩浆构造图
155	镍矿		吉林省漂河川地区红旗岭式基性—超基性岩浆熔离-贯入型镍预测工作区侵入岩浆构造图
156	镍矿		吉林省大山嘴子地区红旗岭式基性—超基性岩浆熔离-贯入型镍预测工作区侵入岩浆构造图
157	镍矿		吉林省六颗松—长仁地区红旗岭式基性—超基性岩浆熔离-贯入型镍预测工作区侵入岩浆构造图
158	镍矿		吉林省赤柏松—金斗地区赤柏松式基性—超基性岩浆熔离-贯入型镍预测工作区侵入岩浆构造图
159	镍矿		吉林省大肚川—露水河地区赤柏松式基性—超基性岩浆熔离-贯入型镍预测工作区侵入岩浆构造图
160	镍矿	预测工作区变质建造构造图	吉林省荒沟山—南岔地区杉松岗式沉积变质型镍预测工作区变质岩建造构造图
161			吉林省大地构造相图
162			吉林省大地构造相专题工作底图(沉积岩)
163			吉林省大地构造相专题工作底图(火山岩)
164			吉林省大地构造相专题工作底图(侵入岩)
165			吉林省大地构造相专题工作底图(变质岩)
166			吉林省大地构造相专题工作底图(大型变形构造)
167			吉林省 1∶50 万建造构造图

第五节　取得的主要成果

(1)首次采用大地构造相的概念,在编制全省 1∶25 万实际材料图和 1∶25 万建造构造图,系统厘定沉积岩、火山岩、侵入岩、变质岩岩石构造组合和构造变形的基础上,分新太古代—中三叠世和晚三叠世以来两个构造阶段,对吉林省地质构造进行了系统研究,将吉林省大地构造相划分为 3 个相系,10 个大相,17 个相,85 个亚相。编制了吉林省大地构造相图。探讨了吉林省地质发展历史及演化过程,对大地构造环境与区域成矿的关系进行了讨论,填补了利用板块构造和大陆动力学理论对吉林省基础地质研究编图的空白。

(2)在系统厘定沉积建造组合的基础上,修订了不同阶段的岩石地层格架,合理地进行了吉林省构造-地层区划,进行了构造古地理单元划分,并首次确定了吉林省内南华系的存在。系统地总结了岩石建造组合与成矿的关系,并提出了南华系钓鱼台组下部河流相砾岩及含铁石英砂岩是沉积型金矿的重要成矿层位。

(3)在划分并系统总结火山岩岩石构造组合的基础上,按前晚三叠世和晚三叠世以来两个构造阶段,分别划分了火山岩岩浆旋回与构造岩浆岩带,编制了不同阶段火山岩时空结构图,探讨了火山岩岩石构造组合与成矿的关系。

(4)在划分并系统总结侵入岩岩石构造组合的基础上,按前南华纪、泥盆纪—前晚三叠世和晚三叠世—新生代 3 个构造阶段,分别划分了构造岩浆旋回与构造岩浆岩带,探讨了侵入岩形成的构造环境及其演化过程。全面总结了不同阶段、不同岩石构造组合类型与成矿的关系,对古元古代和晚古生代末期—早三叠世两期基性—超基性岩铜镍矿和早、中侏罗世钙碱性侵入-火山杂岩贵金属、有色金属成矿提出了新认识。

(5)特别提出古元古代晚期裂谷开始发育时期形成的超基性—基性岩墙组合,在晚古生代末期—早三叠世硅铝壳造山使陆壳加厚并抬升上隆的过程中,发生垮塌作用,促使一次新的地幔物质上涌,形成的镁铁-超镁铁岩是重要成矿单元,早、中侏罗碰撞造山形成的钙碱性侵入-火山杂岩是吉林省东部地区贵金属、有色金属矿产重要成矿单元。

(6)首次提出吉林省中东部机房沟蛇绿构造混杂岩、采秀洞蛇绿构造混杂岩是索伦山-西拉木伦结合带东延至吉林省的部分。划分了机房沟-头道沟-采秀洞构造混杂岩带、大阳-夹皮沟-古洞河逆冲型韧性剪切带、敦-密断裂带和伊-舒断裂带 4 个大型变形构造带,并对大型变形构造的形成、构造环境及其演化进行了探讨。

(7)划分出龙岗-和龙新太古代变质带、辽吉古元古代变质带、龙岗-和龙地块北缘元古宙-古生代变质带、佳木斯-兴凯地块南缘变质带,并对各变质带变质岩岩石构造组合进行了划分。研究了各变质带变质作用、构造环境及其演化以及与成矿作用的关系。

第二章　沉积岩组合与构造古地理

第一节　构造-地层分区和岩石地层格架

一、构造-地层分区

中太古代—早三叠世划分出 4 个构造-地层区，6 个构造-地层分区；中三叠世—第四纪划分出 5 个构造-地层区，7 个构造-地层分区。

（一）中太古代—早三叠世构造-地层区

1. 华北东部陆块构造-地层区

华北东部陆块构造-地层区以华北陆块北缘边界断裂与华北东部陆块北缘构造-地层区分界，包括辽东（吉）1 个构造-地层分区。区内主要出露有太古宙基底出露区、古元古代裂谷沉积和新元古代—古生代克拉通盆地的盖层沉积。

2. 华北东部陆块北缘构造-地层区

华北北部陆块北缘构造-地层区以头道沟-采秀洞蛇绿构造混杂岩带与佳木斯-兴凯南缘构造-地层区分界，包括吉林、天宝山 2 个构造-地层分区。吉林构造-地层分区以新元古代—中二叠世滨浅海相陆源碎屑岩-火山岩沉积为主（晚石炭世为碳酸盐岩），晚二叠世陆相陆源碎屑岩建造；天宝山构造-地层分区主要为新元古代浅海相陆源碎屑岩-火山岩沉积、晚石炭世碳酸盐岩建造和中二叠世陆相陆源碎屑岩建造。

3. 佳木斯-兴凯南缘构造-地层区

佳木斯-兴凯南缘构造-地层区包括东宁-汪清、张广才岭两个构造-地层分区。分别出露有新元古代滨浅海相陆源碎屑岩-火山岩沉积和晚古生代滨浅海相-海陆交互相-陆相沉积。

4. 大兴安岭构造-地层区

大兴安岭构造-地层区包括洮南 1 个构造地层分区。仅出露少量新元古代变质碎屑岩以及二叠纪滨浅海相-海陆交互相-陆相沉积。

(二)中三叠世—第四纪构造-地层区

1. 大兴安岭构造-地层区

大兴安岭构造-地层区以嫩江-黑河构造拼合带与松辽构造-地层区分界,包括洮南1个构造-地层分区。早侏罗世为河湖相含煤碎屑沉积;中、晚侏罗世为河湖相火山-碎屑沉积。

2. 松辽构造-地层区

松辽构造-地层区以四平-长春-德惠断裂与张广才岭-南楼山构造-地层区分界。包括松嫩1个地层分区,以晚白垩世—新近纪凹陷盆地沉积为主;零星出露早白垩世火山-断陷盆地沉积和新生代火山岩。

3. 张广才岭-南楼山构造-地层区

张广才岭-南楼山构造-地层区分别以华北陆块北缘边界断裂、敦密断裂与吉南-辽东构造-地层区为界,包括九台、吉林两个构造-地层分区。九台构造-地层分区为晚侏罗世—早白垩世火山-断陷盆地沉积,吉林构造-地层分区主要为晚三叠世—早白垩世火山断陷盆地沉积。

4. 吉南-辽东构造-地层区

吉南-辽东构造-地层区以华北陆块北缘边界断裂与鸡西-延吉构造-地层区为界,包括通化、柳河两个构造-地层分区。通化构造-地层分区主要为晚三叠世—早白垩世火山-断陷盆地沉积;柳河构造-地层分区主要为早侏罗世—早白垩世断陷盆地沉积陆源碎屑岩沉积,古近纪含煤油页岩河湖相沉积。

5. 鸡西-延吉构造-地层区

鸡西-延吉构造-地层区晚三叠世为陆相火山岩,晚侏罗世—白垩纪火山-断陷盆地沉积,古近纪为含煤油页岩河湖相沉积,新近纪为类磨拉石沉积和火山岩。

二、岩石地层格架

吉林省地层发育较全,太古宙、元古宙、古生代、中生代、新生代地层均有出露。但受后期构造岩浆活动影响,地层分布多不连续。不同构造-地层分区的地层序列见表2-1-1～表2-1-3。

(一)前寒武系

1. 中太古界—新太古界

中太古界主要分布于龙岗地块内,为龙岗岩群,原岩为富铝质碎屑岩夹基性火山岩-硅铁质沉积。新太古界主要分布于夹皮沟、白山、和龙地区,分别为夹皮沟岩群、南岗岩群,原岩为中基性—酸性火山(碎屑)岩、硅铁质沉积岩。

2. 古元古界

古元古界主要分布在吉林省南部的辽东(吉)地层分区,下部为集安(岩)群,原岩属于一套裂谷环境的变质基性火山岩(斜长角闪岩)-蒸发岩-复成分碎屑岩建造组合;上部为老岭岩群,为克拉通上叠凹陷环境的变质石英砂岩-页岩-白云岩的原岩建造组合。

3. 新元古界

吉林省南部的辽东(吉)地层分区新元古界除最底部少量陆相河流沉积外,均为陆表海环境沉积,属典型克拉通盆地型的稳定环境沉积。其底部马达岭组为一套河流的红色复陆屑建造,下部白房子组、细河群为一套滨滩相—砂坝相—坝后潟湖相的单陆屑建造-页岩建造组合,上部浑江群为一套开阔台地相的台地碳酸盐岩建造-藻礁碳酸盐岩建造-礁后页岩建造组合。

华北东部陆块北缘构造-地层区的张三沟岩组、西宝安(岩)群、色洛河(岩)群、海沟(岩)群、江域岩组、青龙村(岩)群等为古弧盆环境的陆缘碎屑岩夹中基性火山岩及碳酸盐岩建造。佳木斯-兴凯南缘构造-地层区的塔东(岩)群、杨木岩组及大兴安岭地层区敖龙背变粒岩为残余弧盆沉积。头道沟-采秀洞蛇绿构造混杂岩带内的机房沟岩组为蛇绿构造混杂岩堆积。

(二)古生界

1. 下古生界

辽东(吉)地层分区的下古生界自下而上可以划分为寒武系水洞组、昌平组、馒头组、张夏组、崮山组、炒米店组,奥陶系冶里组、亮甲山组、马家沟组,为一套潮坪-开阔台地环境的页岩建造-台地碳酸盐建造序列。就区域地层对比而言,其岩石共生组合与整个华北大陆板块(地台)同时代地层完全相当,属其统一盖层的一部分。

华北东部陆块北缘构造-地层区头道岩组、黄莺屯(岩)组、小三个顶子组、黄顶子(岩)组、烧锅屯(岩)组为寒武纪—奥陶纪裂谷环境的陆缘碎屑岩夹中基性火山岩及碳酸盐岩建造。奥陶纪放牛沟火山岩为岛弧环境的钙碱性火山岩建造。志留纪桃山组为一套具有复理石建造特点的含笔石的细砂岩、粉砂岩,辽源群一套变质砂岩、粉砂岩夹结晶灰岩-片理化中酸性熔岩、中性熔岩组合;西别河组为一套砾岩、含砾砂岩、砂岩和粉砂岩及生物屑灰岩,属于弧背盆地沉积。

佳木斯-兴凯南缘构造-地层区五道沟群马滴达组、杨金沟组、香房子组为寒武纪—奥陶纪弧前盆地环境的碎屑岩-中酸性火山岩、中性火山岩-火山凝灰岩夹碳酸岩建造、泥岩-粉砂岩建造。

2. 上古生界

吉林省南部的辽东(吉)地层分区主要为石炭系本溪组、太原组,石炭系—二叠系山西组及二叠系石盒子组、孙家沟组。下部为一套边缘海-三角洲-岸后沼泽环境的单陆屑含煤建造,上部为河流相红色复陆屑建造。就区域地层对比而言,其岩石共生组合与整个华北大陆板块(地台)同时代地层完全相当,属其统一盖层的一部分。

华北东部陆块北缘构造-地层区的吉林分区中泥盆统王家街组为一套杂色砂岩、粉砂岩及结晶灰岩;下石炭统通气沟组为一套黄绿色中粒砂岩、细砂岩及粉砂岩,余富屯组为细碧岩-角斑岩组合,鹿圈屯组为一套砂岩、细砂岩、粉砂岩、页岩组合;上石炭统磨盘山组为一套台地碳酸盐岩建造,四道砾岩为水下扇砾岩夹砂岩组合,石嘴子组为一套砂岩、粉砂岩,窝瓜地组钙碱性火山岩建造;中二叠统寿山沟组为砂质板岩,含砾粉砂岩、粉砂质细砂岩夹灰岩透镜体,大河深组为钙碱性火山岩建造,范家屯组为砂、板岩夹厚层生物屑灰岩透镜体。上二叠统蒋家窑砾岩为砾岩-砂岩-粉砂岩-泥岩组合,杨家沟组为滨海相粉砂质板岩、泥质板岩夹细砂岩。上述各地地层单位构成盘石-石嘴子弧背盆地主要沉积-火山建造。天宝山分区石炭系天宝山组、山秀岭组均为一套台地碳酸盐岩建造,二叠系大蒜沟组为一套海陆交互相凝灰质砾岩、含砾凝灰质砂岩夹粉砂岩。

佳木斯-兴凯南缘构造-地层区在汪清—珲春一带,中二叠统亮子川组为凝灰质砂岩、碳质粉砂岩、长石砂岩,关门嘴子组为片理化安山岩、安山质火山碎屑岩夹灰岩,庙岭组为细砂岩、杂砂岩、粉砂岩夹

表2-1-1　吉林前寒武纪岩石地层序列表

地层时代			大兴安岭	佳木斯-兴凯南缘		华北东部陆块北缘		华北东部陆块
			洮南	东宁-汪清	张广才岭	天宝山	吉林	辽东（吉）
元古宙	新元古代	震旦纪、南华纪	敖龙背变粒岩	新兴岩组、杨木岩组	塔东(岩)群：朱敦店(岩)组、拉拉沟(岩)组	色洛河(岩)群；海沟(岩)群；青龙村(岩)群：江域岩组	西宝安(岩)群	浑江群：青沟子组、八道江组、万隆组；细河群：桥头组、南芬组、钓鱼台组、白房子组、马达岭组
元古宙	中元古代							
元古宙	古元古代					张三沟岩组		老岭岩群：大栗子(岩)组、临江岩组、花山岩组、珍珠门岩组、林家沟岩组；集安(岩)群：大东岔岩组、荒岔沟(岩)组、蚂蚁河(岩)组；光华岩群：同心岩组、双庙岩组
太古宙	新太古代							夹皮沟岩群：三道沟岩组、老牛沟岩组；南岗岩群：官地岩组、鸡南岩组
太古宙	中太古代							龙岗岩群：杨家店岩组、四道砬子河岩组

表2-1-2　吉林省寒武纪—早三叠世岩石地层序列表

代	纪	世	大兴安岭：洮南	佳木斯-兴凯南缘：张广才岭	佳木斯-兴凯南缘：东宁-汪清	华北东部陆块北缘：天宝山	华北东部陆块北缘：吉林	华北东部陆块：辽东（吉）
中生代	三叠纪	早		卢家屯组				
晚古生代	二叠纪	晚	索伦组	红山组	开山屯组		杨家沟组 蒋家窑砾岩	孙家沟组
		中	吴家组		解放村组 庙岭组 关门嘴子组 亮子川组		范家屯组 大河深组 寿山沟组	石盒子组
		早				大蒜沟组	窝瓜地组	山西组
	石炭纪	晚				山秀岭组	磨盘山组：石嘴子组、四道砾岩	太原组
		早				天宝山组	余富屯组、鹿圈屯组 通气沟组	本溪组
	泥盆纪	晚		机房沟岩组			王家街组	
		中						
		早						
早古生代	志留纪	末					西别河组：二道沟段、张家屯段	
		晚					椅山组	
		中					弯月组 石缝组	
		早					桃山组	
	奥陶纪	晚					下二台(岩)群：放牛沟火山岩	
		中			五道沟群：香房子组		下二台(岩)群：烧锅屯(岩)组；小三个顶子(岩)组；呼兰(岩)群	马家沟组
		早			五道沟群：杨金沟组、马滴达组		下二台(岩)群：黄顶子(岩)组；黄莺屯(岩)组	亮甲山组 冶里组
中太古代	寒武纪	晚					头道岩组	炒米店组 崮山组
		中						张夏组 馒头组：河口段、东热段
		早						昌平组 水洞组

表2-1-3　吉林省中、新生代岩石地层序列表

地层时代		区	大兴安岭	松辽	张广才岭-南楼山		鸡西-延吉	吉南-辽东	
纪	世	分区	洮南	松嫩	九台	吉林	延吉-珲春	通化	柳河
新近纪	上新			泰康组 大安组					
	中新				水曲柳组		土门子组		
古近纪	渐新				舒兰群：吉舒组		珲春组	桦甸组	梅河组
	始新				舒兰群：棒槌沟组				
	古新			富峰山玄武岩	舒兰群：缸窑组				
白垩纪	晚			松花江群：明水组 四方台组 嫩江组 姚家组 青山口组			延吉群：罗子沟组 龙井组 大拉子组	三棵榆树组 小南沟组	
	早			泉头组 登楼库组 营城组	泉头组 登楼库组 营城组 沙河子组 火山岭组	金家屯组 长安组 安民组	金沟岭组 刺猬沟组 长财组	石人组	亨通山组（柳河群）
侏罗纪	晚		宝石组 付家洼子组			久大组 德仁组	和龙群：屯田营组	林子头组 鹰嘴砬子组 果松组	大沙滩组（柳河群）
	中		巨宝组 万宝组					小东沟组	小东沟组
	早		红旗组			南楼山组 玉兴屯组 太阳岭组		义河组	义河组
三叠纪	晚					四合屯组 大酱缸组	大兴沟群：天桥岭组 马鹿沟组 托盘沟组 柯岛群：滩前组 山谷旗组	长白组 小河口组	

灰岩，解放村组为一套陆相和海陆交互相砂岩、粉砂岩、粉砂质板岩；上二叠统开山屯组为一套花岗质砾岩夹碳质粉砂岩和砂岩。上述各地地层单位为庙岭-哈达门弧背盆地的一部分。在蛟河地区仅见有上二叠统红山组，为一套陆相砂岩、粉砂岩、粉砂质板岩。

大兴安岭构造-地层区仅出露有二叠系吴家组、索伦组。吴家组为一套长石砂岩、细砂岩夹粉砂岩及灰岩透镜体；索伦组以黑灰色砂岩、板岩为主，夹含砾砂岩。

（三）中生界

1. 三叠系

大兴安岭地层区和松辽地层区缺失三叠系。张广才岭-南楼山地层区大酱缸组主要有砾岩、砂岩、粉砂岩、页岩或板岩；四合屯组为中酸性火山岩系，主要为安山岩、英安质流纹质角砾凝灰岩组成。鸡西-延吉地层区山谷旗组为湖泊三角洲砂砾岩，滩前组为源泊砂岩-灰砂岩组合；大兴沟群为安山岩-流纹岩及其碎屑岩夹火山间歇期形成的河湖相含煤碎屑岩沉积。吉南-辽东地层区小河口组为河流-沼泽相含煤地层，由砾岩、砂岩、粉砂岩、页岩及煤层组成；长白组下部为安山岩、安山质火山碎屑岩，上部为流纹

岩、流纹质火山碎屑岩。

2. 侏罗系

大兴安岭地层区下侏罗统红旗组为一套灰白色砾岩、砂岩、粉砂岩、泥岩夹煤；中侏罗统万宝组为砂岩，粉砂岩；中侏罗统巨宝组、上侏罗统付家洼子组为凝灰质砂砾岩、砂岩。张广才岭-南楼山地层区下侏罗统太阳岭组为河湖相含煤碎屑岩建造，玉兴屯组为碎屑岩夹流纹质-安山质火山碎屑岩建造，南楼山组为安山岩及安山质、英安质火山碎屑岩建造；上侏罗统德仁组为火山岩建造及河湖相陆源碎屑岩建造，久大组为河湖相含煤碎屑岩组合。鸡西-延吉地层区中上侏罗统均为安山质火山岩及火山碎屑岩建造。吉南-辽东地层区下中侏罗统均为河湖相碎屑岩建造。

3. 白垩系

大兴安岭地层区为下白垩统为火山岩建造；松辽地层区下白垩统上部上白垩统为松花江群属于河湖相碎屑沉积，其中青山口组和嫩江组含油页岩；松辽地层区仅在九台一带为上白垩统火石岭组、沙河子组，火石岭组为灰绿色安山岩、凝灰岩、凝灰质砾岩夹少量粉砂岩、砂岩、泥岩及煤，沙河子组为灰色砂岩，粉砂岩夹煤。张广才岭-南楼山地层区及吉南-辽东地层区下白垩统均为安山质-流纹质火山岩建造及河湖相陆源碎屑岩建造，以产热河生物群为特点。鸡西-延吉地层区下白垩统下部为安山质火山岩建造及为河湖相含煤碎屑岩建造，上部为河湖相含油页岩碎屑岩建造；上白垩统为红色碎屑岩建造。

（四）新生界

1. 古近系

古近系地层主要分布于珲春等大型盆地和伊-舒、敦-密断陷带，以河湖相细碎屑沉积为主，含有丰富的褐煤、油页岩资源。

2. 新近系

在继承古近系沉积格局的基础上，小兴安岭山间盆地发育了类磨拉石型河流相沉积；晚期有大规模的玄武岩喷发。

3. 第四系

长白山-龙岗火山岩带及河流、湖泊、沼泽、风积、冰缘堆积。有大规模的玄武岩喷发。

第二节　沉积岩建造组合划分及其特征

根据地层层序律原理，以成层有序的岩石地层单位在时空的位置为依据，在对每个地层单位实测剖面自下向上岩性、岩相分析的基础上，划分沉积相和沉积体系，将同一沉积体系内的几种岩石自然组合归并为一个岩石建造组合，岩石建造组合名称尽量采用技术要求中提供的类型，个别与技术要求差异较大的类型另建之。根据岩石地层单位的岩性、岩相、化石组合及其含矿性，现将吉林省沉积岩建造组合按构造背景及时代分别描述如下。

一、华北东部陆块南华纪—中三叠世沉积岩建造组合

华北东部陆块南华纪—中三叠世沉积岩建造组合均属于吉林省南部的辽东(吉)构造-地层分区。

1. 马达岭组

马达岭组主要分布在白山市红土崖一带,其底部为紫红色砾岩,向上为一套(含砾)长石石英岩夹粉砂岩,为一套河流的红色复陆屑建造,陆表海砂泥岩夹砾岩组合。时代为南华纪。

2. 白房子组

白房子组仅分布在白山市三道沟一带,为一套以杂色含砾长石石英岩、长石石英砂岩、细砂岩、粉砂岩和页岩为基本层序的岩石组合,陆表海砂岩组合。时代为南华纪。

3. 细河群

细河群主要分布在通化市四方山—白山市板石沟以及白山市三道沟镇等地,自下而上划分为钓鱼台组、南芬组和桥头组,与辽东地区细河群完全可以对比。钓鱼台组以灰白色、浅褐色石英岩为主,下部常含有铁矿层,中部夹有细砂岩,上部有多层海绿石石英砂岩;南芬组为一套以黄绿色、紫色页岩,泥灰岩为基本层序的旋回层;桥头组为一套以灰色、黄褐色石英砂岩夹黄绿、灰黑色页岩及砂质页岩为基本层序的旋回层,陆表海砂岩组合。时代为南华纪。

4. 浑江群

浑江群分布范围与细河群基本一致,自下而上可以划分为万隆组、八道江组和青沟子组,主要为一套陆表海灰岩组合。万隆组为一套薄层砂屑灰岩夹有砾屑灰岩和多层粉砂岩夹含藻屑的角砾状灰岩;八道江组为一套浅色碎屑灰岩、叠层石灰岩,厚度变化大,层型剖面的厚度为 288.8m;青沟子组为一套黑色页岩夹沥青质灰岩、蠕虫状灰岩、泥质灰岩。浑江群产丰富的微古植物化石。时代为震旦纪。

5. 水洞组

水洞组为由一套细粉砂钙质泥岩、泥质粉砂岩、石英砂岩夹灰岩、紫色页岩,陆表海砂泥岩夹砾岩组合。时代为早寒武世。

6. 昌平组

昌平组为含石英粉砂屑灰岩、泥质条带状微晶灰岩、泥质灰岩或条带状灰岩,陆表海灰岩组合。时代为早寒武世。

7. 馒头组

馒头组以紫(砖)红色、暗紫色页岩、粉砂岩为主,夹云泥岩、泥云岩、白云岩、灰岩等,自下而上可以划分为东热段和河口段。东热段为一套砖红色、紫红色钙质粉砂岩、页岩、白云岩夹石膏,陆表海砂泥岩组合;河口段为一套紫色、暗紫色、猪肝色、黄绿色粉砂、岩钙质粉砂岩、粉砂质页岩夹生物碎屑灰岩、海绿石鲕状灰岩,陆表海陆源碎屑-白云岩组合。时代为早寒武世。

8. 张夏组

张夏组为一套灰色、青灰色厚层—中厚层状鲕状灰岩、生物屑灰岩、含海绿石灰岩、泥晶灰岩或亮晶灰岩，陆表海灰岩组合。时代为中寒武世。

9. 崮山组

崮山组为一套紫色页岩、粉砂岩，下部夹含海绿石灰岩薄层，具水平层理，向上夹有多层砾屑灰岩，陆表海陆源碎屑-灰岩组合。时代为晚寒武世。

10. 炒米店组

炒米店组为一套灰色薄层条带状灰岩，灰紫色含海绿石、石英砂屑灰岩，夹多层砾屑灰岩，陆表海陆源碎屑-灰岩组合。时代为晚寒武世。

11. 冶里组

冶里组一套中薄层状灰岩、生物碎屑灰岩，下部夹多层黄绿色页岩，陆表海陆源碎屑-灰岩组合。时代为早奥陶世。

12. 亮甲山组

亮甲山组为一套灰色、浅灰色厚层燧石结核灰岩，白云质灰岩，陆表海灰岩组合。时代为早奥陶世。

13. 马家沟组

马家沟组为一套灰色厚层—巨厚层灰岩夹白云岩、角砾状灰岩、角砾状白云岩，陆表海灰岩组合。时代为中奥陶世。

14. 本溪组

本溪组为一套灰—灰黑色、黄绿—灰绿色砂岩、页岩夹紫色页岩、铝土质岩，底部局部发育有砾岩，陆表海沼泽含煤碎屑岩组合。时代为早石炭世。

15. 太原组

太原组为一套砂岩、粉砂岩、页岩、泥岩及铝土质岩石，顶底以灰岩为界，夹多层生物碎屑灰岩，陆表海沼泽含煤碎屑岩组合。时代为晚石炭世。

16. 山西组

山西组为一套灰色砂岩、粉砂岩与灰黑色页岩互层，夹有煤层和铝土质页岩，陆表海沼泽含煤碎屑岩组合。时代为晚石炭世—早二叠世。

17. 石盒子组

石盒子组下部为一套以灰绿色、黄绿色粗砂岩、中粒砂岩为主夹有紫色及灰色粉砂岩、页岩、铝土质岩；上部以紫色中粒砂岩、细砂岩及页岩为主，夹有黄绿色、灰色中粒砂岩、粉砂岩，湖泊砂岩-粉砂岩组合。时代为中二叠世。

18. 孙家沟组

孙家沟组为一套紫红、灰紫色粗粒长石石英砂岩与紫红色砂质泥岩及粉砂岩互层，湖泊砂岩-粉砂岩组合。时代为晚二叠世。

二、天山-兴蒙造山带南华纪—中三叠世沉积岩建造组合

（一）华北东部陆块北缘南华纪—中三叠世沉积岩建造组合

华北东部陆块北缘南华纪—奥陶纪沉积岩均已发生明显的变质作用，原岩组构基本不再保留，将变质岩建造组合部分论述，兹将志留纪—二叠纪沉积岩建造组合描述如下。

1. 桃山组

桃山组出露在吉林构造-地层分区，岩石组合为一套具有复理石建造特点的含笔石的细砂岩、粉砂岩、粉砂质板岩，偶夹含砾细砂岩。时代为早志留世。

2. 辽源群

辽源群出露在吉林构造-地层分区，可以进一步划分为石缝组、弯月组、椅山组。石缝组为一套变质砂岩、粉砂岩夹结晶灰岩；弯月组为一套片理化流纹岩、流纹凝灰熔岩、中酸性熔岩、中性熔岩为主夹结晶灰岩；椅山组下部为一套砂岩与灰岩互层，上部为红柱石板岩、千枚状板岩夹数层变质砂岩。时代为中-晚志留世。

3. 西别河组

西别河组出露在吉林构造-地层分区，可以划分为张家屯段和二道沟段。张家屯段为一套砾岩、含砾砂岩、砂岩和粉砂岩夹灰岩透镜体，时代为中志留世；二道沟段下部以砂岩、粉砂岩为主，夹灰岩透镜体，上部以灰色、灰白色厚层灰岩、生物屑灰岩为主，夹薄层砂岩、粉砂岩。时代为末志留世—早泥盆世。

4. 王家街组

王家街组出露在吉林构造-地层分区，岩性为一套灰色、灰紫色粗粒长石砂岩、粉砂岩及灰色、深灰色，中厚层灰岩，含燧石结晶灰岩，生物屑灰岩。时代为中泥盆世。

5. 通气沟组

通气沟组出露在吉林构造-地层分区，岩性为一套黄绿色中粒砂岩、细砂岩及粉砂岩互层。时代为早石炭世。

6. 余富屯组

余富屯组出露在吉林构造-地层分区，下部为石英角斑岩、细碧岩、角斑质凝灰岩互层夹凝灰质砂岩；上部为石英角斑岩、凝灰岩互层夹细碧岩及大理岩。时代为早石炭世。

7. 鹿圈屯组

鹿圈屯组出露在吉林构造-地层分区，岩性为一套灰色、褐色砂岩、细砂岩、粉砂岩、页岩互层夹灰

岩，产丰富的动、植物化石。时代为早石炭世。

8. 磨盘山组

磨盘山组出露在吉林构造-地层分区，岩性为一套厚层、中厚层灰岩、含燧石结核灰岩、砂屑灰岩。时代为晚石炭世。

9. 四道砾岩

四道砾岩出露在吉林构造-地层分区，岩性为一套砾岩夹有数层砂岩和灰岩。时代为晚石炭世。

10. 石嘴子组

石嘴子组出露在吉林构造-地层分区，岩性为一套砂岩、粉砂岩夹有数层薄层灰岩。时代为晚石炭世—早二叠世。

11. 窝瓜地组

窝瓜地组出露在吉林构造-地层分区，下部为灰白色英安岩、英安质火山角砾岩及凝灰岩，夹灰岩透镜体；上部以黄白色流纹岩及凝灰岩夹薄层灰岩为基本层序。时代为晚石炭世—早二叠世。

12. 寿山沟组

寿山沟组出露在吉林构造-地层分区，下部为砂质板岩，含砾粉砂岩、粉砂质细砂岩夹灰岩透镜体；上部为千枚状粉砂岩、变质细砂岩。时代为中二叠世。

13. 大河深组

大河深组出露在吉林构造-地层分区，由安山质凝灰岩流纹岩、安山岩、凝灰质砂岩夹少量粉砂及灰岩透镜体组成。时代为中二叠世。

14. 范家屯组

范家屯组出露在吉林构造-地层分区，下部为深灰色、灰黑色砂岩、粉砂岩、板岩；中部为厚层生物屑灰岩透镜体和凝灰质砂岩；上部为黑色、灰色板岩夹砂岩。时代为中二叠世。

15. 蒋家窑砾岩

蒋家窑砾岩出露在吉林构造-地层分区，下部为砾岩、砂岩；中部为粉砂岩、砂岩、含砾砂岩；上部为粉砂岩、泥岩、含砾砂岩、砂岩。时代为晚二叠世。

16. 杨家沟组

杨家沟组为吉林省构造-地层分区，岩性为粉砂质板岩、泥质板岩夹细砂岩。时代为晚二叠世。

17. 天宝山组

天宝山组出露在天宝山构造-地层分区，岩性为一套结晶灰岩及硅质灰岩夹变质砂岩。时代为石炭世。

18. 山秀岭组

山秀岭组出露在天宝山构造-地层分区，岩性为一套厚层生物屑灰岩、粒屑灰岩、结晶灰岩夹火山灰凝灰岩及薄层砂岩。时代为晚石炭世。

19. 大蒜沟组

大蒜沟组出露在天宝山构造-地层分区，龙井市山秀岭一带，主要由凝灰质砾岩、含砾凝灰质砂岩夹粉砂岩组成。时代为早二叠世。

（二）西伯利亚陆块南缘南华纪—中三叠世沉积岩建造组合

西伯利亚陆块南缘南华纪—中三叠世沉积岩建造不发育，仅见少量二叠纪沉积岩建造组合，其特征描述如下。

1. 亮子川组

亮子川组出露在东宁-汪清构造-地层分区，岩石组合为凝灰质砂岩、碳质粉砂岩、长石砂岩等较深水砂泥岩组合。时代为中二叠世。

2. 关门嘴子组

关门嘴子组出露在东宁-汪清构造-地层分区，岩石组合为片理化安山岩、安山质火山碎屑岩夹灰岩。时代为中二叠世。

3. 庙岭组

庙岭组出露在东宁-汪清构造-地层分区，下部为灰色、绿灰色长石石英砂岩，杂砂岩、粉砂岩夹薄层灰岩透镜体；上部为砂岩、粉砂岩，板岩夹厚层灰岩透镜体组成，在庙岭一带灰岩厚度较大。时代为中二叠世。

4. 解放村组

解放村组出露在东宁-汪清构造-地层分区，岩石组合为一套海陆交互相砂岩、粉砂岩、粉砂质板岩，局部有灰岩透镜体。时代为中二叠世。

5. 开山屯组

出露在东宁-汪清构造-地层分区，岩性为一套花岗质砾岩夹有碳质粉砂岩和砂岩。时代为晚二叠世。

6. 红山组

红山组出露在张广才岭构造-地层分区，岩石组合为一套灰黑色砂岩、粉砂岩和板岩。时代为晚二叠世。

7. 吴家组

吴家组出露在洮南构造-地层分区，岩石组合为一套长石砂岩、细砂岩夹粉砂岩及灰岩透镜体。时代为中二叠世。

8. 索伦组

索伦组出露在洮南构造-地层分区，岩石组合为一套黑灰色砂岩、板岩为主夹含砾砂岩。时代为晚二叠世。

9. 卢家屯组

卢家屯组出露在张广才岭构造-地层分区，下段为砾岩、砂质砾岩，下段为含砾粗砂岩、中砂岩、细砂岩、粉砂岩。时代为早三叠世。

三、晚三叠世—新近纪沉积岩建造组合

（一）大兴安岭构造-地层区

1. 红旗组

红旗组下部为一套灰白色砾岩夹薄层砂岩；上部为一套砂岩、粉砂岩、泥岩及数层煤，产植物化石。时代为早侏罗世，下限可能延入晚三叠世。

2. 万宝组

万宝组岩石组合为一套灰色、灰黑色砂砾岩、砂岩，粉砂岩、凝灰质砂岩夹煤层，有少量植物化石。时代为中侏罗世。

3. 巨宝组

巨宝组上部以灰白、黄褐色凝灰岩、玻屑晶屑凝灰岩为主；下部为凝灰质砾岩、砂岩。时代为中侏罗世。

4. 付家洼子组

付家洼子组下部以凝灰质砂岩、砾岩为主；上部由中性熔岩及其火山碎屑岩和凝灰质砂岩组成。时代为晚侏罗世。

5. 宝石组

宝石组岩石组合为一套以灰色、灰紫色、蛋青色为主的酸性熔岩及火山碎屑岩夹含煤正常沉积岩，产鱼、昆虫、叶肢介、植物化石。时代为晚侏罗世。

（二）松辽构造-地层区

1. 火石岭组

火石岭组岩石组合为一套灰绿色安山岩、凝灰岩、凝灰质砾岩夹少量粉砂岩、砂岩、泥岩。时代为早白垩世。

2. 沙河子组

沙河子组下部为灰色砂岩，粉砂岩夹五层煤；中部为黑色泥岩夹粉砂岩；上部为灰黑色砂岩，粉砂岩及薄煤层。时代为早白垩世。

3. 营城组

营城组下部为中性火山碎屑岩及煤层；上部为酸性火山岩夹碎屑岩及薄煤层。时代为早白垩世。

4. 登楼库组

登楼库组岩石组合为一套灰色—深灰色夹紫色为主的泥岩、砂岩、砾岩。时代为早白垩世。

5. 泉头组

泉头组岩石组合为一套紫色页岩、粉砂岩夹杂色砂岩，含砾砂岩，盆地边缘碎屑颗粒变粗。时代为早白垩世。

6. 青山口组

青山口组岩石组合为一套灰色、青灰色、灰黑色、黑色泥岩、页岩、砂质泥岩，夹数层油页岩。时代为晚白垩世。

7. 姚家组

姚家组岩石组合为一套棕红、砖红、褐红色泥岩与灰绿色泥岩、粉砂岩互层，产介形类、双壳类化石。时代为晚白垩世。

8. 嫩江组

嫩江组以灰黑色泥岩为主，夹灰白、灰绿色细砂岩、粉砂岩，下部夹油页岩，上部夹有红色泥岩，产介形类、叶肢介、鱼类、双壳类、腹足类和轮藻化石。时代为晚白垩世。

9. 四方台组

四方台组岩石组合为一套褐红色—灰绿色粉砂岩、砂岩、钙质结核，产介形虫、叶肢介、腹足类、双壳类化石。时代为晚白垩世。

10. 明水组

明水组下部以灰绿、棕红、灰紫色泥岩、粉砂质泥岩为主；上部为灰棕、灰白、灰黑色泥岩、粉砂质泥岩和砂岩组成。产介形虫、腹足、双壳和轮藻类化石。时代为晚白垩世。

11. 大安组

大安组岩石组合为一套由砾岩、含砾砂岩、砂岩、泥岩组成的岩石序列，具向上变细的韵律层，产孢粉。时代为新近纪。

12. 泰康组

泰康组岩石组合为一套由黄绿色、灰绿色砾岩、砂岩、砂质泥岩组成的岩石序列，有介形虫和植物化石。时代为新近纪。

（三）张广才岭-南楼山构造-地层区

1. 大酱缸组

大酱缸组主要由砾岩、砂岩、粉砂岩、页岩或板岩组成两个沉积旋回，产丰富的植物化石。时代为晚三叠世。

2. 玉兴屯组

玉兴屯组下部以凝灰质砾岩、砂岩为主；上部为凝灰质砂岩，粉砂岩夹中酸性火山碎屑岩，产植物化石。时代为早侏罗世。

3. 太阳岭组

太阳岭组岩石组合为一套含煤岩系，主要由砾岩、含砾砂岩、砂岩、粉砂岩及薄煤层组成，产丰富植物化石。时代为早侏罗世。

4. 南楼山组

南楼山组主要为安山岩及安山质、英安质火山碎屑岩。时代为早侏罗世。

5. 德仁组

德仁组下部由砾岩、砂岩、页岩夹劣质煤组成，产植物化石；上部以安山岩为主，夹少量凝灰质砂岩。时代为晚侏罗世。

6. 久大组

久大组岩石组合为一套砂岩、粉砂岩、页岩夹少量中性火山碎屑岩及其熔岩。时代为晚侏罗世。

7. 安民组

安民组下部以中性火山岩为主，个别地区有酸性火山岩；中部为凝灰质砂岩夹薄层煤，产少量植物化石；上部为中性火山岩。时代为早白垩世。

8. 长安组

长安组为一套碎屑岩夹煤地层。下部为砾岩、砂岩、粉砂岩夹煤（下煤层）；中部为页岩夹砂岩；上部为砂岩、页岩夹煤（上煤层）。时代为早白垩世。

9. 金家屯组

金家屯组主要为安山岩夹安山质火山碎屑岩，底部为凝灰角砾岩等。

10. 营城组

营城组下部为中性火山碎屑岩及煤层；上部为酸性火山岩夹碎屑岩及薄煤层。时代为早白垩世。

11. 登楼库组

登楼库组岩石组合为一套灰色—深灰色夹紫色为主的泥岩、砂岩、砾岩。时代为早白垩世。

12. 泉头组

泉头组岩石组合为一套紫色页岩、粉砂岩夹杂色砂岩，含砾砂岩，盆地边缘碎屑颗粒变粗。时代为早白垩世。

13. 舒兰群

舒兰群主要为河湖相碎屑岩一碎屑岩含煤组合，产植物化石。时代为古近纪。

14. 水曲柳组

水曲柳组主要为河湖相碎屑岩组合，以砾岩、砂岩为主。时代为新近纪中新统。

（四）吉南-辽东构造-地层区

1. 小河口组

小河口组岩石组合为一套河流-沼泽相含煤地层，由砾岩、砂岩、粉砂岩、页岩及煤层组成，产植物化石。时代为晚三叠世。

2. 长白组

长白组主要为火山岩及火山碎屑岩组合，岩性以安山岩、安山质岩屑晶屑凝灰岩为主，局部见英安质集块岩、流纹岩及流纹质火山碎屑岩。时代为晚三叠世。

3. 义和组

义和组岩石组合为一套凝灰质砾岩、砂岩、粉砂岩、页岩夹煤层（线）、局部地区夹凝灰岩。时代为早侏罗世。

4. 小东沟组

小东沟组岩石组合为一套杂色砂岩、粉砂岩、页岩夹泥灰岩。时代为中侏罗世。

5. 果松组

果松组为安山岩及安山质火山碎屑岩组合。时代为中侏罗—晚侏罗世。

6. 鹰嘴砬子组

鹰嘴砬子组岩石组合为一套灰色砾岩、砂岩、粉砂岩、页岩夹泥灰岩。时代为晚侏罗世。

7. 林子头组

草绿色岩石组合为一套中酸性凝灰岩夹凝灰质砂岩、粉砂岩。时代为晚侏罗世。

8. 石人组

石人组下部为砾岩、砂岩；上部由凝灰质砂岩、碳质页岩、煤，局部夹少量凝灰岩，产植物化石。时代为晚侏罗世—早白垩世。

9. 大沙滩组

大沙滩组为柳河分区地层，主要为河湖相砾岩、砂岩、粉砂岩、页岩组合。时代为晚侏罗世。

10. 亨通山组

亨通山组为柳河分区地层，主要为凝灰质砾岩、砂岩、粉砂岩夹煤组合。时代为早白垩世。

11. 小南沟组

小南沟组下部以紫色砾岩为主夹杂色粉砂岩；上部为杂色砂岩、粉砂岩夹紫色砾岩。时代为早白垩世。

12. 桦甸组

桦甸组由灰白色、灰绿色含砾粗砂岩、中细砂岩、粉砂岩、粉砂质泥岩夹油页岩及褐煤，产鱼类、乌类、哺乳类、爬行类、腹足类和孢粉等化石。时代为古近纪。

13. 梅河组

梅河组由砾岩、砂岩、粉砂岩、泥岩夹煤层组成，植物及孢粉化石。时代为古近纪。

14. 土门子组

土门子组由砾岩、砂岩、黏土岩组成，夹有玄武岩及硅藻土层。时代为新近纪。

(五)鸡西-延吉构造-地层区

1. 柯岛群

柯岛群自下而上可分为山谷旗组、滩前组。山谷旗组为粗砂岩夹粉砂岩、砾岩夹砂岩；滩前组为湖相砂岩、粉砂岩、粉砂质板岩夹泥灰岩。时代为晚三叠世。

2. 大兴沟群

大兴沟群可以划分为托盘沟组、马鹿沟组和天桥岭组。其中托盘沟组下部为安山岩及其碎屑岩，上部主要为流纹质及英安质火山碎屑岩；马鹿沟组为火山间歇期形成的河湖相含煤碎屑岩沉积，主要为凝灰质砾岩、凝灰质砂岩；天桥岭组为一套酸性火山岩系，以流纹岩为主，夹流纹质凝灰岩。时代为晚三叠世。

3. 屯田营组

屯田营组主要为安山及安山质火山碎屑岩组合。时代为晚侏罗世。

4. 长财组

长财组下部为砾岩、砂岩互层夹数层煤；上部为砾岩、砂岩、粉砂岩夹少量火山碎屑岩、熔岩及煤。时代为早白垩世。

5. 刺猬沟组

刺猬沟组主要为安山岩、安山质火山角砾岩、安山岩岩屑晶屑凝灰岩等。时代为早白垩世。

6. 金沟岭组

金沟岭组下部为砂岩、砾岩、粗砂岩；上部为安山岩、安山质火山角砾岩、安山质岩屑晶屑凝灰岩。时代为早白垩世。

7. 大拉子组

大拉子组下部以砾岩、砂砾岩为主；上部为砂岩、粉砂岩、泥岩、页岩、油页岩。时代为早白垩世。

8. 龙井组

龙井组为一套紫红色砾岩、砂岩夹粉砂岩、泥灰岩。时代为晚白垩世。

9. 珲春组

珲春组为一套由砾岩、砂岩、粉砂岩、凝灰质砂岩及煤层组成的岩石序列，岩性横向变化大，时代为古近纪。

第三节　构造古地理单元划分及其特征

一、前三叠纪构造古地理单元划分及其特征

（一）太子河-浑江陆表海盆地

1. 陆表海陆源碎屑岩沉积

陆表海陆源碎屑岩沉积发育在陆表海盆地的早期，为一套无障壁陆表海碎屑岩，主要为由海岸沙丘-后滨、前滨、临滨、远滨相石英砂砾岩、石英粉砂岩、高岭石黏土岩、海绿石岩、铁质岩等共生系列组成的稳定克拉通陆表海沉积。该沉积主要由陆表海砂泥岩夹砾岩组合、陆表海砂岩组合、陆表海砂泥岩组合、陆表海泥岩粉砂岩组合组成，建造时间相当于南华纪，岩石地层为南华系马达岭组、白房子组、钓鱼台组、南芬组、桥头组。

2. 陆表海碳酸盐岩台地沉积

陆表海碳酸盐岩台地沉积发育在陆表海盆地的早中期和中晚期，为碳酸盐岩缓坡，缺乏显著的斜坡坡折。高能带及其颗粒沉积滩常直接分布于缓坡的向上部位；沿缓坡向下的部位，为潮下和浪基面以下的低能泥晶或泥质沉积，含陆源碎屑，局部发育有藻礁灰岩。碳酸盐岩台地沉积建造时间相当于震旦纪和奥陶纪，岩石地层为震旦系万隆组、八道江组，寒武系炒米店组和奥陶系冶里组、亮甲山组、马家沟组。

3. 陆表海陆源碎屑—碳酸盐岩陆表海沉积

陆表海陆源碎屑—碳酸盐岩陆表海沉积主要发育在陆表海盆地的早期。浅岩石组合为陆表海陆源碎屑-灰岩组合、陆表海陆源碎屑-白云岩组合组成。该沉积建造时间相当于中晚寒武世，主要岩性为粉砂岩、页岩，夹灰岩、白云岩，岩石地层为寒武系水洞组、昌平组、馒头组、张夏组和崮山组。

4. 海陆交互障壁陆表海沉积

海陆交互障壁陆表海沉积主要发育在陆表海盆地的末期，由海陆交互相沉积序列与煤层、碳质泥岩交替组合而成，以三角洲、河口湾、潮坪、沼泽、潟湖、潮汐通道、冲越扇、潮汐三角洲相陆源碎屑沉积序列为特征。该沉积建造时间为石炭纪—二叠纪，主要为表海海陆交互砂泥岩夹煤层组合，岩石地层为本溪组、太原组、山西组、石盒子组、孙家沟组。

（二）景家台弧背盆地

景家台弧背盆地发育时代为志留纪，可以划分深水和滨浅海两个相区。深水相区岩石组合为一套具有复理石建造特点的含笔石的细砂岩、粉砂岩、粉砂质板岩，岩石地层为桃山组；滨浅海两个相区为砂岩、粉砂岩、结晶灰岩夹火山岩，岩石地层为辽源群。

（三）张家屯弧背盆地

张家屯弧背盆地发育时代为志留纪—泥盆纪，为一套滨浅海含砾砂岩、砂岩和粉砂岩夹灰岩，岩石地层为西别河组及王家街组。

（四）盘石-石嘴子弧背盆地

1. 浅海陆源碎屑岩沉积

浅海陆源碎屑岩沉积发育在早石炭世，为一套长石砂岩-细砂岩-粉砂岩组合，岩石地层为通气沟组。

2. 碳酸盐岩台地沉积

碳酸盐岩台地沉积发育在晚石炭世，为开阔碳酸盐岩台地，礁灰岩发育，岩性为一套厚层、中厚层灰岩、含燧石结核灰岩、砂屑灰岩。岩石地层为磨盘山组。

3. 台沟碎屑岩沉积

晚石炭世碳酸盐岩台地东侧桦甸市四道一带，发育一套巨厚的砾岩夹有数层砂岩和灰岩，砾石均为灰岩，属于台沟碎屑岩沉积，岩石地层为四道砾岩。

4. 浅海陆源碎屑-碳酸盐岩沉积

浅海陆源碎屑-碳酸盐岩沉积发育在早石炭世、晚石炭世和中二叠世。岩石主要为陆源碎屑-灰岩组合。岩石地层为鹿圈屯组、石嘴子组、寿山沟组和范家屯组。

5. 陆相磨拉石建造

晚二叠世南北两大板块发生碰撞造山，开始发育陆相磨拉石建造，岩石主要为一套砾岩-砂岩组合。岩石地层为蒋家窑砾岩。

（五）安图-头道弧背盆地

安图-头道弧背盆地发育在石炭纪，为开阔碳酸盐岩台地，礁灰岩发育，岩性为一套厚层、中厚层灰岩。岩石地层为天宝山组、山秀岭组。

（六）庙岭-哈达门弧背盆地

庙岭-哈达门弧背盆地发育在中二叠世，主要为浅海陆源碎屑-碳酸盐岩沉积，岩石地层为庙岭组、满河组和解放村组。

（七）巴彦查干苏木-红彦镇弧背盆地

1. 浅海陆源碎屑-碳酸盐岩沉积

浅海陆源碎屑-碳酸盐岩沉积发育在中二叠世。岩石组合为一套长石砂岩、细砂岩夹粉砂岩及灰岩透镜体，岩石地层为吴家组。

2. 陆相磨拉石建造

晚二叠世南北两大板块发生碰撞造山，开始发育陆相磨拉石建造，岩石组合以黑灰色砂岩、板岩为主，夹含砾砂岩。岩石地层为索伦组。

二、晚三叠世—第四纪构造古地理单元划分及特征

晚三叠世以来，吉林省进入滨太平洋构造域的地质演化阶段，受泛太平洋板块俯冲作用的控制，形成一系列的断陷盆地，断陷盆地可分为无火山断陷盆地和火山-沉积断陷盆地，但不同时代的无火山断陷盆地和火山-沉积断陷盆地具有相互叠加的特点。

（一）无火山断陷盆地

无火山断陷盆地发育的时代为晚三叠世、侏罗纪、古近纪。晚三叠世无火山断陷盆地主要有卢家屯断陷盆地、抚松-集安盆地等，主要岩石建造组合为冲积扇砾岩组合、河流砂砾岩-粉砂岩泥岩组合、河湖相含煤碎屑岩组合；侏罗纪无火山断陷盆地仅有长春岭村-蘑菇气镇断陷盆地，主要岩石建造组合为河湖相含煤碎屑岩组合；早白垩世晚期—晚白垩世无火山断陷盆地主要有蛟河断陷盆地、松嫩中-新生代盆地、松江断陷盆地、延吉盆地等，主要岩石建造组合为冲积扇砾岩组合、河流砂砾岩-粉砂岩泥岩组合、水下扇砂砾岩组合、湖泊三角洲砂砾岩组合、湖泊泥岩-粉砂岩组合及湖泊泥岩-油页岩组合；古近纪无火山断陷盆地主要有伊通-舒兰走滑-伸展复合盆地、敦化-密山走滑-伸展复合盆地、珲春断陷盆地，主要岩石建造组合为河流砂砾岩-粉砂岩泥岩组合、河湖相含煤碎屑岩组合。

（二）火山-沉积断陷盆地沉积

火山-沉积断陷盆地发育的时代为晚三叠世—早侏罗世、晚侏罗世—早白垩世、新近纪。晚三叠世—早侏罗世火山-沉积断陷盆地主要有南楼山盆地、白水滩盆地、大兴沟盆地，主要岩石建造为组合冲积扇砾岩组合、河流砂砾岩-粉砂岩泥岩组合、河湖相含煤碎屑岩组合；晚侏罗世—早白垩世主要有大黑山条垒盆地、辽源盆地、敦化-密山走滑-伸展复合盆地、柳河-二密盆地，主要岩石建造组合为冲积扇砾岩组合、河流砂砾岩-粉砂岩泥岩组合、河湖相含煤碎屑岩组合；新近纪火山-沉积断陷盆地主要有伊通-舒兰走滑-伸展复合盆地、敦化-密山走滑-伸展复合盆地、珲春断陷盆地，主要岩石建造组合为冲积扇砾岩组合。

第四节　构造古地理演化

一、华北东部陆块前三叠纪构造古地理演化

华北东部陆块的沉积盆地经历了早期陆内坳陷盆地、陆表海盆地、陆表海残留盆地、晚期陆内坳陷盆地的4个演化阶段。

1. 早期陆内坳陷盆地演化阶段

经过古元古代造山作用，渤海东陆块区内硅铝质地壳已经基本发育成熟，初始的成熟陆壳失去其强烈的活动性，青白口纪开始地壳沉降，形成早期陆内坳陷盆地，沉积了一套河流的红色复陆屑（马达岭组）建造。

2. 陆表海盆地演化阶段

随着陆内坳陷盆地沉降加剧，开始发生海侵，发育成陆表海盆地，沉积了一套滨浅海砂岩-粉砂岩组合(白房子组)，随后沉积了一套滨滩相-砂坝相-坝后潟湖相的石英砂岩建造-页岩建造组合(细河群)，至震旦纪开始形成碳酸盐岩台地，沉积了一套开阔台地相的台地碳酸盐岩建造-藻礁碳酸盐岩建造-礁后页岩建造组合(浑江群)。

中寒武世早期再次发生地壳沉降，开始发生新的海侵，沉积了一套滨浅海相的粉砂岩-页岩建造夹碳酸盐岩建造(水洞组—崮山组)，晚寒武世开始形成碳酸盐岩台地，沉积了一套开阔台地相的台地碳酸盐岩建造(炒米店组—马家沟组)。早奥陶世末地壳再次抬升，海水退出。

3. 陆表海残留盆地演化阶段

石炭纪早期再次发生海侵，属陆表海残留盆地倒灌期，至石炭纪末期海退，属陆表海残留盆地萎缩期。构造古地理单元为海陆交互障壁陆表海，沉积建造以陆表海砂泥岩组合为主，少量为陆表海沼泽含煤碎屑岩组合，辽东(吉)地层分区该期沉积建造中夹有灰岩(本溪组—山西组)。

4. 晚期陆内坳陷盆地演化阶段

随着石炭纪末期海退，陆表海盆地逐步转化为陆内坳陷盆地，沉积了一套河流相的杂色—红色(含砾)砂岩-粉砂岩-泥岩岩石组合(石盒子组—孙家沟组)。

二、兴蒙造山带前三叠纪构造古地理演化

西伯利亚板块与中朝板块在新元古代晚期开始裂解(王荃等，1991)，沿华北东部陆块北部边缘出露陆缘碎屑岩-碳酸盐岩及火山岩建造[西宝安(岩)群、色洛河(岩)群、海沟岩群、青龙村(岩)群]。这些地层被认为是“可能的早期裂谷系和被动陆缘沉积”(王有勤等，1997)。至寒武纪沉积一套基性火山岩-泥质碎屑岩-碳酸盐岩[呼兰(岩)群]，随着板块的扩张，自奥陶纪开始出现岛弧-弧后盆地系统，岛弧型火山沉积岩为英安质角砾凝灰熔岩、英安质凝灰岩、流纹质凝灰岩、凝灰质砂岩等，全岩 Rb-Sr 等时线年龄(455±10)Ma。在岛弧火山岩与中朝板块之间发育有弧后盆地，原岩为一套粉砂岩-泥岩-碳酸盐岩组合，夹中酸性火山岩[下二台(岩)群]。弧背盆地沉积了一套具有复理石建造特点的细砂岩、粉砂岩、粉砂质板岩夹火山岩(桃山组、辽源群)。晚志留世两大板块碰撞拼合，发育晚志留世—早泥盆世一套海相磨拉石建造(张家屯段、二道沟段)。

西伯利亚板块南缘地质记录较少，仅见新元古代塔东(岩)群和早古生代五道沟群。塔东(岩)群原岩为陆缘碎屑岩、大理岩夹火山岩建造；五道岩群，下部为一套变质杂砂岩、红柱石绢云母板岩夹变质中酸性火山岩，具复理石沉积的特点。

随着加里东运动结束，南北两大板块初步拼合在一起，至早泥盆世晚期再次发生裂解，表现为早期为裂陷槽沉积，在永吉县黄榆出露的王家街组为一套长石砂岩、粉砂岩、灰岩夹火山碎屑岩。中晚泥盆世—早石炭世裂解进一步加强，裂解中心区火山活动强烈。其中，中晚泥盆世机房沟组为一套变质中酸性火山岩(变质流纹岩同位素年龄 387Ma)；早石炭世余富屯组为一套海底火山岩建造，主要由细碧岩、细碧玢岩、角斑岩、石英角斑岩和细碧质凝灰岩组成，伴有镁铁质-超镁铁质岩侵入，代表性岩体有小绥河岩体(同位素年龄为 360Ma)、机房沟岩体群等。华北板块北缘一侧沉积了一套海相砂板岩夹灰岩(通气沟组、鹿圈屯组)，与火山岩互为相变接触。进入晚石炭世形成大面积的碳酸盐岩台地，沉积了磨盘山组、天宝山组、山秀岭组的一套台地碳酸盐岩建造和石嘴子组台地后缘的碎屑岩建造，它们构成了所谓

的超补偿沉积。早中二叠世开始出现双向俯冲，在两大板块的陆缘分别形成各自的弧盆系统。华北板块北缘出现盘石-石嘴子弧背盆地、安图-头道弧背盆地，其中岛弧火山岩岩石组合主要为安山岩-英安岩-流纹岩组合(大河深组)；弧背盆地沉积了一套砂岩、粉砂岩夹灰岩(寿山沟组、范家屯组)，为一套滨浅海环境沉积，时代为早-中二叠世。西伯利亚南缘发育有庙岭-哈达门弧背盆地、吉林-蛟河弧背盆地，其中岛弧火山岩岩石组合主要为安山岩及其碎屑岩组合(大河深组)，产 *Yabiina* 等化石，时代为中二叠世；弧背盆地沉积了一套砂岩、粉砂岩夹灰岩(庙岭组、解放村组)，为一套滨浅海环境沉积，时代为早-中二叠世。晚二叠世开始发生碰撞造山，沉积了一套磨拉石建造(开山屯组、蒋家窑砾岩)，同造山碰撞为石英闪长岩-花岗闪长岩-二长花岗岩组合，时限 262～242Ma。

三、晚三叠世—第四纪构造古地理演化

晚三叠世古太平洋板块已经开始向联合的欧亚板块发生俯冲，吉林省东部发生岩石圈拆沉，形成了一系列火山断陷盆地，沉积了马鹿沟组、大酱缸组、小河口组等，岩石组合为冲积扇砾岩组合、河流砂砾岩-粉砂岩泥岩组合、河湖相含煤碎屑岩组合。早侏罗世延续了晚三叠世的构造古地理沉积，沉积了四合屯组、玉兴屯组、南楼山组等，岩石组合与晚三叠世也基本一致。

中侏罗世开始由于太平洋板块俯冲方式的改变，吉林省东部开始出现盆山构造，柳河、三源浦、抚松等盆地已经形成，沉积了小东沟组(侯家屯组)的红杂色碎屑建造，局部偶含劣质煤。晚侏罗世—早白垩世早期盆山构造进一步发展，火山作用加剧，形成了盆地内火山岩与碎屑岩相间、盆地外火山岩遍布的格局，其中盆地内晚期发育有含煤碎屑岩建造。

早白垩世晚期—晚白垩世早期省内开始发育大型陆相上叠盆地，为坳陷型盆地，代表性盆地有延吉盆地、蛟河盆地、松辽盆地等，主要为一套含油碎屑岩建造。

晚白垩世末—第四纪除敦化、伊舒、梅河、珲春发育有小型断陷盆地，沉积了一套陆相含油、含煤碎屑岩建造外，整个地区火山活动较强烈，火山岩具有从拉斑玄武岩—碱性玄武岩—碱流岩演化的特点。

第五节　沉积岩建造组合与成矿的关系

1. 南华系滨浅海砂岩-粉砂岩岩石构造组合沉积铁矿

南华系白房子组为一套以杂色含砾长石石英岩、长石石英砂岩、细砂岩、粉砂岩和页岩为基本层序的岩石组合，局部地区夹鲕绿泥石赤铁矿层，代表了氧化—还原带界面附近的沉积，个别地段形成工业矿体，称为临江式铁矿，发育在三道沟陆源碎屑陆表海亚相中，代表性铁矿床有饴洛幌子铁矿，规模较小，经济意义不大。

2. 南华系石英砂岩岩石构造组合沉积金、铁矿

南华系钓鱼台组为一套滨滩相沉积，以灰白色、浅褐色石英岩为主，下部含常有铁矿层，中部夹有细砂岩，上部有多层海绿石石英砂岩的组合，底部局部见有少量河流相砾岩。下部河流相砾岩及含铁石英砂岩中发育有沉积型金矿，代表性矿床为板庙子金矿。金矿层位上部夹鲕状、豆状赤铁矿层，形成一系列小型沉积铁矿，因出露在浑江北岸，称之为浑江式铁矿，代表性铁矿床有青沟子铁矿等。两者构成一个南华纪沉积铁-金成矿系列，发育在红土崖陆源碎屑陆表海亚相中。

3. 中寒武统砂岩-粉砂岩-页岩岩石构造组合沉积磷矿

中寒武世开始海侵，底部水洞组主要为一套黄绿色、灰绿色、紫红色砂岩、粉砂岩、页岩，局部地区含磷。含磷地层层序：下部为含海绿石和胶磷矿砾石细砂岩；中部为紫色、黄色薄层状胶磷砾岩、粉砂质磷块岩、铁质磷块岩夹含海绿石粉砂质细砂岩；上部为土黄色含磷粉砂岩。发育在长白碳酸盐陆表海亚相和六道江碳酸盐陆表海亚相中，仅发现通化水洞、长白半截沟两个矿床，因品位低无法开发利用。

4. 中寒武统粉砂岩-白云岩岩石构造组合沉积石膏矿

吉南地区中寒武世末期馒头组东热段主要为一套紫红色、紫色、黄色微晶白云岩、白云质灰岩夹粉砂岩及硬石膏层，属于萨布哈型蒸发岩建造，形成工业矿床，主要发育在罗通山碳酸盐陆表海亚相、大阳岔碳酸盐陆表海亚相和六道江碳酸盐陆表海亚相中，代表性矿床有东热石膏矿、大阳岔石膏矿等，矿体分 3 层，厚度 0.5～3.5m。

5. 上石炭统—下二叠统陆表海沼泽含煤碎屑岩组合

上石炭统—下二叠统山西组岩石组合为一套灰色砂岩、粉砂岩与灰黑色页岩互层，夹有煤层和铝土质页岩，构成煤-铝土矿成矿系列，代表性煤矿床为八道江煤矿、五道江煤矿等，是吉林省最重要的含煤层位。铝土矿因品位较低，不具有工业价值，个别地段可以作为耐火黏土开发利用。

6. 上三叠统—下侏罗统河湖相含煤碎屑岩组合沉积煤矿

上三叠统大酱缸组、小河口组，下侏罗统义和组、红旗组，岩性为砾岩-砂岩-粉砂岩-泥岩夹煤，岩石组合为冲积扇砾岩组合、河流砂砾岩-粉砂岩泥岩组合、河湖相含煤碎屑岩组合。其中河湖相含煤碎屑岩组合中发育有工业煤层，形成矿床。代表性煤矿床为大酱缸煤矿、小河口煤矿、红旗煤矿等。

7. 下白垩统河湖相含煤碎屑岩组合沉积煤矿

下白垩统长财组、石人组、沙河子组、长安组，岩性为砾岩-砂岩-粉砂岩-泥岩夹煤，岩石组合为冲积扇砾岩组合、河流砂砾岩-粉砂岩泥岩组合、河湖相含煤碎屑岩组合。其中河湖相含煤碎屑岩组合中发育有工业煤层，形成矿床。代表性煤矿床为石人煤矿、营城子煤矿、辽源煤矿等。

8. 白垩系湖泊泥岩-粉砂岩组合组合沉积油页岩矿

下白垩统大拉子组下部以砾岩、砂砾岩为主；上部为砂岩、粉砂岩、泥岩、页岩、油页岩。上白垩统青山口组岩石组合为一套灰色、青灰色、灰黑色、黑色泥岩、页岩、砂质泥岩，夹数层油页岩。上白垩统嫩江组以灰黑色泥岩为主，夹灰白色、灰绿色细砂岩、粉砂岩，下部夹油页岩，上部夹有红色泥岩。三者是吉林省主要的油页岩矿含矿层位，代表性矿床为农安油页岩矿、罗子沟油页岩矿。

9. 古近系河湖相含煤碎屑岩组合沉积煤、油页岩矿

古近系梅河组、桦甸组、珲春组岩性为砾岩-砂岩-粉砂岩-泥岩夹煤，岩石组合为河流砂砾岩-粉砂岩泥岩组合、河湖相含煤碎屑岩组合。河湖相含煤碎屑岩组合中发育有工业煤层，形成矿床，代表性煤矿床为梅河煤矿、珲春煤矿、舒兰煤矿等。桦甸组含油页岩，并形成工业矿床，代表性矿床为桦甸北台子油页岩矿。

10. 新近系—第四系河流砾岩组合沉积金矿

新近系土门子组砾岩、第四系河流冲积砾石层局部地区发现有砂金矿床，如珲春金矿。

第三章　火山岩岩石构造组合

吉林省火山岩分布广泛，约占全省山区面积的 1∶4。其中前奥陶纪火山岩已经发生较强的变质变形，现将奥陶纪及其以后的火山岩描述如下。

第一节　火山岩时空分布

一、前晚三叠世火山岩时空分布

吉林省前晚三叠世火山岩分布面积较小，仅出露在伊通放牛沟、辽源弯月、磐石余富屯—九台石头口门、磐石余富屯窝瓜地、桦甸榆木桥—蛟河庆岭、延边珲春—汪清等地，时代分别为晚奥陶世、中志留世、早石炭世、晚石炭世、中二叠世。各时代火山岩时空分布如表 3-1-1 所示。

表 3-1-1　吉林省火山岩时空分布表

地质时代		岩石地层单位	空间分布
纪	世	组	
二叠纪	晚二叠世		
	中二叠世	关门嘴子组(P_2g)	汪清西大坡、珲春密江
		大河深组(P_2d)	
	早二叠世		桦甸榆木桥-蛟河庆岭
石炭纪	晚石炭世	窝瓜地组(C_2P_1w)	磐石余富屯窝瓜地
	早石炭世	余富屯组(C_1y)	磐石余富屯、双阳烟筒山、九台石头口门
泥盆纪	晚泥盆世		
	中泥盆世		
	早泥盆世		
志留纪	晚志留世		
	中志留世	弯月组(S_2w)	辽源弯月
	早志留世		
奥陶纪	晚奥陶世	放牛沟火山岩(Of)	伊通放牛沟

二、晚三叠世—第四纪火山岩时空分布

古太平洋板块晚三叠世已经开始向联合的欧亚板块发生俯冲，吉林省东部发生岩石圈拆沉，地幔物质上涌，下部地壳重熔，混合岩浆大量上侵，形成了密江-老黑山、天宝山-天桥岭、南楼山-张广才岭3个火山岩带。晚侏罗世—早白垩世早期吉林省东边开始出现盆山构造，火山作用加剧，形成了盆地内火山岩与碎屑岩相间、盆地外火山岩遍布的格局，其中盆地内晚期发育有含煤碎屑岩建造。火山岩主要为玄武安山岩-安山岩-英安岩-流纹岩的岩石组合，晚期局部出现粗面玄武岩-玄武粗安岩-粗安岩-粗面岩-粗面英安岩-(碱性流纹岩)的岩石组合(营城组和三棵榆树组)。晚白垩世—古近纪火山活动主要见于敦化、伊舒小型断陷盆地及松辽盆地边缘。新近纪火山岩广泛出露在敦密构造带及其以东地区，形成大面积的火山岩台地。第四纪火山岩主要出露在靖宇—长白山(白头山)一带。其时空分布详见表3-1-2。

表3-1-2　吉林中新生代火山岩时空分布表

地质时代			岩石地层单位	空间分布
纪	世	期	组	
第四纪	全新世	晚期	八卦庙组(Qh*bg*)	长白山(白头山)
		中期	白云峰组(Qh*by*)	长白山(白头山)
			冰场组(Qh*b*)	长白山(白头山)
		早期	四海组(Qh*s*)	长白山(白头山)
			金龙顶子组(Qh*j*)	金龙顶子
	更新世	晚期	南坪组(Qp_3n)	和龙南坪
		中期	气象站组(Qp_2q)	长白山(白头山)
			老虎洞组(Qp_2l)	长白山(白头山)
			白头山组(Qp_2b)	长白山(白头山)
			大椅山组(Qp_2d)	靖宇大椅山、大龙湾、小龙湾等地
		早期	小椅山组(Qp_1x)	靖宇小椅山、旱龙湾等地
			漫江组(Qp_1m)	长白—漫江
新近纪	上新世		军舰山组(N_2j)	桦甸—蛟河—汪清
	中新世		老爷岭组(N_1l)	桦甸—蛟河—汪清
古近纪	渐新世		琵河组(E_3p)	蛟河琵河口—大川
			船底山组(E_3c)	桦甸船底山
	始新世		磨盘山玄武岩(E_2m)	汪清磨盘山
	古新世		富峰山玄武岩(E_1f)	长春—公主岭
白垩纪	晚白垩世		平山组(K_2p)	洮南
			罗子沟组(K_2lz)	汪清罗子沟
	早白垩世		营城组(K_1y)	九台营城子—六台子
			安民组(K_1a)	双阳—辽源
			金家屯组(K_1j)	双阳

续表 3-1-2

地质时代			岩石地层单位	空间分布
纪	世	期	组	
白垩纪	早白垩世		火石岭组(K_1h)	九台营城子
			三棵榆树组(K_1s)	柳河三棵榆树
			金沟岭组(K_1j)	汪清金沟岭
			刺猬沟组(K_1cw)	汪清刺猬沟
侏罗纪	晚侏罗世		宝石组(J_3b)	洮南
			林子头组(J_3l)	通化二密—白山湾沟
			屯田营组(J_3t)	延吉—安图
			德仁组(J_3d)	双阳—辽源
			果松组($J_{2\text{-}3}g$)	通化二密—白山湾沟
	中侏罗世		满河组(J_2mh)	汪清满河
	早侏罗世		南楼山组(J_1n)	桦甸—永吉
			玉兴屯组(J_1yx)	桦甸—永吉
三叠纪	晚三叠世		四合屯组(T_3s)	桦甸—永吉—蛟河
			长白组(T_3c)	长白—漫江
			天桥岭组(T_3tq)	安图天宝山—天桥岭、珲春密江
			托盘沟组(T_3t)	安图天宝山—天桥岭、珲春密江

第二节　火山岩相与火山构造

一、前晚三叠世火山岩火山岩相与火山构造

吉林省前晚三叠世火山岩普遍遭受一定程度的变质变形作用，火山岩相、火山构造已经很难恢复，但根据其岩石组合及其在空间的变化，可以推断不同时代火山岩的火山岩相与火山构造特征。各时代火山岩的火山岩相与火山构造见表 3-2-1。

表 3-2-1　吉林省前中生代火山岩火山岩相与火山构造表

地质时代		岩石地层单位	火山岩相	火山构造
纪	世	组		
二叠纪	晚二叠世			
	中二叠世	关门嘴子组(P_2g) 大河深组(P_2d)	喷溢相、爆发相	关门嘴子海相复式火山
	早二叠世		爆发相	大河深海相复式火山

续表 3-2-1

地质时代		岩石地层单位	火山岩相	火山构造
纪	世	组		
石炭纪	晚石炭世	窝瓜地组(C_2P_1w)	喷溢相、爆发相	窝瓜地海相复式火山
	早石炭世	余富屯组(C_1y)	喷溢相、爆发相	余富屯海相复式火山
泥盆纪	中泥盆世			
	早泥盆世			
志留纪	晚志留世			
	中志留世	弯月组(S_2w)	喷溢相、爆发相	弯月海相复式火山
	早志留世			
奥陶纪	晚奥陶世	放牛沟火山岩(Of)	喷溢相、爆发相	放牛沟海相复式火山

二、晚三叠世—第四纪火山岩火山岩相与火山构造

吉林省晚三叠世—早侏罗世火山岩明显具有活动大陆边缘岩浆弧的特点，火山岩主要为玄武安山岩-安山岩-英安岩-流纹岩的岩石组合，火山岩相主要为喷溢相、爆发相，为中心式喷发。晚侏罗世—早白垩世早期火山岩兼具有活动大陆边缘岩浆弧与裂谷盆地火山岩的特点，火山岩主要为玄武安山岩-安山岩-英安岩-流纹岩的岩石组合，晚期局部出现粗面玄武岩-玄武粗安岩-粗安岩-粗面岩-粗面英安岩-碱性流纹岩的岩石组合(营城组和三棵榆树组)，多数火山岩相为喷溢相和爆发相兼有，部分地质体以喷溢相为主，喷发类型为中心式喷发。晚白垩世—古近纪火山岩火山岩相基本上为喷溢相，喷发类型为中心式喷发和裂隙式喷发，开始形成火山岩台地。新近纪火山岩广泛出露在敦密构造带及其以东地区，形成大面积的火山岩台地，火山岩相为喷溢相，喷发类型为裂隙式喷发，火山构造不发育。第四纪火山岩主要分布在靖宇—长白山(白头山)一带，多呈锥状、盾状或塌陷式火山构造，火山岩相主要为爆发相，为中心式喷发。不同火山岩地层单元的火山岩相与火山构造特征详见表 3-2-2。

表 3-2-2　吉林中新生代火山岩火山岩相与火山构造特征表

地质时代			岩石地层单位	火山岩相	火山构造
纪	世	期			
第四纪	全新世	晚期	八卦庙组($Qhbg$)	爆发相	长白山-龙岗复式火山锥群
		中期	白云峰组($Qhby$)	爆发相	
			冰场组(Qhb)	爆发相	
		早期	四海组(Qhs)	爆发相	
			金龙顶子组(Qhj)	爆发相	
	更新世	晚期	南坪组(Qp_3n)	喷溢相	
		中期	气象站组(Qp_2q)	爆发相	
			老虎洞组(Qp_2l)	爆发相	
			白头山组(Qp_2b)	喷溢相	
			大椅山组(Qp_2d)	爆发相	
		早期	小椅山组(Qp_1x)	爆发相	
			漫江组(Qp_1m)	喷溢相	

续表 3-2-2

地质时代			岩石地层单位	火山岩相	火山构造
纪	世	期			
新近纪	上新世		军舰山组(N_2j)	喷溢相	敦-密断裂
	中新世		老爷岭组(N_1l)	喷溢相	
古近纪	渐新世		琵河组(E_3p)	喷溢相	
			船底山组(E_3c)	喷溢相	
	始新世		磨盘山玄武岩(E_2m)	喷溢相	甄峰山断裂
	古新世		富峰山玄武岩(E_1f)	喷溢相	松辽盆地东支断裂
白垩纪	晚白垩世		平山组(K_2p)	喷溢相	洮南火山构造洼地
			罗子沟组(K_2lz)	喷溢相	罗子沟火山构造洼地
	早白垩世		营城组(K_1y)	喷溢相、爆发相	大黑山条垒火山构造洼地
			安民组(K_1a)	喷溢相、爆发相	苏密沟火山构造洼地
			金家屯组(K_1j)	喷溢相、爆发相	敦-密断裂
			火石岭组(K_1j)	喷溢相、爆发相	大黑山条垒火山构造洼地
			三棵榆树组(K_1s)	喷溢相	柳河-二密火山构造洼地
			金沟岭组(K_1j)	喷溢相、爆发相	复兴-百草沟火山构造洼地
			刺猬沟组(K_1cw)	喷溢相、爆发相	
侏罗纪	晚侏罗世		宝石组(J_3b)	喷溢相、爆发相	洮南火山构造洼地
			林子头组(J_3l)	爆发相	集安-抚松火山洼地
			屯田营组(J_3t)	喷溢相、爆发相	屯田营复式火山
			德仁组(J_3d)	喷溢相、爆发相	苏密沟火山构造洼地
			果松组($J_{2-3}g$)	喷溢相、爆发相	集安-抚松火山洼地
	中侏罗世		满河组(J_2mh)	喷溢相、爆发相	满河复式火山
	早侏罗世		南楼山组(J_1n)	喷溢相、爆发相	南楼山火山构造洼地
			玉兴屯组(J_1yx)	喷溢相、爆发相	
三叠纪	晚三叠世		四合屯组(T_3s)	喷溢相、爆发相	四合屯复式火山
			长白组(T_3c)	喷溢相、爆发相	闹枝沟-长白火山构造洼地
			天桥岭组(T_3tq)	喷溢相、爆发相	大兴沟火山构造洼地
			托盘沟组(T_3t)	喷溢相、爆发相	

第三节　火山岩岩石构造组合的划分及其特征

一、前晚三叠世火山岩岩石构造组合的划分及其特征

晚奥陶纪世放牛沟火山岩为安山岩、英安质角砾凝灰熔岩、英安质凝灰岩、流纹质凝灰岩夹凝灰质砂岩岩石构造组合。中志留世弯月组为一套安山岩、英安质凝灰岩流、纹岩、流纹凝灰熔岩为主夹结晶灰岩岩石构造组合。早石炭世余富屯组为一套细碧岩、细碧玢岩、角斑岩、石英角斑岩和细碧质凝灰岩岩石构造组合。中二叠世大河深组为一套流纹质、安山质火山碎屑岩夹碎屑岩岩石构造组合，关门嘴子组为一套安山岩-安山质火山碎屑岩夹灰岩岩石构造组合。不同火山岩地层单元的火山岩相与火山构造特征详见表 3-3-1。

表 3-3-1　吉林省前中生代火山岩火山岩岩石构造组合表

地质时代		岩石地层单位	火山岩相
纪	世	组	
二叠纪	晚二叠世		
	中二叠世	关门嘴子组(P_2g)	安山岩-安山质火山碎屑岩夹灰岩建造
		大河深组(P_2d)	流纹质、安山质火山碎屑岩夹碎屑岩建造
	早二叠世		
石炭纪	晚石炭世	窝瓜地组(C_2P_1w)	英安岩、流纹岩夹灰岩、碎屑岩建造
	早石炭世	余富屯组(C_1y)	细碧角斑岩建造
泥盆纪	中泥盆世		
	早泥盆世		
志留纪	晚志留世		
	中志留世	弯月组(S_2w)	流纹岩-安山岩夹结晶灰岩建造
	早志留世		
奥陶纪	晚奥陶世	放牛沟火山岩(Of)	流纹质、英安质火山碎屑岩夹灰岩、碎屑岩建造

二、晚三叠世—第四纪火山岩岩石构造组合的划分及其特征

吉林省晚三叠世—早侏罗世火山岩明显具有活动大陆边缘岩浆弧的特点，火山岩主要为玄武安山岩-安山岩-英安岩-流纹岩的岩石组合，晚侏罗世—早白垩世早期火山岩兼具有活动大陆边缘岩浆弧与裂谷盆地火山岩的特点，火山岩主要为玄武安山岩-安山岩-英安岩-流纹岩的岩石组合，晚期局部出现粗面玄武岩-玄武粗安岩-粗安岩-粗面岩-粗面英安岩-碱性流纹岩的岩石组合。晚白垩世—古近纪火山岩具有从拉斑玄武岩—碱性玄武岩—碱流岩组合。不同火山岩地层单元的火山岩相与火山构造特征详见表 3-3-2。

表 3-3-2　吉林中新生代火山岩岩石构造组合表

地质时代			岩石地层单位	岩石构造组合	构造背景
纪	世	期			
第四纪	全新世	晚期	八卦庙组($Qhbg$)	碱流质火山碎屑岩建造	板内裂谷
		中期	白云峰组($Qhby$)	浮岩建造	
			冰场组(Qhb)	碱性火山碎屑岩建造	
		早期	四海组(Qhs)	玄武质火山碎屑岩建造	
			金龙顶子组(Qhj)	玄武岩建造	
	更新世	晚期	南坪组(Qp_3n)	玄武岩建造	
		中期	气象站组(Qp_2q)	碱流岩建造	
			老虎洞组(Qp_2l)	碱性玄武质火山碎屑岩建造	
			白头山组(Qp_2b)	粗面质火山碎屑岩夹粗面岩建造	
			大椅山组(Qp_2d)	玄武质火山碎屑岩建造	
		早期	小椅山组(Qp_1x)	玄武岩建造	
			漫江组(Qp_1m)	玄武岩建造	
新近纪	上新世		军舰山组(N_2j)	玄武岩建造	
	中新世		老爷岭组(N_1l)	玄武岩建造	
古近纪	渐新世		琵河组(E_3p)	粗面岩建造	
			船底山组(E_3c)	玄武岩建造	
	始新世		磨盘山玄武岩(E_2m)	玄武岩建造	
	古新世		富峰山玄武岩(E_1f)	玄武岩建造	
白垩纪	晚白垩世		平山组(K_2p)	安山岩-流纹岩及流纹质火山碎屑岩建造	
			罗子沟组(K_2lz)	流纹岩-英安岩建造	
	早白垩世		营城组(K_1y)	安山质凝灰岩-流纹岩建造	大陆边缘火山—岩浆弧挤压造山环境
			安民组(K_1a)	玄武岩-安山岩建造	
			金家屯组(K_1j)	安山岩及安山质火山碎屑岩建造	
			火石岭组(K_1h)	安山岩夹火山碎屑岩建造	
			三棵榆树组(K_1s)	碱性火山岩建造	
			金沟岭组(K_1j)	安山岩夹安山质火山碎屑岩建造	
			刺猬沟组(K_1cw)	安山岩夹安山质火山碎屑岩建造	
侏罗纪	晚侏罗世		宝石组(J_3b)	安山岩夹安山质火山碎屑岩建造	
			付家洼子组(J_3f)	安山岩-安山火山碎屑岩建造	
			林子头组(J_3l)	英安-流纹质火山碎屑岩夹流纹岩建造	
			屯田营组(J_3t)	安山岩及安山质火山碎屑岩建造	
			德仁组(J_3d)	安山岩夹安山质火山碎屑岩、流纹岩夹流纹质火山碎屑岩建造	
			果松组($J_{2\text{-}3}g$)	安山岩及安山质火山碎屑岩建造	
	中侏罗世		满河组(J_2mh)	玄武岩-安山岩建造	
	早侏罗世		南楼山组(J_1n)	安山岩夹安山质凝灰岩建造	
			玉兴屯组(J_1yx)	安山岩夹安山质、英安质火山碎屑岩建造	
三叠纪	晚三叠世		四合屯组(T_3s)	流纹质-安山质火山碎屑岩建造	
			长白组(T_3c)	安山岩-英安岩-流纹岩及火山碎屑岩建造	
			天桥岭组(T_3tq)	流纹岩-流纹质凝灰岩建造	
			托盘沟组(T_3t)	安山岩及安山质碎屑岩、流纹岩及流纹质火山碎屑岩	

第四节　火山构造岩浆旋回与构造岩浆岩带

一、前晚三叠世火山岩岩浆旋回与构造岩浆岩带

吉林省前中生代火山岩可以划分两个构造岩浆旋回：①加里东旋回，进一步划分为奥陶纪亚旋回和志留纪亚旋回；②海西旋回，进一步划分为石炭纪亚旋回和二叠纪亚旋回。构造岩浆岩带 2 个，为西拉木伦构造岩浆岩带、小兴安岭-张广才岭构造岩浆岩带；构造岩浆岩亚带 3 个，火山喷发带 6 个，具体划分详见表 3-4-1。

表 3-4-1　吉林省前中生代火山岩时空结构表

地质时代	构造岩浆岩带	西拉木伦构造岩浆岩带				小兴安岭-张广才岭构造岩浆岩带	
	构造岩浆岩亚带	大黑山条垒火山岩亚带		小梨河-石嘴火山岩亚带		吉林-延边火山岩亚带	
	火山喷发带	弯月火山喷发带	放牛沟火山喷发	余富屯火山喷发带	窝瓜地火山喷发带	大河深火山喷发带	关门嘴子火山喷发带
二叠纪	晚二叠世						
	中二叠世					大河深组(P_2d)	关门嘴子组(P_2g)
	早二叠世						
石炭纪	晚石炭世				窝瓜地组(C_2P_1w)		
	早石炭世			余富屯组(C_1y)			
泥盆纪	晚泥盆世						
	中泥盆世						
	早泥盆世						
志留纪	晚志留世						
	中志留世	弯月组(S_2w)					
	早志留世						
奥陶纪	晚奥陶世		放牛沟火山岩(Of)				

二、晚三叠世—第四纪火山岩岩浆旋回与构造岩浆岩带

吉林省中新生代火山岩按时间可以划分晚三叠世—早侏罗世构造转换旋回、晚侏罗世—早白垩世活动大陆边缘演化旋回、晚白垩世—全新世陆内裂谷演化旋回 3 个岩浆旋回。按空间可以划分构造岩浆岩带 2 个，分别为大兴安岭构造岩浆岩带、辽吉东部火山-岩浆岩带；2 个火山岩亚带，分别为辽吉东部火山-岩浆岩亚带、大兴安岭东坡火山岩亚带，6 个火山喷发带，划分情况详见表 3-4-2、表 3-4-3。

表 3-4-2　吉林省新生代火山岩时空结构表

地质时代			构造岩浆岩省	构造岩浆旋回							构造岩浆演化阶段	
			构造岩浆岩带	大兴安岭构造岩浆岩带	辽吉东部火山—岩浆岩带						演化旋回	演化阶段
代	纪	世	火山喷发带		二道白河-靖宇第四纪喷发带	敦-密断裂火山喷发带伊-舒断裂火山喷发带	吉松辽盆地东缘火山喷发带	吉林南部火山喷发带	吉林东部火山喷发带	吉林中部火山喷发带		
新生代	第四纪	全新世			八卦庙组						晚白垩世—全新世陆内裂谷演化旋回	滨太平洋构造演化阶段
					白云峰组							
					冰场组							
					四海组							
					金龙顶子组							
		更新世			南坪组							
					气象站组							
					老虎洞组							
					白头山组							
					大椅山组							
					小椅山组							
					漫江组							
	新近纪	上新世			军舰山组	军舰山组		军舰山组	军舰山组	军舰山组		
		中新世				老爷岭组			老爷岭组			
	古近纪	渐新世				琵河组						
						船底山组				船底山组		
		始新世				磨盘山玄武岩				磨盘山玄武岩		
		古新世					富峰山玄武岩					

表 3-4-3　吉林省中生代火山岩时空结构表

<table>
<tr><td colspan="3" rowspan="2">地质时代</td><td>构造岩浆岩省</td><td colspan="7">构造岩浆旋回</td><td colspan="2">构造岩浆演化阶段</td></tr>
<tr><td>构造岩浆岩带</td><td>大兴安岭构造岩浆岩带</td><td colspan="6">辽吉东部火山—岩浆岩带</td><td>演化旋回</td><td>演化阶段</td></tr>
<tr><td>代</td><td>纪</td><td>世</td><td>火山喷发带</td><td></td><td>二道白河-靖宇第四纪喷发带</td><td>敦-密断裂火山喷发带伊-舒断裂火山喷发带</td><td>吉松辽盆地东缘火山喷发带</td><td>吉林南部火山喷发带</td><td>吉林东部火山喷发带</td><td>吉林中部火山喷发带</td><td></td><td></td></tr>
<tr><td rowspan="10">中生代</td><td rowspan="3">白垩纪</td><td>晚白垩世</td><td rowspan="10"></td><td>平山组</td><td rowspan="10"></td><td rowspan="2"></td><td rowspan="10"></td><td rowspan="2"></td><td>罗子沟组</td><td></td><td></td><td rowspan="6"></td></tr>
<tr><td rowspan="2">早白垩世</td><td></td><td>金沟岭组</td><td>金家屯组</td><td rowspan="5">晚侏罗世—早白垩世活动大陆边缘演化旋回</td></tr>
<tr><td></td><td>安民组</td><td>三棵榆树组</td><td>刺猬沟组</td><td>安民组</td></tr>
<tr><td rowspan="5">侏罗纪</td><td rowspan="2">晚侏罗世</td><td>宝石组</td><td>德仁组</td><td>林子头组</td><td rowspan="2">屯田营组</td><td rowspan="2">德仁组</td></tr>
<tr><td></td><td rowspan="6"></td><td>果松组</td></tr>
<tr><td>中侏罗世</td><td></td><td></td><td>满河组</td><td></td></tr>
<tr><td rowspan="2">早侏罗世</td><td rowspan="2"></td><td rowspan="2"></td><td rowspan="2"></td><td>南楼山组</td><td rowspan="4">晚三叠世—早侏罗世构造转换旋回</td><td rowspan="4">构造转换阶段</td></tr>
<tr><td>玉兴屯组</td></tr>
<tr><td rowspan="2">三叠纪</td><td rowspan="2">晚三叠世</td><td></td><td>长白组</td><td>天桥岭组</td><td>四合屯组</td></tr>
<tr><td></td><td></td><td>托盘沟组</td><td></td></tr>
</table>

第五节　火山岩的形成、构造环境及其演化

一、前晚三叠世火山岩的形成、构造环境及其演化

(一)大黑山条垒火山岩亚带形成、构造环境及其演化

大黑山条垒火山岩亚带为加里东旋回火山岩,可以划分为奥陶纪放牛沟期、中志留世弯月期。

1.放牛沟期火山岩

放牛沟期火山岩底部以一套灰绿色英安质角砾凝灰熔岩、英安质凝灰熔岩为主,夹英安质晶屑岩屑凝灰岩、凝灰质砂岩等;上部以一套片理化英安质凝灰岩、片理化酸性凝灰岩、片理化凝灰质砂岩为主,夹英安质凝灰熔岩和条带状结晶灰岩等。

2.弯月期火山岩

弯月期底部由安山质凝灰岩、凝灰熔岩、安山岩组成;顶部由英安质凝灰岩、流纹质凝灰岩、片理化英安岩、片理化流纹岩等组成。

二者岩石化学显示为钙碱性系列火山岩,与Sakes等(1972)提出的活动陆缘中SiO_2含量为56%～75%、FeO/MgO大于2.0、K_2O/Na_2O大于0.6的研究数据相比较,TiO_2含量一般在0.08%～1.00%之间,其数值也相当于闭合板块边缘的产物,与上述结论较为吻合。Al_2O_3含量一般均在10.17%～20.69%之间,其含量均大于$CaO+Na_2O+K_2O$的含量,属于钙过饱和系列岩石。另外,Na_2O含量普遍较高,多数样品Na_2O含量均大于3%,有的结果高达7.49%,因此证明该火山岩应属于活动陆缘海底火山喷发岩类。根据屈占儒(1987)所测得的8个安山岩和12个流纹岩测试数据分析,La、Ce、Sm、Eu、Gd、Tb、Y的含量和La/Yb比值,与康迪(1984)的"玄武岩和安山岩平均成分"同项对比看,它介于岛弧钙碱性火山岩系与大陆火山岩系之间,更接近岛弧高钾安山岩的稀土成分,推测为弧背盆地火山岩。

(二)小梨河-石嘴火山岩亚带形成、构造环境及其演化

小梨河-石嘴火山岩亚带为海西旋回火山岩,可以划分余富屯期、窝瓜地期两个喷发期。

余富屯期火山岩早期喷发形成细碧岩、角斑质凝灰岩等,晚期形成石英角斑岩、凝灰岩夹细碧岩。为海底火山喷发-溢流相产物,火山喷发活动形成地质时代为早石炭世。

窝瓜地期由早期英安质火山岩喷发旋回和晚期的酸性火山喷发旋回组成。形成的火山岩岩石类型主要为早期灰白色英安岩、英安质火山角砾岩、英安质凝灰熔岩、片理化英安岩,晚期黄白色流纹岩、变质流纹岩、流纹质凝灰岩等。

二者火山岩岩石化学显示属于富碱铝过饱和系列岩石。Na_2O含量较高,具有海底火山喷出岩的基本特点。具有拉分盆地火山岩的特点。

(三)吉林-延边火山岩亚带形成、构造环境及其演化

吉林-延边火山岩亚带为海西旋回火山岩,可以划分大河深期、关门嘴子期两个喷发期。

大河深期岩石地层为大河深组,其中火山岩岩石自下而上为安山岩、安山质岩屑晶屑凝灰岩、英安

质凝灰岩、流纹岩、流纹质凝灰岩。

关门嘴子期火山岩为一套中性火山岩，构成东宁-珲春地层小区的关门嘴子组地层。主要岩石类型为片理化安山岩、安山质碎屑岩。

二者岩石组合为安山岩-英安岩-流纹岩组合，岩石化学显示为钙碱性系列火山岩，属于弧背盆地火山岩。

二、晚三叠世—第四纪火山岩的形成、构造环境及其演化

（一）晚三叠世—早侏罗世火山岩形成的构造环境及演化

晚三叠世—早侏罗世火山岩岩石化学特征显示低 Al、Ca、Si、Fe、K、Na 的特点。微量元素 Cr、Ni、Co、V、Nb 含量偏低，Sr、Ba、Th、Hf、Ta、Zr 元素相对富集。稀土元素特征为其总量明显高于陆壳、洋壳、LREE/HREE、$(La/Yb)_N$、$(Gd/Yb)_N$ 等参数及稀土曲线特征表明轻稀土分馏较强，重稀土分馏较弱，Eu 负异常，属 Eu 亏损的轻稀土富集型。

偏碱的钙碱性安山岩-英安岩-流纹岩组合，微量元素含量多数与陆壳值接近，K/Rb、Rb/Sr 值均反映与壳源有关；稀土元素总量与陆壳值相近，Sm/Nd 值小于 0.3，为地壳重熔成因（葛朝华，1984），Eu/Sm值不在 HA 巴拉索夫划分的地幔值内（0.03～0.23）；微量元素异常值反映与地壳岩石、花岗质岩石及同化混染的玄武质岩石关系密切，在$(La/Yb)_N$-$(Yb)_N$ 图解中，多数点投在大陆壳源区内，表明火山岩岩浆来源与地壳相关，其岩浆来源于下地壳，在岩浆喷发运移过程中有玄武质熔浆混染，为活动大陆边缘构造背景下，地壳处于拉张与挤压相互转换的条件下喷发形成。

（二）中侏罗世—早白垩世火山岩形成的构造环境及演化

中侏罗世—早白垩世火山岩不同岩石类型的岩石地球化学特征如下：安山岩具高 Si、Al，低 Fe、Mg、Ca；安山岩具高 Na、K，低 Fe、Al、Ca；粗面岩具高 Mg，低 Fe、Na；粗安岩具高 Al、Fe、Mg、Na，低 Si、Ca、K 的特点。总体反映此期火山熔岩具富 Na 贫 Ca 的特点。次火山岩类中，玄武玢岩具高 Si、Al、低 Fe、Mg、Ca；安山玢岩具高 Si、K、Na，低 Fe、Mg、Ca；粗安玢岩具高 Si、Al、Na，低 Fe、Mg、Ca 的特点；英安玢岩具高 Si、Fe、K，低 Mg、Ca 的特点。总体反映次火山岩类具高 Si、K、Na，低 Fe、Mg、Ca 的特点。

微量元素特征显示 Cr、Ni、Co、V、Sr、Ba、Zr、Nb、Th 元素含量普遍偏高，基性—中基性岩类含量高于陆壳、洋壳值（黎彤，1962），中性—酸性岩类低于陆壳、洋壳值，表现为由基性—酸性含量呈递减变化。Rb 在中性—酸性岩中相对富集，在基性岩类中低于陆壳值，与洋壳值相近。

稀土元素特征为火山熔岩稀土总量明显高于黎彤的陆壳值，且由基性岩→中性岩富集程度呈递增变化。次火山岩稀土含量较低，显示了残余岩浆分离结晶的特点。稀土参数 LREE/HREE、$(La/Yb)_N$、$(Gd/Yb)_N$ 值及稀土曲线等特征表明，玄武岩和安山岩轻稀土均经过较强的分馏作用，重稀土分馏较弱，属轻稀土富集型岩石。稀土曲线协调一致，反映二者为同源岩浆演化不同阶段的产物。δEu 值玄武岩、安山岩均小于 1，为 Eu 负异常。

火山岩主要为玄武安山岩-安山岩-英安岩-流纹岩的岩石组合，晚期局部出现粗面玄武岩-玄武粗安岩-粗安岩-粗面岩-粗面英安岩-（碱性流纹岩）的岩石组合（营城组和三棵榆树组），反映了盆山构造的演化过程。

（三）新生代火山岩形成构造环境及演化

新生代火山岩具有裂谷环境的演化趋势，绝大部分投入派生的碱性岩区附近，火山岩具有从大陆拉斑玄武岩→碱性玄武岩→碱流岩演化的特点。

第六节　火山岩岩石构造组合与成矿的关系

一、前晚三叠世火山岩岩石构造组合与成矿关系

西拉木伦构造岩浆岩带大黑山条垒火山岩亚带晚奥陶世岛弧盆地火山岩岩性为英安质角砾凝灰熔岩、英安质凝灰岩、流纹质凝灰岩等，全岩 Rb-Sr 等时线年龄(455±10)Ma(放牛沟火山岩)。矿产主要为与岛弧型火山岩有关的多金属成矿，已发现放牛沟、新立屯等数处硫、多金属矿床，具有块状硫化物矿床成矿特征。弧背盆地区仅弯月组见少量流纹岩-安山岩夹结晶灰岩，因火山活动减少，含矿性不佳。但从椅山金矿方铅矿铅同位素数据“R—F—C”法计算出的年龄 410.23Ma 与辽源群确地质时代相吻合。故该地区金、银、多金属、重晶石、硅灰石成矿作用及相应的矿源层应和沉积盆地的火山沉积作用相关。

小梨河-石嘴火山岩亚带余富屯组为一套海底火山岩建造，主要由细碧岩、细碧玢岩、角斑岩、石英角斑岩和细碧质凝灰岩、凝灰熔岩及中酸性火山岩组成，夹有硅质岩(碧玉条带)、泥质硅质岩、千枚岩、碳质板岩和大理岩透镜体；窝瓜地组为一套英安岩-流纹岩系。余富屯组细碧角斑岩系发育的贵金属矿产，已发现头道川金矿、小风倒金矿、民主屯银矿等多处矿点、矿化点；窝瓜地组控制了石嘴子火山喷气型沉积铜矿。

二、晚三叠世—第四纪火山岩岩石构造组合与成矿关系

南楼山火山-盆地亚相晚三叠世—早侏罗世安山岩及安山质、英安质火山碎屑岩建造与多金属勘查关系密切，主要为四合屯组中酸性火山岩系，安山岩、英安质流纹质角砾凝灰岩；玉兴屯组为一套以凝灰质砾岩、砂岩为主的中酸性火山碎屑岩；南楼山组下部为安山岩、安山质凝灰质角砾岩，上部为流纹岩、流纹质凝灰岩、流纹质熔接凝灰岩。盆地内次火山岩发育，具有良好的成矿条件，盆地内已经发现锅盔顶子铜矿、官马金矿等多金属、贵金属矿点数十处，著名的大黑山钼矿也产在同期斑岩中。

太平岭-英额岭俯冲型岩浆岩带大兴沟火山-盆地亚相、图门火山-盆地亚相、珲春断陷盆地亚相早白垩世安山岩夹安山质火山碎屑岩建造与金成矿作用关系密切，延边地区主要金矿均赋存在这一建造中，代表性矿床有五凤金矿、刺猬沟五凤金矿等。小西南岔金矿、杨金沟钨产出在矿同时代的岩体中。

辽吉东部俯冲型岩浆岩带柳河-二密火山-盆地亚相、抚松-集安火山-盆地亚相晚侏罗世安山岩及安山质火山碎屑岩建造、流纹质火山碎屑岩夹流纹岩与多金属成矿作用关系密切，二密铜矿、大石湖多金属矿等均赋存在这一建造中。

第四章　侵入岩岩石构造组合

第一节　侵入岩时空分布

吉林省侵入岩发育以酸性岩为主，基性、超基性岩较少。根据侵入岩的产状、规模等，可分为岩基、岩株、岩枝、岩脉、岩墙、岩床等；按岩石的 SiO_2 含量划分，可分为酸性、中酸性、基性、超基性岩类以及过渡类型岩石。各类型岩石中，酸性及中酸性侵入岩及其浅成相岩石出露面积占全省侵入岩出露面积的90％以上，其他岩类出露面积较少。

吉林省侵入岩新太古代、古元古代、晚古生代、中生代及新生代发育各期次的深成侵入活动，但各期次的侵入活动强度不同，其中以中生代最为发育。新太古代均已发生强烈的变质变形作用，将在变质岩中描述。现将古元古代以来侵入岩的分布叙述如下。

古元古代主要分布在通化—集安等地，其中基性侵入岩出露在通化赤柏松附近；酸性侵入岩出露在集安清河—双岔一线。

晚古生代侵入岩出露在天山-兴安造山带内，分布在东风—和龙一线以北地区，受中生代岩体改造，呈大小不等的包体状残存在中生代侵入岩中。

晚三叠世镁铁-超镁铁岩呈岩墙群产出在红旗岭、漂河川、獐项等地的新元古代、古生代地层中；镁铁质岩-碱质花岗岩呈岩株状分布在敦化青林子-汪清南土城子镁铁质岩带；晚三叠世—早侏罗世花岗岩广泛出露在吉林省中东部，形成了和龙-东宁、桦甸-张广才岭两条巨型花岗岩带。

中侏罗世侵入岩主要分布在辽源—舒兰、敦化黄泥岭—安图东清以及临江遥林等地；中侏罗世晚期—早白垩世侵入岩主要分布在同期火山岩盆地周边地区以及敦密构造带、伊舒构造带、鸭绿江断裂带的两侧；古近纪侵入岩主要分布在敦密构造带内。

第二节　岩石构造组合划分及其特征

一、岩浆岩构造组合划分依据

在充分收集1∶5万、1∶20万、1∶25万区调、科研及各种期刊杂志发表的最新分析测试数据的基础上，严格按《全国矿产资源潜力评价技术要求》(侵入岩部分)制定的标准和规范进行详细分析和研究，通过对原1∶25万建造构造图上表达的岩性重新计算和投图来确定新的岩石名称和岩石类型，依据不同单元之间的接触关系确定其形成的先后顺序，进而归并岩石构造组合类型。

1. 岩浆岩时代的划分

以地质依据为准，包括岩浆岩和沉积地层接触关系及岩浆活动和构造运动的时间联系以及岩浆岩相互间的穿插关系等，辅以较可靠的同位素年龄值，对一些地质依据不确切或尚未获得同位素年龄值的岩体，则根据其与构造作用的关系、岩石学、岩石化学、岩石地球化学、成矿作用等方面经区域综合对比确定其时代。

2. 同位素年龄值的应用和计算参数

根据已有的同位素年龄值数据，综合分析各种方法所测定的年龄值，虽有差异，但总体上均限定在一定的时间段范围内。本次原则上采用近 10 年来的同位素年龄测试数据来确定或更新时代不确定（有争议）岩体的形成时限，如锆石 U-Pb 离子探针法（SHRIMP）年龄；锆石 U-Pb 激光剥蚀法（LA-ICP-MS）年龄，但因吉林省内 1∶5 万、1∶25 万区调测试的同位素样品数量有限，多以收集期刊上发表的数据为主。

对于一些有确切地质依据的岩体，又与年龄相吻合的，仍采用了部分锆石、独居石 U-Th-Pb 法模式年龄数据。在未特别说明的情况下，锆石均是用 $^{206}Pb/^{238}U$ 值。

全岩或全岩-矿物 Sm-Nd 法等时线年龄和全岩或全岩-矿物 Rb-Sr 法等时线年龄原则上不采用。在全岩或全岩-矿物 Rb-Sr 法等时线年龄应用中，岩体未经后期热蚀变、岩石新鲜、样点 Rb/Sr 比值合乎要求、线性关系好、样点在线上分布合理且没有更可靠的其他年龄数据的情况下个别采用。对于一些时代较老的基性岩，Sm-Nd 等时线法成为可选择的测年方法之一。吉林省内有少量全岩或全岩-矿物 Sm-Nd法等时线年龄分析结果，通过对比，虽然准确性差些，但部分可供参考利用。

3. 测试数据应用中的一些问题

（1）对同一岩体先后有多次测试方法和测试数据的，选用先进的测试方法和相对可靠的年龄数据，例如：SHRIMP U-Pb 年龄、锆石 LA-ICP-MS U-Pb 年龄应优先利用。

（2）同一岩体的同位素年龄值有多种方法或同种方法先后有多次测试数据的，且在地质上尚无法判断其年龄值是否可靠时，暂均列出，供以后工作中参考。

（3）本次所利用的岩石化学、稀土、微量元素、同位素测年等分析测试结果来自不同时间、不同测试单位，因此其测试结果会有些误差，在利用时需酌情处理。

二、侵入岩岩石构造组合类型及特征

侵入岩岩石构造组合包括：超基性—基性岩墙组合、双峰式侵入岩组合、钙碱性系列花岗岩组合、TTG 组合、强过铝花岗岩组合、高钾—钾玄质超钾质花岗岩组合及过碱质花岗岩—碱质花岗岩组合 7 种。

1. 超基性—基性岩墙组合

含镍镁铁-超镁质岩发育在古元古代镍镁铁-超镁质岩、晚三叠世镁铁-超镁铁岩中，岩石组合为纯橄榄岩-二辉橄榄岩-辉长岩-辉绿岩。含铬镁铁-超镁质岩发育在机房沟-头道沟-采秀洞构造混杂岩带，为蛇纹岩、蛇纹岩化纯橄榄岩、斜方辉橄岩等超镁铁组合。

2. 双峰式侵入岩组合

该组合发育在敦化青林子—汪清南土城子晚三叠世侵入岩中，岩石组合为辉长岩-碱长正长岩-石英碱长正长岩组合。

3. 钙碱性系列花岗岩组合

该组合广泛发育在天山-兴蒙造山带晚二叠世侵入岩中，晚三叠世以来中国东部造山-裂谷带的晚三叠世、早侏罗世、中侏罗世侵入岩中。岩石组合为(辉长岩)-闪长岩-石英闪长岩、花岗闪长岩-二长花岗岩组合。

4. TTG 组合

该组合仅发育在天山-兴蒙造山带东段南部的早二叠世侵入岩中，岩石组合为英云闪长岩-花岗闪长岩岩石构造组合。

5. 强过铝花岗岩组合

该组合发育在敦化黄泥岭—安图东清以及临江遥林中侏罗世侵入岩中，岩石组合为二长花岗岩-二云母花岗岩组合。

6. 高钾-钾玄质超钾质花岗岩组合

该组合发育在古元古代、早侏罗世、中侏罗世侵入岩中，其中古元古代岩石组合为巨斑状花岗岩-球斑状花岗岩-环斑状花岗岩组合，早侏罗世、中侏罗世岩石组合为二长花岗岩-碱长花岗岩组合。

7. 过碱质花岗岩—碱质花岗岩组合

该组合发育在古元古代、中二叠世、早白垩世和古近纪侵入岩中，其中古元古代岩石组合为条痕状碱长花岗岩组合，中二叠世岩石组合为霓辉正长岩-含角闪石英正长岩-石英正长岩组合，早白垩世岩石组合为碱长花岗岩-晶洞花岗岩组合，古近纪岩石组合为霓辉正长岩-霓辉正长斑岩组合。

第三节 构造岩浆旋回与构造岩浆岩带

根据吉林省侵入岩时空分布特点、岩石类型、岩石组合及岩浆岩的演化规律，结合地壳演化和岩浆岩带复合、叠加特征，以全国潜力评价构造岩浆岩带的总体划分方案为基础，将以动态演化的构造单元(块与带)总结和探讨岩浆时空演化规律及岩浆岩分布与构造单元的特点，对吉林省构造岩浆旋回与构造岩浆岩带进行如下划分。

一、前南华纪

吉林省前南华纪侵入岩构造岩浆旋回属于吕梁岩浆旋回，构造岩浆岩带属华北构造岩浆岩省胶辽构造岩浆岩带辽吉东部构造岩浆岩亚带。

二、泥盆纪—前晚三叠世构造岩浆旋回与构造岩浆岩带

泥盆纪—前晚三叠世侵入岩构造岩浆旋回属于海西岩浆旋回，归属于天山-兴蒙构造岩浆岩省，可

以划分为西拉木伦构造岩浆岩带、小兴安岭-张广才岭构造岩浆岩带，并进一步划分2个构造岩浆岩亚带，7个岩浆岩段。具体划分见表4-3-1。

表4-3-1 泥盆纪—前晚三叠世构造岩浆岩带划分表

<table>
<tr><th>岩浆岩省</th><th>岩浆岩带</th><th>构造岩浆岩亚带</th><th>构造岩浆岩段</th></tr>
<tr><td rowspan="7">天山-兴蒙构造岩浆岩省</td><td rowspan="5">西拉木伦构造岩浆岩带</td><td rowspan="5">九台-和龙侵入岩亚带</td><td>张家屯拉张岩浆岩段</td></tr>
<tr><td>机房沟碰撞岩浆岩段</td></tr>
<tr><td>机水洞碰撞岩浆岩段</td></tr>
<tr><td>大炕山拉张岩浆岩段</td></tr>
<tr><td>朝阳山-百里坪前碰撞岩浆岩段</td></tr>
<tr><td rowspan="2">小兴安岭-张广才岭构造岩浆岩带</td><td rowspan="2">吉林-珲春侵入岩亚带</td><td>小西南岔-大兴沟前碰撞侵入岩岩浆岩段</td></tr>
<tr><td>大玉山-亮兵碰撞侵入岩段</td></tr>
</table>

三、晚三叠世—新生代构造岩浆旋回与构造岩浆岩带

晚三叠世—新生代构造岩浆活动经历了晚印支构造岩浆旋回、燕山构造岩浆旋回和喜山构造岩浆旋回，属于中国东部构造岩浆岩省，可以划分为胶辽构造岩浆岩带、小兴安岭-佳木斯岩浆岩带、大兴安岭构造岩浆岩带，并进一步划分为4个构造岩浆岩亚带，具体划分见表4-3-2。

表4-3-2 晚三叠世—新生代构造岩浆岩带划分表

<table>
<tr><th>岩浆岩省</th><th>岩浆岩带</th><th>构造岩浆岩亚带</th></tr>
<tr><td rowspan="4">中国东部构造岩浆岩省</td><td>大兴安岭构造岩浆岩带</td><td>锡林浩特构造岩浆岩亚带</td></tr>
<tr><td rowspan="2">小兴安岭-佳木斯岩浆岩带</td><td>小兴安岭-张广才岭构造岩浆岩亚带</td></tr>
<tr><td>太平岭-英额岭构造岩浆岩亚带</td></tr>
<tr><td>胶辽构造岩浆岩带</td><td>辽吉东部构造岩浆岩亚带</td></tr>
</table>

第四节 侵入岩的形成、构造环境及其演化

一、前南华纪侵入岩形成、构造环境及其演化

（一）超基性—基性岩墙组合

1. 地质特征

该岩墙群为主要分布于快大茂子—小赤柏松，岩石类型为变质辉绿辉长岩、辉长岩、橄榄苏长辉长

岩、斜长二辉橄榄岩等。岩体总体走向 5°～10°，呈岩墙状产出，长约 4800m，宽 40～140m，沿走向具膨缩现象，斜向南东东，倾角 55°～86°。

该期镁铁-超镁铁质岩墙侵入新太古代花岗质片麻岩中。其全岩 K-Ar 法年龄为 2500～2240Ma，锆石 U-Pb 年龄值为(2136±18)Ma(LA-ICP-MS)、(2187±8)Ma(SHRIMP)，应属古元古代岩浆侵位事件产物。

2. 岩石学特征

变辉绿岩、辉绿玢岩：岩石为灰绿色，辉绿结构、斑状结构，块状构造。主要矿物组成：斜长石，自形—半自形板状，表面绢云母化较强，偶见聚片双晶，消光角 24°～33°，属中长石—拉长石，含量 35%～40%；普通辉石，他形粒状，分布于斜长石构成的三角形格架中，形成辉绿结构，边缘常有角闪石及绿泥石的反应边，部分辉石完全变成角闪石或透辉石，阳起石，含量 40%～50%；角闪石，绿色，蓝绿色，他形粒状，不规则状，分布于斜长石格架之间及辉石边缘，晶形保留辉石假象，含量小于 10%。副矿物：磷灰石、磁铁矿。

橄榄苏长辉长岩：岩石呈深绿灰色，辉长—反应边结构，可见次变边结构，块状构造，矿物粒度 1～3mm。主要矿物组成：拉长石、单斜辉石、斜方辉石、橄榄石等，其次为少量磁铁矿、钛铁矿、金属硫化物、黑云母、石榴石等。

斜长二辉橄榄岩：黑灰绿色，自形粒状结构，粒度 1～2mm，反应边结构，该结构是岩体的特征结构，表现为橄榄石由内向外被纤维状斜方辉石、纤维状单斜辉石包裹，且纤维状斜方辉石和纤维状单斜辉石外围又被纤维状闪石包围，中心为橄榄石，纤维状矿物呈放射状垂直于矿物边界生长，可分为 2～3 层，这是典型的岩浆结晶结构。主要矿物：拉—培长石、单斜辉石、斜方辉石、橄榄石、纤维状斜方辉石、纤维状单斜辉石、纤维状闪石、黑云母。次要矿物：磁铁矿、铬尖晶石、金属硫化物。

3. 岩石化学、地球化学特征

该镁铁-超镁铁质杂岩岩石化学以贫 Si、碱，富 Fe、Mg、Ca 为特点。SiO_2变化在 40.91%～52.88%之间，Fe_2O_3变化在 2.08%～6.99%之间，FeO 变化在 6.55%～12.03%之间，MgO 变化在 3.49%～28.68%之间，CaO 变化在 3.63%～9.86%之间，Na_2O 变化在 0.62%～3.0%之间，K_2O 变化在 0.2%～1.65%之间，且 $Na_2O>K_2O$。在标准矿物计算中出现透辉石、紫苏辉石，部分出现橄榄石、磁铁矿等标准矿物分子。DI 变化在 6.89～42.61 之间，变化区间较大，其值略小，表明岩浆分异程度低而基性程度相对较高；SI 均值为 40.77，略大于 40，为地幔源未分异的原生岩浆固结的岩石；δ 变化在 2.97～5.99 之间，M/F 变化在 0.53～5.27 之间，其比值较小。稀土总量变化在$(128.52～149.57)\times10^{-6}$之间，与上地幔稀土总量接近，轻重稀土比值均值为 1.86，其值略低；δEu 均值为 1.08，近于 1，为上地幔源值。$(La/Sm)_N$ 值为 1.53～2.04，大于 1，为 P 型即为富集型，为地幔柱异常型，$(Gd/Yb)_N$ 值大于 1，重稀土略亏损型，略呈右倾型，具 Eu 呈正异常。铁族元素 Co 平均含量介于黎彤陆壳—洋壳丰度之间，Ni 接近洋壳值；Sr、Ba 平均含量介于上地幔—洋壳丰度之间，Rb 平均含量与洋壳值略接近或小于洋壳值。

4. 形成构造环境

该构造岩石组合含有较高的铂族元素，同时产铜镍矿床，物质来源于原始地幔，一般认为其构造背景有二：①地幔柱活动引发的幔源岩浆活动；②造山作用晚期由于岩石圈拆沉导致软流圈上涌引起岩石圈地幔熔融。该岩脉侵入太古宙“TTG 组合”中，无任何其他与之匹配的造山作用的地质迹象，因此，构造背景可能是地幔柱。

(二)过碱质花岗岩—碱质花岗岩组合

1. 地质特征

该组合主要分布于集安横路村—大梨树沟、钱桌沟等地,岩性主要为条痕状变质正长花岗岩。该岩体与集安岩群中的荒岔沟岩组和大东岔岩组间虽然多处接触,但一直未见可靠的接触关系。该组合锆石 SHRIMP 谐和年龄值为(2160±14)Ma、(2145±18)Ma。确定该岩体侵位时代为古元古代。

2. 岩石学特征

变质正长花岗岩:岩石为灰白色,花岗变晶结构,条痕状构造。条痕由暗色矿物定向集中而成,其产状与围岩片麻理产状一致。主要矿物组成:条纹长石,呈他形粒状,其内有稀疏条纹状钠长石客晶,含量40%~50%;钠长石,他形粒状,粒径 0.5mm,聚片双晶发育,负低突起,An=8,被条纹长石交代呈交代残留,含量 15%±;石英,他形粒状,粒径 0.2~1.0mm,含量 30%;角闪石,不规则柱状,1mm 左右,吸收性显著,Ng -暗绿色,Np′-黄绿色。副矿物:锆石、磷灰石、磁铁矿、赤铁矿、黄铁矿、褐铁矿、独居石、电气石、锐钛矿、绿泥石、辉钼矿。锆石为乳白色、淡黄色、紫色,玻璃光泽,少数为金刚光泽,为浑圆状—柱状。副矿物组合类型为锆石-磁铁矿型。

3. 岩石化学、地球化学特征

该岩石组合典型样品的岩石化学、地球化学以高 Si 低 Al,贫 Ca、Fe 为特征。其中 SiO_2 含量变化在55.38%~75.87%间,Al_2O_3变化在 11.86%~14.76%间,CaO 变化在 0.27%~5.42%之间,MgO 变化在 0.2~4.37 间,Na_2O 变化在 2.18%~5.48%之间,K_2O 变化在 1.10%~7.13%之间。CIPW 标准矿物中 Ab>Or>An,刚玉(C)值低,反映出低铝的特点,与幔源型的 C 值小于 1 特征相符。δ 变化在 1.36~3.14之间,为里特曼划分的钙碱性岩石。(N+K)/A 比值在 0.67~0.97 之间,比值小于 1,接近 A 型花岗岩平均值(0.96)。ANCK 变化在 0.74~1.21 之间。在 $Al_2O_3/(Na_2O+K_2O)-AL_2O_3/(CaO+Na_2O+K_2O)$ 变异图中投点,落在过铝质-准铝质区间。

稀土总量 REE 变化在$(118\sim362)\times10^{-6}$之间,稀土总量高,LREE/HREE 比值变化在 2.31~11.66之间,其比值变化范围较宽,均值为 4.78,略大于 4,为幔源型,δEu 变化在 0.17~0.74 之间,均值为0.48,稀土曲线为右倾型,具 Eu 的负异常,重稀土曲线较平缓。

微量元素表现为亲石元素 Rb、Ba 高于黎彤地壳元素丰度值,Sr 低于陆壳元素丰度;稀有元素 Nb 高于黎彤陆壳元素丰度值,Ta 接近陆壳元素丰度值,Zr 低于黎彤陆壳元素丰度值;放射性元素 Th 高于陆壳元素丰度值;铁族元素 Ni、Co 均低于陆壳元素丰度值。Ba/Sr 比值变化在 5.4~22.55 之间,变化范围较宽;Rb/Sr 比值均值为 2.78,为陆壳平均值(0.18)的 15.4 倍。

4. 成因与构造环境

该构造岩石组合以正长花岗岩为主,岩石中含有较多的角闪石矿物,岩石化学显示过铝质-准铝质成分,具有明显的 Eu 负异常,微量元素蛛网图显示 Nb、Sr 负异常,反映物源可能为大陆边缘的下地壳。在古元古代花岗岩$(La/Yb)_N$-$(Yb)_N$ 图解中也显示出这一特征。在构造判别图中可以看出该期花岗岩多数投入板内和火山弧区。显示出板内环境,投入火山弧区的原因可能与大陆边缘成分加入有关,或在变质作用过程中有化学成分的改变有关。岩石化学成分显示为 A 型花岗岩,具有铝质 A 型花岗岩特征,目前对 A 型花岗岩成因认识比较统一的是 A 型花岗岩形成于拉张构造背景,但对铝质 A 型花岗岩是形成于非造山的板内环境还是造山后环境,目前分歧较大。就通化地区而言,尽管该花岗岩位于 Eby

(1992)的 A_2 型(造山后)花岗岩区,但到目前为止,我们还没有确定出本区以及整个华北地台在22亿年左右的古元古代,是否存在过一次造山作用,而辽吉地区的古元古代地层沉积于规模较大的盆地之中,形成在盆地发育之前的此花岗岩应更可能是在非造山的拉张环境下出现的花岗岩。

(三)高钾—钾玄质超钾质花岗岩组合

1. 地质特征

该组合主要分布于下集安四平街—钓鱼台村—双岔河乡,呈近东西向展布的岩基产出,明显受近东西向构造控制。主要岩石类型为巨斑状花岗岩、球斑状花岗岩、环斑状花岗岩。该组合侵入到过碱质花岗岩—碱质花岗岩组合、大东岔岩组中,而被马达岭组不整合覆盖。

该组合锆石 SHRIMP 同位素年龄值为(1872±8)Ma、(1841±19)Ma、(1865±13)Ma;锆石 TIMS 同位素年龄值为(1860±9)Ma、(1996±67)Ma、(1831±37)Ma。

2. 岩石学特征

巨斑状花岗岩:岩石以灰白色为主,局部呈肉红色,两者互为过渡,没有明显界线,具交代条纹结构、蠕英结构、净边结构、环斑结构,块状构造。斑晶以微斜长石为主,呈长板状半自形,具格子双晶,个别交代条纹长石,最大斑晶 5cm×1cm×3cm,一般 3cm×2cm×1cm,分布不均,含量 30%~40%,最多可达 50%~60%。基质由斜长石、钾长石、黑云母及石英组成。斜长石,白色,他形粒状,表面强烈绢云母化,可见聚片双晶,部分被钾长石斑晶交代和包裹,呈残留结构,粒度 0.5~3.0mm,占基质含量的 30%;钾长石,无色,他形粒状,具两组近正交解理,粒度 1~3mm,占基质含量的 20%~30%;黑云母,黄绿色,黄褐色,片状,粒度 1mm,部分绿泥石化,局部呈团块状,占基质含量 5%~10%;石英,他形粒状,占基质含量的 25%左右。岩石中局部含石榴石,呈团块集合体,为残留矿物。

副矿物为锆石、磷灰石、磁铁矿、黄铁矿、褐铁矿、石榴石、绿帘石、独居石、电气石。锆石为淡黄色、暗紫色、浅紫色,金刚、玻璃光泽,粒度 0.1~0.05mm,晶轴比 2∶1~1.5∶1,锆石为柱状、正方柱与正方双锥组成的聚形。副矿物组合类型为锆石-石榴石型。

3. 岩石化学、地球化学特征

该组合岩石化学以高 K、贫 Na、富 Al、低 Ca 为特点。SiO_2 含量变化在 64.61%~74.91%之间,Al_2O_3变化在 11.88%~15.98%之间,CaO 变化在 0.26%~2.61%之间,Na_2O 变化在 1.7%~3.15%之间,K_2O 变化在 4.04%~6.66%之间。在 CIPW 标准矿物计算中出现 Q、Or、Ab、An、Hy、Mt 等标准矿物分子,刚玉(C)均值为 2.27,其值大于 1。δ 变化在 1.76~3.35 之间,为里特曼划分的钙碱性岩石系列。

稀土总量高,LREE/HREE 均值为 5.81,δEu 均值为 0.48,与壳型花岗岩的 δEu(0.46)值接近。La/Yb 变化在 20.46~38 之间,La/Sm 变化在 5.65~7.55 之间,说明轻稀土分馏极强。$(La/Sm)_N$、$(Gd/Yb)_N$、$(La/Yb)_N$ 标准化比值均大于 1,表明富集轻稀土,为重稀土亏损型。曲线形态为右倾陡斜式,重稀土为右倾缓斜式,具明显铕负异常。

亲石元素 Rb、Ba 高于黎彤地壳元素丰度值,Sr 低于黎彤陆壳元素丰度;稀有元素 Nb、Ta 接近黎彤陆壳元素丰度值,Zr 低于陆壳元素丰度值;放射性元素 Th 低于陆壳元素丰度值;铁族元素 Ni、Co 低于黎彤陆壳元素丰度值。Ba/Sr 比值变化在 1.08~15.11 之间,均值为 7.09,Rb/Sr 比值变化在 0.67~7.09之间,均值为 2.67,为陆壳平均值(0.18)的 14.8 倍。

4. 成因与构造环境

该组合内含有特别多的古元古代地层的残留体，富含夕线石、石榴石、白云母等富铝矿物，显示典型的 S 型花岗岩特征，岩石化学显示为过铝质岩石，因此确定为 S 型花岗岩，物源为上地壳。

二、晚古生代侵入岩形成、构造环境及其演化

晚古生代侵入岩可以划分泥盆纪超基型—基性岩墙组合、石炭纪花岗岩组合、早二叠世 TTG 组合、中二叠世过碱性—钙碱性花岗岩组合、晚二叠世钙碱性侵入岩组合和花岗岩组合。

（一）泥盆纪超基型—基性岩墙组合

该组合出露在九台市机房沟及吉林市小绥河，在机房沟呈岩块状残存在早中泥盆世中酸性火山岩系中，在小绥河呈雁行状或串珠状分布在晚-末志留世西别河组中，构造岩石为超基型—基性岩墙组合，主要岩性为蛇纹岩、蛇纹岩化纯橄榄岩、斜方辉橄岩、辉长岩等，其中见豆荚状铬铁矿。中国科学院张福勤在小绥河地区的辉长岩中取得锆石 U-Pb 年龄为 360Ma（沈阳地质研究所，2004）。时代置于晚泥盆世。

岩石化学以低 Si、Fe，富 Mg 为特点，为 SiO_2 不饱和的弱碱性岩石，SiO_2 含量在 38.45%～42.87%之间，普遍偏低，而 MgO 则较高，在 31.36%～37.49%之间，镁铁质比值在 6.6～8 之间，暗色矿物以镁质矿物为主。与中国主要岩浆岩中的基性岩相比，SiO_2、Al_2O_3 含量及 NK 值偏低，而 CaO、MgO 含量偏高，SI 值为 41～58，DI 值为 6.1～28.61，τ 值为 17.88～20.98，说明岩浆来源较深，分异程度较差，稀土元素特征表现为总量 REE 偏低，变化较大，为$(22～188)\times10^{-6}$，分馏较弱，δEu 异常不明显，标准化图式左高右低，倾斜幅度小，微量元素则表明基性侵入岩中 Cr、Li、V、Ta、Zr、Hf、Sn、Be 等元素丰度较维氏值高，Sr、Ba 等元素丰度较维氏值偏低。元素与 SiO_2 相关性明显，总体上随 SiO_2 增加，Rb、Zr、Li、W、Ba 等元素丰度增加，而 Cr、Ni、V、Sc 元素丰度则减少。

综上，岩石属拉斑玄武质系列，岩浆来源于地幔，形成于拉张环境。

（二）石炭纪花岗岩组合

1. 地质特征

该组合分布于九台市机房沟一带，呈岩株状早中泥盆世中酸性火山岩系中，岩石类型为中粒碱长花岗岩，属于花岗岩组合。锆石 U-Pb(LA-ICP-MS)同位素年龄为 348Ma，时代为早石炭世。

2. 岩石学特征

中粒碱长花岗岩：肉红色，中粒花岗结构，块状构造，矿物粒度以 2～3mm 为主。成分：石英，他形粒状，具波状消光，含量 30%～35%；斜长石，半自形—他形粒状，含量 5%～7%，具绢云母化，An 值为 22，δ 值为0.8；碱长石，半自形—他形粒状，格子双晶发育，含量 59%～64%，(—)$2V$ 值为 82°，Δ 值为 0.95，SI 值为 0.9，为低微斜长石，暗色矿物极少量，为黑云母，不均匀分布，副矿物组合为锆石＋磷灰石组合。

3. 岩石化学、地球化学特征

该岩段岩石化学具有高 Si 富碱、贫 Mg 低 Ca 的特点，SiO_2 含量 75.49%～77.93%，NK 值以大于 8

为主。ANKC值为1.03～1.3,平均大于1.1,以铝过饱和的钙碱性为主,岩浆分异程度较高,并明显$K_2O>Na_2O$,稀土元素总量为(83.25～120.57)$\times10^{-6}$,为正常丰度型,轻稀土富集,分馏较好,δEu值为0.26～0.31,为较明显的负异常,标准化曲线右倾,斜率较高。微量元素中Cr、W、Ni、Th、Sn、Be等元素丰度高于维氏值,Ni、Li、Rb、Sr、Ba、V、Zr等元素丰度低于维氏值。其单元岩石中Cr元素丰度偏高与同序列岩石酸性岩类有所不同。Rb/Sr值为0.62～2.61。

4.成因与构造环境

从岩石化学来看,具有高Si富碱、贫Mg低Ca的特点,属于铝过饱和的钙碱性系列,岩浆分异程度较高。在成因判别三角图解中,多数样品投影于黑云母—斜长石—白云母区,属于铝过饱和系列,其NK值均大于8,且总体$K_2O>Na_2O$,在K_2O-Na_2O图解中投影点分布于A型花岗岩区域,加之副矿物中有曲晶石等,其总体表现为后造山A型花岗岩的特征,与在R_1-R_2图解所投影的造山期后—造山晚期结果相一致。但稀土元素总量明显偏低,标准化曲线右倾,斜率较高,微量元素Cr、Ni含量较高,Li、Rb、Sr含量较低,其岩石地球化学特征与A型花岗岩明显不同,具有岛弧型岩浆岩的特点,推测其为石炭纪岛弧型钙碱性花岗岩组合晚期演化的花岗岩组合。

(三)早二叠世TTG组合

1.地质特征

该组合仅分布在吉林东部和龙地块北部边缘和兴凯地块北缘。前者为和龙机水洞岩体,岩性为中细粒英云闪长岩,据1∶25万和龙市幅野外资料,局部有花岗闪长岩,其岩石组合类型应为英云闪长岩+花岗闪长岩,其岩石构造组合类型应为TTG。受区域构造影响,发育北东向的片麻理。出露面积为456.9km^2。其北部侵入太古宙和龙地块片麻岩中,西部、南部被晚二叠世百里坪杂岩体侵入,东部被中生代上叠盆地所覆盖。该岩体锆石LA-ICP-MS年龄值为288Ma(张艳斌,2004),时代为早二叠世。后者出露在汪清县小东沟经营所、南沟林场等地,称南沟林杨片麻状英云闪长岩,主要呈残留体状残存在晚期侵入岩中,在南沟林场可见其侵入杨木岩组片岩中,面积仅30km^2,根据吴福元采自南沟林场该岩体锆石测年为(277±3)Ma,时代为早二叠世。

2.岩石学特征

机水洞片麻状英云闪长岩:灰白色,花岗结构,块状、片麻状构造。岩石主要由石英、斜长石和极少量碱性长石与黑云母等组成。石英大于20%,呈粒状,碱性长石1%～2%,斜长石70%～75%,呈不规则状、粒状,局部略呈半自形、粒度大部分1～2mm,少部分2～3mm,有轻微绢云母化现象。黑云母5%～8%,呈片状,局部有绿帘石化和轻微绿泥石化现象,呈定向分布,构成片麻理方向。

该岩浆岩副矿物,主要有磁铁矿、绿帘石、磷灰石、褐铁矿、锆石、电气石等,除锆石、电气石等含量较低外,其他含量均较高。副矿物组合为磁铁矿-磷灰石-绿帘石-锆石型。

南沟林杨片麻状英云闪长岩:风化面灰褐色,新鲜面灰色,花岗结构。岩石主要由石英、斜长石、碱性长石以及黑云母组成,具弱片麻状构造。石英:20%～25%,呈他形充填,条带状、豆荚状,略具定向分布。碱性长石:7%～8%,呈不规则状、粒状,粒级0.5～2mm。斜长石:60%～65%,略呈半自形板状,粒级1～2mm不等,少部分大于2mm,有轻微绢云母化现象,局部边缘不整齐,有粒化现象。黑云母:3%～5%,呈片状,略具定向分布,有轻微的绿泥石化现象,岩石有叠加热液帘石英化现象。

3.岩石化学、地球化学特征

该组合显示出岩石化学成分与Nockolds的英云闪长岩平均值总体相近。只是Al_2O_3、Na_2O、K_2O

含量稍偏高，而 CaO、MgO 偏低。并且 Na_2O 大于 K_2O，δ 值为 2.2，为钙碱性系列岩石。稀土元素总量为(149～230.72)$\times10^{-6}$，总量偏高，L/H 值为 4.73～9.52，轻稀土为富集型，δEu 值为 0.94～1.01，铕无亏损，稀土模式曲线为向右陡倾斜的下滑曲线，曲线平行性较好。微量元素特征：Sr、Ba 元素含量较高，其中 Sr 含量为(776.8～1059)$\times10^{-6}$，具有高 Sr 的特点，而 Rb 含量较低，为(27.7～33.5)$\times10^{-6}$，显示出岩浆具有地幔物质的特点。

4. 成因与构造环境

该组合岩石类型为英云闪长岩-花岗闪长岩组成的 TTG 组合，岩石化学成分与 Nockolds 的英云闪长岩平均值总体相近，Na_2O 大于 K_2O，δ 值为 2.2，为钙碱性系列岩石。稀土元素总量为(149～230.72)$\times10^{-6}$，总量偏高，轻稀土富集，铕无明显亏损，稀土模式曲线为向右陡倾斜的下滑曲线，曲线平行性较好。微量元素以高 Sr、低 Rb 为特点。上述特征反映了火山弧花岗岩的特点。在 R_1-R_2 图解中，该单元样品均投影于板块碰撞前区，微量元素 Rb、Y、Nb 含量也显示有火山弧花岗岩特征，与前述结论一致。

(四)中二叠世过碱性—钙碱性花岗岩组合

1. 地质特征

该组合仅分布在吉林中部磐石市西部，呈近南北向椭圆状展布。主要由霓辉正长岩、含霓辉角闪石英正长岩和石英正长岩组成，岩石构造组合为过碱质花岗岩-碱质花岗岩组合。其侵入捕虏了早古生代地质体，被中生代花岗岩侵入。取该杂岩体含角闪石霓辉石碱长正长岩的锆石 U-Pb SHRIMP 年龄为(264±5)Ma、TIMS 年龄为(267±1)Ma(吴福元，2001)，时代为中二叠世。

2. 岩石学特征

中细粒含角闪石霓辉石碱长正长岩：岩石呈灰色，粒状结构，块状构造。主要由粒状或柱状的碱长石、角闪石、霓辉石、石英组成。碱长石，粒状或近于板状，发育条纹构造，个别有斜长石包体，占岩石94%以上，粒度 2～4mm；角闪石，粒状、不规则状，有交代霓辉石现象，含量约 2%，粒度 0.5mm 左右；霓辉石，粒状，强烈绿泥石化，并有铁质析出，含量约 3%，粒度 0.5～1mm；石英不规则粒状，含量约 1%，粒度 0.5～1mm 左右。岩石受到动力作用有碎裂现象。

中粒含角闪石石英碱长正长岩：岩石呈灰色，花岗结构，块状构造。主要由粒状或近于板状的碱长石、他形粒状石英、不规则状的暗色矿物组成，矿物粒度多在 2～3mm 之间。碱长石，多具条纹构造，个别有斜长石包体或交代斜长石，占岩石 90%左右；石英，呈不规则粒状，占岩石 8%左右；角闪石，粒状或不规则状，含量 2%，暗色矿物中有的已强烈绿泥石化，推测可能为霓辉石。

中粒石英正长岩：岩石呈灰色，花岗结构，块状构造。主要由粒状或近于板状的碱长石、他形粒状石英、不规则状的暗色矿物组成，矿物粒度多在 2～4mm 之间。碱长石，具条纹构造，个别有斜长石包体，占岩石 90%左右；石英，在岩石中分布不均匀，占岩石 10%左右；暗色矿物，已完全绿泥石化，并有铁质析出，可能为角闪石或霓辉石，含量小于 1%。组成该碱性杂岩体主要为条纹长石，占组成岩石的矿物90%以上，并普遍存在碱性暗色矿物——霓辉石。

该杂岩体副矿物组合类型为锆石-磷灰石-黄铁矿-磁铁矿型。

3. 岩石化学、地球化学特征

该岩浆杂岩岩石化学低 Si、Fe、Mg，富碱，SiO_2 57.5%～69.86%，SiO_2-(Na_2O+K_2O)图解投入碱

性区，ANKC 值为 0.97～1.03，δ 值为 4.19，反映岩浆来源较深，具幔源特征；稀土曲线略右倾，Eu 负异常明显，具较典型碱性花岗岩曲线。

4. 形成构造环境探讨

该岩石组合在 SHAND 图解投入偏铝质区—过碱性区，显示 A 型花岗岩特征，同样在 Na_2O-K_2O 图解中投入 A 型花岗岩区；在 R_1-R_2 图解中投入非造山区域，应该属于非造山的 A 型花岗岩。一般认为 A 型花岗岩主要出现在 3 种大地构造环境下：①与板块俯冲作用有关的活动大陆边缘；②克拉通地台；③板内裂谷—类裂谷。据此，许保良等划分了板缘、过渡和板内 3 种类型。又据其(K+Na)/Al 分别为 0.75～0.95、0.95～1.0 和大于 1，将其划分为偏碱性、碱性和过碱性。本岩体(K+Na)/Al 为 0.67，属偏碱性呈复式岩株状，Nb 值为 12.4，小于 40，Ta/Yb 值为 0.67，小于 0.75，我们认为花岗岩为与板块俯冲作用有关的活动大陆边缘的 A 型花岗岩。

（五）晚二叠世钙碱性侵入岩组合和花岗岩组合

晚二叠世钙碱性侵入岩组合和花岗岩组合具有明显的成因联系和构造连续演化的特征，在此一同叙述如下。

1. 地质特征

晚二叠世钙碱性侵入岩组合分布极为广泛，西起东风县，向东经敦化石门子，一直到和龙市百里坪、珲春马滴达等地，出露范围较大，代表性岩体主要有和龙百里坪杂岩体、敦化牡丹岭岩体、桦甸大玉山岩体、安图亮兵岩体等，岩性为闪长岩、花岗闪长岩、似斑状花岗闪长岩、二长花岗岩，侵入新元古代及古生代地层中，被中生代侵入岩侵入，其中百里坪杂岩体的中细粒二长花岗岩锆石 U-Pb 一致曲线年龄为(255±1)Ma；似斑状花岗闪长岩、中粒花岗闪长岩锆石 LA-ICP-MS 测年分别为 243Ma 和 248Ma；牡丹岭岩体六棵松闪长岩锆石 LA-ICP-MS 测年分别为 262Ma。

晚二叠世花岗岩组合仅见朝阳山一个岩体，呈岩基产出，侵入早石炭世地质体(下石炭统鹿圈屯组)，并被中生代花岗岩侵入，主要由中粗粒黑云母正长-碱长花岗岩组成，锆石同位素年龄 254Ma (SHRIMP)。

2. 岩石学特征

中细粒闪长岩：灰黑色中细粒结构，块状构造。矿物成分：石英，他形粒状，0.5～2.5mm，含量 2%～5%；斜长石，半自形板柱状，An 值为 32～34，δ 值为 0.9，粒度 0.5～2mm，具绢云母化和黝帘石化，含量 60%～70%；角闪石，柱状—不规则粒状，0.5～2mm，约占 25%；黑云母，不规则鳞片状。局部呈集合体，占 10%～15%，副矿物组合为锆石-磁铁矿-磷灰石。

石英闪长岩：灰黑色柱粒结构，粒度 1～2mm，块状构造。矿物成分：石英，呈粒状，含量 2%～7%，个别地段可达 10%；斜长石，呈半自形板状，有轻微绢云母现象，含量 65%～70%。暗色矿物占 25%～30%，由角闪石和少量黑云母构成，其中黑云母 2%～3%，呈片状，其余为角闪石，呈柱粒状，粒度 0.5～2.0mm 不等，有绿泥石化和退变成黑云母现象。副矿物组合为锆石-磷灰石-磁铁矿-绿帘石型。

花岗闪长岩：呈灰白色，中细粒花岗结构，块状构造。矿物成分：石英，20%左右，呈他形充填；碱性长石，10%～15%左右，呈不规则状、粒状，具条纹结构；斜长石，55%～60%左右，呈半自形板状，粒度 2～4mm，少部分 1～2mm，有绢云母化现象；角闪石，3%～4%左右，呈柱粒状，局部有退色为黑云母现象；黑云母，5%～6%左右，呈片状，局部有轻微绿泥石化现象。副矿物组合为锆石-磷灰石-磁铁矿-褐铁矿-榍石型，锆石、磷灰石含量偏低，而磁铁矿、榍石含量高。

似斑状花岗闪长岩：灰白色，似斑状结构，似斑晶为碱长石，晶体较粗大，大者粒径可达5cm，小者为1～1.5cm，厚板状，可见卡氏双晶，颜色较红，晶体内见包裹石英、斜长石，含量约10%左右，局部有增多。基质为中细粒花岗结构，粒度2～3mm，含量90%左右，主要由石英、碱长石、斜长石及黑云母组成。石英，他形粒状，含量20%，碱长石10%～15%，斜长石55%，呈不规则状，粒状，局部呈半自形，黑云母，3%～5%，呈片状，局部轻微绿泥石化。副矿物组合为锆石-磷灰石-磁铁矿-榍石-绿帘石型。

中细粒二长花岗岩：浅肉红色，中细粒花岗结构，块状构造。矿物成分：石英，呈他形粒状，含量20%，碱长石35%～40%左右，呈不规则状，粒度1～2mm左右，部分2～3mm，具条纹结构和格子双晶，局部有包裹斜长石并交代形成蠕虫结构，斜长石，35%～40%左右，呈不规则状、粒状，局部略呈半自形板状，粒度1～2mm，有轻微绢云母化；黑云母，3%～5%，呈片状，粒度0.25～1.00mm，绿泥石化较强。副矿物组合为锆石-磁铁矿-磷灰石-榍石型。于该侵入体内部见有早二叠世英云闪长岩的捕虏碎块。

中粗粒黑云母正长花岗岩：岩石呈肉红色，中粗粒花岗结构。钾长石，自形—半自形粒状，多含有钠长石嵌晶而形成的条纹长石，具对错交代结构并形成钠长石边，有交代斜长石的现象，约占50%；斜长石，呈自形—半自形板柱状，约占10%，An值为15；石英，常呈集合体产出，约占30%，黑云母约占5%。副矿物组合类型为磁铁矿-钛铁矿-锆石-磷灰石-榍石型。

3. 岩石化学、地球化学特征

细粒闪长岩岩石化学成分特征同中性岩（戴里）基本相似，除CaO稍高于平均值，其他氧化物均接近于平均值，NK值为5～6，ANKC值为0.75～0.86，δ值为2.03～3.2，为偏铝质的钙碱性岩石，具I型花岗岩特征。稀土总量为$(120\sim180)\times10^{-6}$，含量较高，轻重比值低，$\delta$Eu值大于0.7，小于1，表现为壳幔混源特征，曲线右倾平缓，轻重稀土分馏作用均较弱，微量元素中Co、V、Zn、Hf与地壳闪长岩维氏值相当，Rb、Sr含量均较低，低于地壳闪长岩维氏值。元素标准化图中，曲线呈双峰式，Sr、Eu元素呈负异常，Li元素呈正异常，相容元素含量稍高。

石英闪长岩SiO_2含量与中性岩（戴里）平均值相当。SiO_2、CaO、MgO、Al_2O_3高于平均值，而Na_2O、K_2O低于平均值，Na_2O均大于K_2O。δ值为2.4，为钙碱性岩系。分异指数81.6～90.69，硬化系数SI值为17.39～26.92，显示出岩浆具有一定的分异能力。ANKC值均小于1，为偏铝质岩石。稀土元素总量为$(129.82\sim182.1)\times10^{-6}$，含量偏高，L/H为2.52～6.76，轻稀土富集，δEu值为0.86～1.07，模式曲线为右倾下滑曲线，斜率较小，倾斜较缓。微量元素特征为Sr、Ba元素较高，近于或大于同类岩维氏值，而其他元素含量Zn较低，多低于维氏值。Ba、Sr元素呈正异常，而Pr元素为负异常（相容元素含量高）。

花岗闪长岩较戴里划分的花岗闪长岩SiO_2、Al_2O_3、Na_2O、K_2O含量偏高，CaO、MgO偏低，其中SiO_2含量值为63.2%～74.54%，变化范围较大，Al_2O_3为14.63%～16.84%，CaO为2.13%～4.73%，Na_2O大于K_2O，SI多在6～15之间，δ值为1.72～2.57，NK值为6.3～7.86，N值多小于1，ANKC值集中于0.94～1.03，均小于1.1，数值特征显示岩浆分异程度较高，为偏铝质钙碱性岩石。稀土元素总量为$(71.53\sim82.06)\times10^{-6}$，略偏低，$\delta$Eu值为0.56～1.01，略有负异常，分馏较好，轻稀土富集，说明存在铁镁质矿物的结晶分离。微量元素与维氏所划分的钙碱性酸性岩类相比，Cr、Ni、Sn、Sc等元素丰度较高，CR、Ni、Li、Rb、W、V、Zr等元素丰度较维氏值低，其中Hf、Th、Sn等元素丰度普遍高于维氏值。

二长花岗岩SiO_2含量67.08%～73.63%，平均值为71%左右。FeO较低而Fe_2O_3较高，δ值为1.89～2.45，属钙碱性岩浆系列，ANKC值在1.1左右（0.96～1.14），具有I型S微型过渡特征。稀土元素总量为$(129.5\sim156)\times10^{-6}$，属中等总量。轻重稀土比值较高，分馏作用较强，$\delta$Eu值在0.33～0.75之间，显示上地壳物质部分熔融特征。曲线右倾，陡倾，Eu负异常明显。微量元素Be、Ni、Cu、Li、Sr、Nb等元素丰度低于维氏值，而Ta、Hf、Th、Sc元素丰度高于维氏值，Be、Zr元素丰度接近于维氏值。元素中Cs、Sr、Ba变化较大，说明物质较复杂，岩浆来源具壳幔混源物点。

中粒正长-碱长花岗岩与花岗岩（戴里）平均值比较，SiO_2、K_2O含量明显高于平均值，而Al_2O_3、

FeO、MgO、CaO、Na_2O 含量低于平均值，K_2O 均大于 Na_2O，NK 值为 9.27～9.72，表明碱质较高，岩石偏酸性、偏碱性，δ 值为 2.74～3.17，属钙碱性岩石系列，ANKC 值为 0.92～1.04，均小于 1.1。主要表现为弱过铝质岩石。稀土元素总量为 37.939.7×10^{-6}，L/H 值为 4.25～9.55，$(La/Sm)_N$ 值为 3.28～7.18，表明轻稀土具弱—中等的分馏作用，δEu 值为 1.5～2.44，值偏高，表明铕富集。曲线向右倾斜的下滑曲线，Eu 呈正异常。微量元素显示出以 Ta、Hf 含量高为特征，且 Hf 元素丰度高于地壳花岗岩维氏值数十倍，而其他元素含量多低于地壳花岗岩维氏值。

4. 成因及构造背景

钙碱性花岗岩组合岩性为闪长岩-石英闪长岩-花岗闪长岩-似斑状花岗闪长岩-二长花岗岩，主要表现为成分演化序列的特征，早期单元含有大量闪长质暗色包体，其成分、形态、特征表明为温度较高的偏基性玄武质岩浆进入到温度较低的偏酸性花岗质岩浆中发生淬火作用冷却形成，具壳幔混合成因。在 Alther 等提出的 A/MF－C/MF 摩尔比值图解中，样品投影点分布区域同样说明了岩浆物质来源的复杂性和多样性，早期单元均显示具有基性岩的部分熔融特征，晚期单元向上逐渐向变质泥-砂质碎屑岩区域过渡，并逐渐显示变质砂、泥岩部分熔融的来源特征。在 R_1-R_2 图解中一般投影于板块碰撞前—同碰撞区，在 Yb－Y＋Nb 图解中主要集中在火山弧区，个别样品投影于同碰撞区，按照巴巴林(Barbarin，1999)的划分观点，早期单元属于含角闪石的钙碱性 ACG，产生于板块碰撞过程中挤压体制之下，而晚期中粗粒二长花岗岩，一般为准铝质—过铝质，K_2O 含量较高，个别 K_2O 高于 Na_2O，属富钾质钙碱性 KCG，出现在从挤压体制向拉伸体制转变的时期，与大陆碰撞有关，特别是出现在碰撞终止的时候。

花岗岩组合的正长-碱长花岗岩具有高 Si 富 K、贫 Na 低 Ca 的特点，δ 值为 2.74～3.17，属钙碱性岩石系列，ANKC 值为 0.92～1.04，均小于 1.1。主要表现为弱过铝质岩石。轻稀土具弱—中等的分馏作用，δEu 为 1.56～2.44，具有铕富集。在 R_1-R_2 图解所投影的造山期后—造山晚期，属于大陆碰撞末期—碰撞终止期。

综上，该岩浆岩段由早期的钙碱性 GG 组合向晚期的花岗岩组合演化，岩石由基性向酸性、碱性演化。岩浆由钙碱性向偏碱性演化，岩浆来源由幔源至壳幔混源向壳源过渡，构造环境代表了晚二叠世碰撞造山的全过程。

三、晚三叠世—古近纪侵入岩形成、构造环境及其演化

晚三叠世—古近纪侵入岩可以划分为晚三叠世双峰式侵入岩组合、晚三叠世超基性—基性岩墙组合、晚三叠世钙碱性侵入岩组合、早侏罗世钙碱性侵入岩组合、早侏罗世钾质和超钾质侵入岩组合、中侏罗世钙碱性侵入岩组合、中侏罗世过铝花岗岩—强过铝花岗岩组合、早白垩世过碱性—钙碱性花岗岩组合、古近纪基性岩墙组合和过碱性—碱性花岗岩组合。其特征概述如下。

(一)晚三叠世双峰式侵入岩组合

1. 地质特征

该组合主要出露在敦化青林子—汪清南土城子，呈小岩株状侵入其他地质体中，沿北北东向带状展布，岩性由中—细粒辉长岩-碱长正长岩-石英碱长正长岩及-碱长花岗岩组成，其侵入晚二叠二长花岗岩，被早侏罗世花岗岩侵入。其中辉长岩年龄为 224Ma(据牟保磊，1988；K-Ar)、226Ma(据桂纪春，1980；K-Ar)；而吴福元、张艳斌(2003)在青林子地区角闪碱长正长岩侵入体中(FW00-50 号样品)进行同位素测试，其 4 个点的锆石 $^{206}Pb-^{238}U$ 表面年龄平均值为(223±1)Ma。时代可以确定为晚三叠世。

2. 岩石学特征

中细粒辉长岩：黑绿色中—细粒辉长结构，块状构造。矿物成分主要有：斜长石，含量50%～65%，多者可达70%～80%，粒度1～3mm，An值为50～60，多属拉长石，少量中长石，自形—半自形板状，聚片双晶发育，具绢云母化、钠长石化、钠黝帘石化，个别可见磷灰石包体；辉石，含量35%～50%，多数为单斜辉石，少数为斜方辉石-顽火辉石，多呈半自形短柱状和他形粒状分布在长石颗粒之间，多数被纤闪石、黑云母、绿泥石交代，粒度1～4mm不等。副矿物组合类型主要为磷灰石-锆石-榍石-钒钛磁铁矿-钛铁矿。

碱长正长岩：黄褐色中粒结构，块状构造，矿物粒度以2～3mm为主。成分主要为角闪石、碱长石，少量石英、斜长石。碱长石，他形粒状，具反条纹结构和卡氏双晶，含量70%～80%；角闪石，自形—半自形，长柱状—短柱状蓝绿色—浅黄色，为钠闪石，具绿泥石化、绿帘石化，含量10%～15%；石英，他形粒状，占3%～5%；斜长石，含量5%～8%，An值为24，为更长石，呈半自形粒状—他形粒状。副矿物组合类型为锆石-磷灰石-磁铁矿-钛铁矿，锆石为棕褐色，晶内有包体。

石英碱长正长岩：黄褐色中粒结构，块状构造，矿物粒度2～3mm。主要成分：石英，他形粒状，含量5～10%；斜长石，半自形—他形粒状含量5%～8%，为更长石，有聚片双晶，环带构造；碱长石，他形粒状，具卡氏双晶，表面呈高岭土化，含量75%～80%；角闪石，短柱状，具黑云母化、绿泥石化，含量10%±。副矿物组合类型为锆石-磷灰石-磁铁矿，锆石仍以棕褐色为主，少量淡黄色。

中细粒碱长花岗岩：肉红色—褐红色中细粒花岗结构，块状构造。矿物成分：石英，他形粒状1～2mm，含量20%～25%；斜长石，2%～3%，半自形—他形粒状；碱长石含量70%～75%，呈半自形—他形粒状，具条纹结构，卡氏双晶，粒度1～3mm。暗色矿物含量约占5%±，以角闪石为主，少量黑云母，角闪石呈柱状0.5～1mm。副矿物组合类型主要为锆石+磁铁矿+褐铁矿，含有变晶锆石-曲晶石。

3. 岩石化学、地球化学特征

辉长岩SiO_2含量仍较低，但Na_2O、K_2O含量相对偏高，于SiO_2-NK图上明显投影于碱性系列区，岩浆分异程度较差，DI值为21～40，在CIPW标准矿物中除有较高的Di分子外，并出现有Ne分子，而与其他时代基性岩不同，稀土元素总量为120.33×10^{-6}，轻稀土富集，标准化曲线右倾，但形态不完整，说明在重稀土内部也出现分馏现象，δEu值为0.81，具轻微负异常。微量元素与维氏所划分的基性岩相比，除Cr、Ni、Rb、Sr、Ba元素丰度低于维氏值外，大部分元素丰度值偏高；尤其是Zr、Hf、Ta、Tb、Nb等元素高出正常丰度值数倍，其不相容元素高度富集。

碱长正长岩仍表现为SiO_2含量较低，为62.36%，NK值为6.64，SI值为11.22，δ值为2.28，ANKC值为1.17，为碱度较高的中性岩类，属钙碱性系列；稀土元素总量为127.29×10^{-6}，为较高丰度型，δEu值为0.83，表现为轻微负异常，轻稀土富集，标准化曲线右倾，形态不完整，微量元素中Li、Rb、V、W、Ta、Th等元素丰度值较高，而Cr、Ni、Sr、Ba、Sn等元素丰度较低，Rb/Sr值为4.14，说明岩浆分异程度较高。

中粒石英碱长正长岩SiO_2值为69.58%，NK值为7.27，Al_2O_3、CaO、MgO等含量偏低，SI值为10.28，δ值为1.99，ANKC值为0.95，$K_2O\approx Na_2O$，说明岩浆为铝弱不饱的钙碱性系列酸性岩类；稀土元素总量为154.65×10^{-6}，为正常丰度型，轻稀土富集，δEu值为1，无异常，标准化曲线右倾，形态不完整，微量元素丰度值较酸性岩类Cr、Ni、Li、Sr、Nb、Sn等元素丰度偏低，Rb、W、Ta、V、Th等丰度值偏高，Sc、Ba等元素丰度接近维氏值。

中细粒碱长花岗岩SiO_2含量及NK值较高，NK值平均大于N值且大于1，ANKC平均在1.0左右，个别样品大于1.1，δ指数1.8～2.8，为铝弱饱和的钙碱性系列，SI为0.6～2.2，说明岩浆分异程度较高，稀土元素特征表现为其总量 REE 变化较大，总体表现为较低丰度型，δEu 负异常明显，轻稀土富集，分馏较好，轻重稀土内部也存在分馏，表明存在岩浆矿物的结晶分离，稀土标准化曲线右倾，斜率不高。微量元素由于所测试样品分析项目不完全，仅表现为 Cr、Ta、Hf 3 种元素丰度较维氏值高，Ni、Li、Rb、Sr、Ba、V 等元素丰度较维氏值低，其中 $Ta>5\times10^{-6}$，$Hf>10\times10^{-6}$，N>1 等特征与板内类裂谷花岗岩类特征相一致。

4. 成因与构造环境

晚三叠世双峰式侵入岩组合表现为碱性系列特征，侵入体含磷及钒钛磁铁矿，一般认为是基性玄武岩浆结晶分异作用的产物，其与碱性岩共生组合特征表明其形成于大陆裂谷环境，也是区域上由古亚洲构造域转为滨太平洋构造域的标志。

（二）晚三叠世超基性—基性岩墙组合

1. 地质特征

该组合分布在红旗岭—漂河川—獐项一线，镁铁质-超镁铁质岩成群或成带侵入古生代地层之中，其产出形态非常类似于现在经常讨论的岩墙群，形成于 220～215Ma（吴福元，2004；李承东，2007），时代为晚三叠世。岩性为辉橄岩、辉长岩。该套镁铁-超镁铁岩具有堆晶构造，Cu、Ni 矿化发育，著名的红旗岭镍矿产在其中。

2. 岩石学特征

辉长岩：新鲜面为浅灰色、暗灰色—灰白色，中细粒半自形—自形等粒辉长结构，矿物粒度 0.4～1mm，块状构造。主要矿物组成：斜长石，主要为基性斜长石，有时可见到聚片双晶，根据 Np∧(010)的夹角判断其成分为拉长石，含量约占 70%；辉石，主要为斜方辉石，该岩石蚀变较强，以斜方辉石的次闪石化、滑石化，斜长石的绢云母化为主，少量的单斜辉石，两种辉石含量为 15%～20%。辉长岩中常常可见少量金云母出现，呈条带状分布在辉石和斜长石之间，构成暗色条带状构造，暗色矿物可见有尖晶石等。金属硫化物多呈浸染状、细脉状，可见到海绵陨铁结构。

辉橄岩：主要为黑色中细粒，自形—半自形粒状结构和包含结构，块状构造。主要矿物组成：橄榄石，粒状，自形程度稍高，有的颗粒嵌晶在辉石当中，形成包橄结构，在橄榄石边部有时可见到辉石的反应边，含量 40%～70%；斜方辉石，自形程度略差，多处见有蠕虫状结构，含量 30%～55%，此外还见有斜长石以拉长石为主，粒度 0.5～1.2mm，棕色角闪石。金属硫化物分布均匀，岩石类型中多见有海绵陨铁结构。次要矿物为金云母等。有时蚀变较强，以橄榄石的蛇纹石化为主，部分辉石已完全蚀变为次闪石，有的转变为滑石，仅保留辉石的初始形态，斜长石有绢云母化现象。

3. 岩石化学特征

辉长岩的岩石化学特点为低硅、碱，富铁、钙、镁。在 CIPW 标准矿物计算中出现较高的顽火辉石、斜铁辉石、紫苏辉石、橄榄石、镁铁橄榄石等标准矿物。长石牌号 70～80。标准矿物定名为辉长岩-二长辉长岩。分异指数 DI 在 14～23 之间，其值较低，表明其基性程度较高，为橄榄岩-玄武岩间的分异指数值，固结指数 SI 值为 41.7～47.91，其值大于 40，为上地幔原始岩浆的固结指数值；MF 值低，为 0.42～0.56，ANCK 值为 0.50～0.67，小于 1.1，表明其岩浆物质来源较深，为上地幔。

辉橄岩的岩石化学特点为低 Si、Al、碱，富 Fe、Ca、Mg。在 CIPW 标准矿物计算中出现较高的顽火辉石、斜铁辉石、紫苏辉石、橄榄石、镁铁橄榄石等标准矿物。长石牌号 69～77。标准矿物定名为苏长岩-二长辉长岩。分异指数 DI 在 14～13 之间，其值较低，表明其基性程度较高，接近苦橄岩的分异指数值，固结指数 SI 值为 62.52～63.84，大于 40，为上地幔原始岩浆的固结指数值；MF 值低，为 0.33～0.34，ANCK 值为 0.69～0.91，其值较小，表明其岩浆物质来源较深，为上地幔。

4. 成因与构造背景

该构造岩石组合含有较高的铂族元素，同时产铜镍矿床，物质来源于原始地幔，一般认为其构造背景有：①地幔柱活动引发的幔源岩浆活动；②造山作用晚期由于岩石圈拆沉导致软流圈上涌引起岩石圈地幔熔融。发育在晚二叠世—早三叠世造山之后，总体上仅东西向展布，空间上与碰撞拼合带接近，同时与同时代含煤相伴出现，反映了晚二叠世—早三叠世碰撞造山的后造山崩塌作用的产物。

（三）晚三叠世、早侏罗世和中侏罗世钙碱性侵入岩组合

1. 地质特征

晚三叠世钙碱性侵入岩组合广泛分布在吉林省南部和东部地区，在吉林省东部地区太平岭-英额岭构造岩浆岩亚带组成了珲春-老黑山晚三叠世侵入岩带，在吉林省南部的辽吉东部构造岩浆岩亚带发育有苇沙河-复兴屯岩体群，小兴安岭-张广才岭构造岩浆岩亚带北段的敦化黄泥河—塔东地区也有零星出露。岩性组合为闪长岩-石英闪长岩-花岗闪长岩-似斑状花岗闪长岩-二长花岗岩，各岩性间穿插关系明显。吉南地区苇沙河岩体中细粒石英闪长岩锆石 U-Pb 谐和年龄为(217±7)Ma(天津，TIMS)、岔信子岩体似斑状二长花岗岩锆石 U-Pb 谐和年龄值为(216±6)Ma、龙头岩体似斑状二长花岗岩颗粒锆石谐和年龄为(217±9)Ma、(203±9)Ma、复兴屯岩体闪长岩的全岩 K-Ar 法年龄值为 213.68Ma，单矿物黑云母 K-Ar 法年龄值为 203.03Ma、213.68Ma。近年来，中国科学院吴福元教授、张艳斌等(2004)在珲春-东宁大盘岭、雪带山、七十二个顶子、闹支沟等岩体采集了众多的测年数据，年龄值分布在218～203Ma 之间，均显示为晚三叠世。

早侏罗世钙碱性侵入岩组合较晚三叠世钙碱性侵入岩组合出露更为广泛。在吉林省东部地区太平岭-英额岭构造岩浆岩亚带组成了和龙-汪清早侏罗世侵入岩带，在吉林省中部小兴安岭-张广才岭构造岩浆岩亚带北段组成了桦甸-张广才岭早侏罗世侵入岩带。岩性组合同样为闪长岩-石英闪长岩-花岗闪长岩-二长花岗岩，吴福元、张艳斌、孙德有等(2004)在上述两个侵入岩带进行了系统的同位素年代学研究，目前搜集的高精度锆石 U-Pb 测年 18 个样品，年龄值在 196.1～185.8Ma 之间，时代均为早侏罗世。

中侏罗世钙碱性侵入岩组合较早侏罗世钙碱性侵入岩组合明显减少。在吉林省中部辽源—蛟河上营一线，其侵入前中生代地层及早侏罗世钙碱性侵入岩组合，在辽源地区被晚侏罗世德仁组不整合覆盖。岩性组合同样为闪长岩-石英闪长岩-花岗闪长岩-二长花岗岩。其中西丰大三家子石英闪长岩中获得 2 个锆石 SHRIMP 年龄，分别为(174±3)Ma、(175±6)Ma；在辽源山湾二长花岗岩获得 SHRIPM 年龄为(171±6)Ma；在上营一带花岗闪长岩中获得 LA-ICP-MS 年龄为 176Ma；在吉林市北山二长花岗岩中获得 LA-ICP-MS 年龄为 174Ma。上述地质特征及同位素年代学资料均表明该侵入岩带时代为中侏罗世。

2. 岩石学特征

闪长岩：岩石呈灰黑色，中细粒半自形粒状结构，块状构造。主要由斜长石、钾长石、角闪石、黑云母及少量石英等组成。斜长石，板柱状，半自形—他形，可见聚片双晶，均绢云母化，部分被钾长石交代，可见交代蠕虫结构，缝合线结构，An=27—35，为中长石，粒度 1～3mm，含量 40%～45%；钾长石，呈不规则状，与其他矿物共生或交代斜长石，为同期岩浆结晶之产物，粒度 0.5～2.0mm，含量 5%～15%；角闪石，柱状，自形—半自形，均绿泥石，粒度 1～3mm，含量 10%～15%；黑云母，黄绿色片状，已绿泥石化，

含量10%～15%；石英为他形粒状，含量3%～7%。副矿物为锆石、磷灰石、磁铁矿、榍石及钛铁矿、黄铜矿、方铅矿等。副矿物组合类型为锆石-榍石型。

中细粒石英闪长岩：岩石为灰色，中细粒结构，不等粒结构，块状构造。主要矿物组成：斜长石，为白色，板柱状，自形—半自形，具绢云母化，环带结构，环带中心蚀变较强，An值为31～36，为中长石，粒度0.3～3mm，含量50%～60%；钾长石，团块状，局部交代斜长石或具斜长石、黑云母包体；黑云母，黄绿色，具绿泥石化，含量10%～15%；角闪石，黄绿色，长柱状，半自形—他形，具绿泥石化，柱长0.5～2.0mm，含量10%～15%；石英，他形粒状，含量10%。副矿物为锆石、磷灰石、磁铁矿、黄铁矿、榍石、角闪石、方铅矿。副矿物组合类型为锆石-磷灰石-黄铁矿型。

中细粒花岗闪长岩：灰白—浅肉红色，中细粒花岗结构，块状构造。主要矿物组成：钾长石，为微斜长石，半自形—他形，具格子双晶，交代斜长石形成熔蚀蠕虫结构及港湾结构，含量15%～10%；斜长石，半自形，板状、不规则粒状，聚片双晶发育，表面高岭土化及绿帘石化，An值为25～29，含量55%～60%；石英，他形粒状，波状消光，分布于长石类矿物之间，含量25%～30%；黑云母，片状，橙黄色，星散分布于粒状矿物之间，含量少，此外尚见有少量不规则状分布且已部分蚀变为黑云母化的角闪石。副矿物为锆石、磷灰石、磁铁矿、黄铁矿、榍石。副矿物组合类型为榍石-磁铁矿型。

似斑状花岗闪长岩：灰绿色—浅粉红色，似斑状结构，块状构造。斑晶为钾长石，一般在0.5～1.0cm之间，大者为1.5～3.0cm，分布不均匀，局部集中呈团块，斑晶含量10%～15%；基质为中粗粒花岗结构，斜长石半自形—自形板状，环带结构发育，表面强高岭土化、绢云母化，An值为34，含量为45%～50%；钾长石为微斜长石，粒状及浑圆状，表面干净，具格子双晶，部分交代斜长石，形成交代蠕虫结构，含量15%～20%；石英，他形粒状，分布在长石之间，含量20%左右；角闪石，半自形柱状，多色性强，充填于其他矿物之间，含量10%～15%，副矿物为磷灰石和榍石等。

二长花岗岩：新鲜面浅肉红色，中粗粒花岗结构。矿物由石英、斜长石、碱性长石以及黑云母构成。石英，大于20%，呈他形粒状充填；斜长石30%～35%，呈半自形板状，粒度2～5mm，个别大于5mm，有轻微的绢云母化；碱性长石30%～35%左右，呈不规则状、粒状，粒度2～5mm，具卡氏双晶和条纹结构，见有包裹斜长石现象；黑云母，呈片状，含量2%～3%。副矿物组合类型为磁铁矿-磷灰石-锆石型。

3. 岩石化学、地球化学特征

闪长岩中各种氧化物含量与中国主要岩浆岩中同类岩性平均值相比，SiO_2、Na_2O、K_2O、Fe_2O_3均低于平均值，而Al_2O_3、FeO、MgO、CaO等含量均高于平均值。石英闪长岩化学成分与中国主要岩浆岩中同类岩石比较，氧化物的含量及变化特点与闪长岩相似，SiO_2、Na_2O、K_2O均低于平均值，而Al_2O_3、FeO、MgO、CaO等含量均高于平均值，反映岩石贫Si、碱而富Fe、Mg的特点。花岗闪长岩、二长花岗岩与同类岩性平均值相比，SiO_2均高于平均值，Na_2O、K_2O含量变化较大，多高于平均值，少部分小于平均值，而Al_2O_3、FeO、MgO、CaO等含量多低于平均值，显示出岩石偏酸性。ANKC值花岗闪长岩多小于1.0，为偏铝质岩石，只是大荒沟岩体过铝指数较高，ANKC为1.11～1.32。标准矿物出现刚玉(C)，显示出强过铝质岩石的特点。而二长花岗岩ANKC值多在1.0～1.1之间，标准矿物均出现C值，反映弱过铝质岩石的特点。

闪长岩、石英闪长岩、花岗闪长岩、二长花岗岩化学指数DI分别为23.74～45、47.84～63.4、63.77～82.22、82.5～96.65。而SI值分别为28.22～39.71、15.64～22.74、8.44～21.39、1.12～6.6，显示出岩石随着酸度的增高而分异越好。δ值在0.8～3.5之间变化，ANKC值为0.65～1.07，均小于1，显示出钙碱性系列过铝质岩石或偏铝质岩石的特点。

闪长岩稀土元素总量为$(40.59\sim144.4)\times10^{-6}$，含量变化范围较宽，个别点含量较高，反映其在岩石中分布的不均一性。LREE/HREE为3.12～10.05，轻稀土富集，δEu值为0.82～1.72，模式曲线为右倾下滑曲线，斜率较小，倾斜较缓。石英闪长岩REE在$(144\sim150)\times10^{-6}$之间，LREE/HREE为5.18～9.38。曲线形态与闪长岩一致，花岗岩岗闪长岩REE为$(83.44\sim220.77)\times10^{-6}$，LREE/HREE为6.18～11.31，均变化较大，显示出轻稀土富集的特点。δEu在0.53～0.82之间，铕略有亏损。曲线形态与闪长岩、石英闪长岩相同，其平行性较好。二长花岗岩REE为$(85.61\sim177.06)\times10^{-6}$，多数样品在$150\times10^{-6}$以上，LREE/HREE值为5.45～17.15，变化较大，为轻稀土富集型花岗岩。δEu为0.26～0.73，亏损明显。稀土配分曲线为向右倾斜的海鸥形，Eu元素负异常，呈"V"形谷。

4. 成因及构造背景

三期钙碱性侵入岩组合从早至晚主要表现为由中性岩向酸性岩的成分变化，随着化学成分中硅、碱总量逐渐增加，而铝、钙、铁、镁含量则减少。在Pearce花岗岩构造环境判别图上，样品均落于火山弧区，其中少量样品落在该区的边部，靠近同碰撞区，具火山弧花岗岩和同碰撞花岗岩的双重特征。岩石化学、地球化学参数均反映出同熔型花岗岩的特点。按照巴巴林(Barbarin，1999)的划分观点，该时期较早阶段形成的花岗岩类的矿物组合及地球化学特征为含角闪石钙-碱花岗岩类(ACG)，其围岩有一定的变形，表明岩体对围岩有压缩作用，进而揭示岩体的形成是通过向四周扩展、膨胀，压缩围岩而获得空间定位。岩体内富含大量微粒镁铁质包体这一现象真实记录了岩浆侵吞机制的存在，而晚阶段二长花岗岩则为富钾钙碱性花岗岩类(KCG)，侵位机制以构造扩展机制为主，反映了古太平洋板块向联合的欧亚板块发生的3次俯冲事件所形成的岩浆弧的叠加。

(四)早侏罗世钾质和超钾质侵入岩组合

1. 地质特征

早侏罗世钾质和超钾质侵入岩组合不发育，仅见汪清市大顶子山、蛟河天桥岗两个侵入体，岩石类型为碱长花岗岩。该岩体侵入到早侏罗世钙碱性侵入岩组合中。其中蛟河天桥岗岩体锆石U-Pb年龄为187Ma(LA-ICP-MS，孙德有，2000)，时代为早侏罗世。

2. 岩石学特征

碱长花岗岩：岩石新鲜面肉红色，花岗结构，主要由石英、斜长石、碱性长石以及角闪石、黑云母构成。石英，大于20%，呈不规则状，他形粒状；斜长石20%左右，略呈半自形板状，不规则状、粒状，粒度大部分1～2mm，少部分大于2mm，有绢云母化现象；碱性长石，50%～55%，呈不规则状、粒状，粒度2～5mm，少部分1～2mm，具格子双晶和条纹结构，边缘不整齐，有粒化现象，局部见有包裹斜长石；黑云母，1%～2%，呈片状，角闪石5%～6%，呈柱粒状，局部退变成黑云母。副矿物组合为磁铁矿-榍石-锆石型，于副矿物中同时见少量的磷灰石、黄铁矿、钛铁矿等。

3. 岩石化学、地球化学特征

碱长花岗岩与中国主要岩浆岩中的花岗岩相比，SiO_2近于或高于平均值，Na_2O含量高于平均值，而Al_2O_3、MgO、K_2O、Fe_2O_3、CaO等氧化物含量均低于平均值，Na_2O氧化物含量均大于K_2O。

闪长岩、花岗闪长岩、二长花岗岩、碱长花岗岩化学指数δ值为1.57～2.95，为钙碱性花岗岩，分异指数DI分别为29.11～69.31、60.87～88.5、86.12～97.22、86.94～87.22，固结指数SI分别为14.11～37.91、10.64～16.65、0.66～10.6、4.58～4.6，表明闪长岩分异较差，而二长花岗岩、碱长花岗岩分异较好。

碱长花岗岩稀土总量较高，稀土元素总量为$(197\sim346.07)\times10^{-6}$，L/H值在4.36～14.64间变

化，轻稀土富集，δEu 值为 0.33～0.71，铕亏损明显，稀土配分曲线为向右倾斜明显的负 Eu 异常。曲线左半部分较陡，表明轻稀土有较高的分馏，右半部分近于平缓，重稀土分馏不明显。

4. 成因及构造背景

从岩石化学特征来看，具有高 Si 富碱、贫 Mg 低 Ca 的特点，属于铝过饱和的钙碱性系列，岩浆分异程度较高。其 NK 值均接近或大于 8。稀土总量较高，δEu 值在 0.33～0.71 之间，铕亏损明显，其总体表现为后造山 A 型花岗岩的特征，与在 R_1-R_2图解所投影的造山期后—造山晚期结果相一致。但岩石化学显示 $Na_2O>K_2O$，稀土元素标准化曲线右倾，斜率较高，其岩石地球化学特征也有一定差异，具有岛弧型岩浆岩的特点，推测其为岛弧型钙碱性侵入岩组合晚期演化的花岗岩组合。

（五）中侏罗世过铝花岗岩—强过铝花岗岩组合

1. 地质特征

中侏罗世强过铝花岗岩组合主要分布在白山市遥林—临江市梨树沟以及敦化黄泥岭—安图东清等地，岩性组合为黑云母花岗闪长岩-二长花岗岩-二云母花岗岩-含榴白云母二长花岗岩。黄泥岭黑云母花岗闪长岩锆石 U-Pb 年龄为(153±2)Ma、(158±3)Ma(张艳斌等，2003)，小黄泥河二长花岗岩锆石 U-Pb年龄为 152.1Ma(据刘大占，1991)，东清沟二云母花岗岩锆石 U-Pb 年龄(155±1)Ma、(158±2)Ma、(153±1)Ma(张艳斌，2003)，遥林含榴白云母二长花岗岩锆石 U-Pb 年龄(165±1)Ma。时代为中侏罗世。

2. 岩石学特征

中细粒黑云母花岗闪长岩：灰白色，中细粒花岗结构，块状构造。粒度 1.5～3.0mm，斜长石含量 50%，碱性长石含量 20%，石英含量为 25%，黑云母 3%。副矿物种类较少，含量较低，可见有少量黄铁矿、褐铁矿等。其组合类型为锆石-磷灰石-磁铁矿型。

中细粒二长花岗岩：肉红色，中细粒花岗结构，块状构造。斜长石，半自形柱状，An 值为 26，有序度 0.85，轻微的绢云母化，个别晶体具环带构造，柱面长 2.5～3.0mm，长宽比 2∶1，含量 45%；碱性长石，为他形粒状，裂纹较发育，有交代和包裹斜长石现象，粒径 2～5mm，含量 30%；石英，为他形粒状，多成堆状出现，集合体内部锯齿状，缝合线构造发育，强烈波状消光，粒径多在 1mm 以上，含量 20%；黑云母，为鳞片状，边缘部分不整齐，具轻微的绿泥石化，含量 3%～5%。副矿物种类少，含量低，组合类型为锆石-磷灰石-磁铁矿型。

中细粒二云母二长花岗闪长岩：肉红色，中细粒花岗结构，块状构造，粒度 1～3mm。石英，他形粒状，28%～30%；斜长石，10%～15%，半自形板柱状；钾长石，50%～55%，半自形—他形粒状；白云母，小片状；黑云母，5%，片状，岩石中含少量石榴石。副矿物组合类型为磁铁矿-榍石-锆石-白云母。

中细粒含榴白云母二长花岗岩：半自形粒状结构，主要矿物组成：石榴石为红色自形，无包裹体的小粒状，含量 2%～5%；斜长石为半自形板状，聚片双晶发育，偶见环带，35%～40%；钾长石斑晶常为卡斯巴双晶的半自形晶体，包裹斜长石，基质钾长石为他形，含量 20%～25%；石英为不规则状，含量 30%～35%；白云母 5%～10%，部分钾长石和白云母为斑晶，斑晶含量约占 15%。副矿物组合类型为锆石-榴辉石-石榴石。

3. 岩石化学、岩石地球化学特征

中细粒黑云母花岗闪长岩岩石化学与同类岩石化学平均值比较(戴里)SiO_2、K_2O、Na_2O 含量偏高，

而 MgO、CaO 则偏低。ANKC 值为 1.0～1.23，为钙碱性系列，过铝质岩石。稀土含量偏高，轻稀土富集，具铕亏损，稀土配分曲线为明显的右倾型。

二长花岗岩化学成分 SiO_2、K_2O、Na_2O 含量均较高，而 CaO、MgO 含量则偏低，岩石酸度较大。ANKC 值均大于 1，显示为过铝质岩石。稀土元素总量较低，铕略有亏损，模式曲线为右倾型。

中细粒二云母二长花岗闪长岩 SiO_2、Al_2O_3 含量较高，K_2O 较低，δ 值为 1.6～2.54，属钙碱性岩浆系列，ANKC 值为 0.97～1.26，多大于 1.1，反映 S 型花岗岩特征。稀土元素总量中等，变化较大，轻重稀土比值变化也较大，Eu 略亏损。

岩石化学分析显示 SiO_2 含量较高，为 76.22%，K_2O、Na_2O 含量较高，而 MgO、CaO 含量则较低。ANKC 值为 1.3，NK 值为 8.22，表明岩石为强过铝质岩石。稀土元素分析显示稀土总量较低，为 60.72×10^{-6}，轻稀土比值较低，L/H 值为 2.55，La/Yb 值为 6.54，$(La/Sm)_N$ 值为 4.54，轻重稀土分馏作用较弱，δEu 为 0.53，右倾，平缓，具 Eu 负异常。

微量元素特征显示 Ba、Sr 较低，Zr、Hf 中等，Rb、Nb 较高。

4. 成因及构造背景

中侏罗世过铝花岗岩-强过铝花岗岩组合根据传统按 ANKC 值划分方法，绝大部分岩石属于所谓的 S 型花岗岩。但在 Na_2O-K_2O 关系图中，主要投影于 I 型花岗岩区，于 R_1-R_2 图中投影于同碰撞区，少数投影于造山晚期区间。岩石类型早期为一套高钾钙碱性岩石（KCG）；晚期则为一套含白云母的过铝质岩石（MPG），因此可以推断该岩石构造组合应该是同期钙碱性岩浆高度分异的产物。

（六）早白垩世过碱性—钙碱性花岗岩组合

1. 地质特征

早白垩世侵入岩主要沿鸭绿江构造带、敦密构造带、伊舒构造带两侧呈岩株状侵入到不同地质体中，岩石类型极为复杂，主要有闪长岩-石英闪长岩、花岗闪长岩、二长花岗岩（晶洞）-碱长花岗岩等。大量同位素年龄资料显示其形成于早白垩世，侵位时限为 139～119Ma。

2. 岩石学特征

闪长岩-石英闪长岩：新鲜面为灰白色—灰黑色，细粒粒状结构，矿物粒度为 1～3mm，块状构造。主要矿物组成：斜长石半自形板状，灰白色，含量 50%～70%；暗色矿物 20%～40%，主要为片状黑云母和长柱状角闪石，两者间黑云母多与角闪石。

花岗闪长岩：风化面为灰褐色，新鲜面为灰白色—浅肉红色，中粒花岗结构，矿物粒度在 2～4mm，块状构造。主要矿物组成：斜长石半自形板状，灰白色，含量 45%～50%；钾长石为肉红色，半自形宽板状，含量 15%；石英为白色，他形粒状，含量 25%～20%，暗色矿物 10%～15%，主要为片状黑云母（5%～10%），和长柱状角闪石（约 5%）。

二长花岗岩：新鲜岩石为灰白色，中粒含斑花岗结构，块状构造。主要矿物组成：斜长石半自形板状，聚片双晶和环带发育，含量 35%～40%，钾长石宽板状为主，常见简单双晶和格子双晶，并包裹其他矿物，少量为不规则粒状，含量 25%～30%；石英多为不规则粒状或他形粒状，含量 25%～30%；暗色矿物为角闪石，黑色—蓝绿色长柱状，含量 1%～2%，黑云母呈褐黑色片状，含量 2%～3%。副矿物由锆石、磷灰石、磁铁矿、黄铁矿、石榴石、独居石、白云母和绿帘石等组成。

（晶洞）碱长花岗岩：新鲜面为肉红色，中细粒花岗结构，矿物粒度 1～3mm，晶洞状构造，晶洞大小在 2～4mm，晶洞内肉眼可见水晶小晶簇。主要矿物组成：斜长石半自形板状，有绢云母化现象，局部形成显微文象的核心，含量 10%～15%；碱性长石为肉红色，不规则状，部分为粒状与石英形成显微文象结构，具高岭土化现象，含量60%～65%；石英他形粒状充填，部分充填于碱性长石中形成似甲骨文状，含量25%～30%；暗色矿物为片状黑云母，含量小于1%，有退色现象。镜下为显微文象花岗岩。副矿物组合特征：锆石、磷灰石、磁铁矿、黄铁矿、锐钛矿、赤铁矿、金红石、钍石、磁化磁铁矿及绿帘石等。副矿物组合类型为锆石-磁铁矿型。

3. 岩石化学、岩石地球化学特征

如同早白垩世花岗岩类型复杂一样，其岩石化学变化也较大：SiO_2 为53.37～77.31，Al_2O_3 为12.1～18.22，MgO为0.02～3.94，CaO为0.12～8.45，Na_2O 为2.96～4.89，K_20 为1.57～5.09，均值钠略大于钾，属于钠质系列。在标准矿物计算中出现Q、Or、Ab、An、Hy、Mt、Di、En、Fs标准矿物分子，个别样品出现富铝标准矿物刚玉(C)，其均值小于1.0，组合指数 δ 为1.74～3.2，为钙碱性岩石，DI为42～97.07，为中性—酸性花岗岩的分异指数值，反映其经历了较高程度的分异演化作用，SI为0.18～22.74，其值略低，FL为38.1～98.72，其值略高，表明岩石为中性—酸性岩类，ANKC为0.79～1.28，其均值为1.06，小于1.1，A/NK为1.05～2.38。

稀土元素总量为59.24～241.44，L/H为6.55～24.68，δEu为0.05～3.14，其值低，在熔融过程中，残余相中有大量斜长石存在，分离结晶作用过程中，斜长石的大量晶出使得熔体中形成明显的Eu负异常；$(La/Yb)_N$ 标准化比值为6.15～36.08，其值大于1，稀土曲线、轻重稀土为右倾型，具较强的铕亏损，$(La/Sm)_N$ 标准化比值为2.91～12.99间，其值大于1，富集轻稀土，具中等分馏程度，$(Gd/Yb)_N$ 标准化比值为0.78～2.47，其均值大于1，重稀土富集程度略高。

微量元素蛛网图中显示Rb、Ba、Th、Ni和Zr富集，Sr、Nb、Ta、Co及Hf亏损，尤其是Ta亏损强烈。

4. 成因及构造背景

早白垩世侵入岩一般呈小岩株或岩脉状产出，受北东向深大断裂控制，为构造扩展的被动就位机制，侵位于地壳表带。岩石成因以I型为主，而后发展为强过铝质岩石，最后发展为过碱质花岗岩类，为A型花岗岩，而A型花岗岩产生的构造环境目前较肯定的是拉张环境，该花岗岩的形成与太平洋板块俯冲有关。由于中生代太平洋板块俯冲，中国东部产生强烈的造山作用，于100～120Ma发生岩石圈板片的断离，同时岩石圈地幔物质上涌引起大陆岩石圈拉张减薄，产生A型花岗岩，其动力学背景皆表现出强烈的拉张构造环境。

(七)古近纪基性岩墙组合

古近纪基性岩墙组合仅出露在敦密构造带内，呈岩墙、岩脉状侵入不同地质体中，岩石类型为始新世辉长岩、辉绿玢岩，含有橄榄辉长岩暗色包体。该类型岩石与基性岩相比，SiO_2、Na_2O、K_2O 含量明显偏高，MgO、CaO含量明显偏低，SI指数为5.57，DI指数为75.19，CI指数为22.2，说明已经历了一定的分异和演化历程，在 SiO_2-NK图上投影点倾向于碱性系列区域，稀土分析测试结果显示该单元稀土总量为较高丰度型，REE为 290.92×10^{-6}，分馏中等，δEu异常不明显，标准化曲线为右倾型，斜率不高。与维氏所划分的基性岩相比，除Cr、Ni、Sr、V、Se元素丰度较低外，其他元素丰度均高于维氏值或接近维氏值。岩浆来源于地幔，形成于受太平洋板块活动导致近北东向平行分布的深大断裂或裂谷环境。

(八)古近纪过碱性—碱性花岗岩组合

古近纪过碱性—碱性花岗岩组合仅出露在敦密构造带内及其两侧，呈小岩株状侵入不同地质体中，岩石类型为始新世霓霞正长岩，同位素年龄31Ma(SHRIMP)、32Ma(K-Ar)。岩石化学统计结果显示，

岩石明显具有低 Fe、Mg，富 K、Na 特征，NK 值为 13.19，DI 为 60.67，SI 为 0.43，说明岩浆分异程度较好，δ 指数及 SiO_2-NK 图解上投影点表明其为碱性系列特征；稀土分析测试结果显示，稀土总量为较高丰度型，REE 为 836.88×10^{-6}，明显轻稀土富集，具极强的 Eu 负异常，δEu 为 0.13，其稀土标准化曲线斜率较高，显示分馏程度较好；与维氏值相比，该单元 Li、Rb、Nb、Ta、Zr、Hf、Th 元素略偏高 Cr、Ni、V，元素相对偏低，图谱特征与板内花岗岩类特征相近，尤其是该单元 Zr、Hf、Ta、Nb 4 项元素的丰度值远远高于正常的碱性、过碱性岩类，与板内裂谷环境的正长岩-粗面岩类相当。其 I_{Sr}＝0.7063～0.7033，εEd(t)＝0.67～0.85，表明岩浆来源于已被新生软流圈型地幔所取代的岩石圈地幔。

第五节　侵入岩岩石构造组合与成矿的关系

一、前晚三叠世侵入岩与成矿关系

前南华纪侵入岩与成矿作用主要与基性岩墙组合有关，见有 2 期成矿事件。

1. 古元古代超基性—基性岩墙组合铜镍矿

以赤柏松非造山岩浆杂岩亚相侵位为标志，古元古代晚期裂谷开始发育。该岩浆杂岩主要分布在辽吉裂谷北西侧赤柏松—三棵榆树一带，以岩墙群形式出现。岩石类型为变质辉绿辉长岩、辉长岩、橄榄苏长辉长岩、斜长二辉橄榄岩等。岩体总体走向 5°～10°，呈岩墙状产出，长约 4800m，宽 40～140m，沿走向具膨缩现象，斜向南东东，倾角 55°～86°，其中赤柏松 1 号岩体主体相二辉橄榄岩锆石 U-Pb 年龄值为(2136±18)Ma(LA-ICP-MS)。其中规模较大的分异较好的岩体如赤柏松 1 号岩体发育有岩浆熔离型铜镍矿。

2. 晚古生代超基性—基性岩墙组合铜镍矿铬矿

头道沟-采秀洞蛇绿构造混杂岩带残留有数量较多的镁铁-超镁铁构造残留体，同位素年龄 360～250Ma，多个岩体具有岩浆融离的铬铁矿化，但品位较低，规模较小，工业意义不大。

二、晚三叠世侵入岩与成矿关系

1. 与晚三叠世超基性—基性岩墙组合铜镍矿

晚古生代末期—早三叠世硅铝壳造山使陆壳加厚，在造山抬升上隆的过程中，发生垮塌作用，促使一次新的地幔物质上涌，大量镁铁-超镁铁岩侵入到红旗岭—漂河川—獐项一带。形成于 215Ma 左右(吴福元，2004)，时代为晚三叠世。岩浆结晶分异较好的岩体发生岩浆熔离作用，形成铜镍矿床。其中磐石市红旗岭是我国重要的铜镍资源基地；漂河川岩体群和獐项岩体群也都有铜镍矿床发现。代表性矿床有红旗岭镍矿、獐项镍矿等。

2. 晚三叠世双峰式侵入岩组合的钒、铁、磷矿

晚三叠世吉林省东部发生岩石圈拆沉，其代表性标志是敦化青林子-汪清南土城子镁铁质岩带的出

现,带内有镁铁质岩体近10个,一般为碱性辉长岩,个别分异较强的岩体见有石英二长闪长岩、碱长花岗岩。岩石以含V、Ti、P为特点,同位素年龄224Ma,其中个别岩体发育岩浆熔离钒钛磁铁矿矿体,磷灰石含量较高,可以作为伴生矿产,代表性矿产地如青林子、南土城子铁钒矿点。

3. 与晚三叠世以来的钙碱性侵入-火山杂岩有关的贵金属、有色金属矿产

吉林省中东部广泛发育晚三叠世—早白垩世钙碱性侵入-火山杂岩,矿产资源丰富,吉林省主要贵金属、有色金属矿产均与其有关。其中晚三叠世—中侏罗世早期碰撞火山-侵入杂岩,主要有火山岩型金矿(官马、刺猬沟/五凤等)、隐爆角砾岩型铅锌矿(新兴、天宝山等)、火山热液型锑矿(三合),特别是斑岩型钼矿是吉林省最具资源潜力的矿产,目前已经发现有大黑山、季德屯、福安堡、大石河等大型—超大型钼矿近10处,找矿潜力巨大。其中有官马金矿[含矿火山岩Rb-Sr等时线年龄(222±10)Ma、矿石K-Ar稀释法定年龄193.6Ma]、新兴铅锌矿(隐爆角砾岩白云母K-Ar年龄224Ma)、三合锑矿[含矿火山岩全岩Rb-Sr等时线年龄(180.7±6.47)Ma]、刺猬沟金矿(矿体围岩安山岩Ar-Ar年龄176.3Ma、I号矿体Ar-Ar年龄170Ma),斑岩型钼矿分布在185～165Ma之间,大黑山钼矿含矿斑岩锆石U-Pb(SHRIMP)年龄为175Ma、福安堡钼矿辉钼矿Re-Os同位素测年为166Ma、大石河钼矿辉钼矿Re-Os同位素测年为180Ma。中侏罗世晚期—早白垩世延边珲春地区斑岩型钨、金矿产在吉林省具有特殊位置,目前已经发现的小西南岔金铜矿、杨金沟钨矿在省内均具有重要位置。其中有五凤金矿(矿体围岩安山岩Rb-Sr等时线年龄(144±7)Ma,矿石年龄本区未测定,但在近邻闹枝金矿可能存在同一期金的成矿作用,其矿石铅-铅年龄140Ma)、闹枝金矿[次安山岩全岩Rb-Sr等时线年龄(130±2)Ma、矿石石英包体Ar-Ar法中子活化年龄127.8Ma]、香炉碗子金矿(早期隐爆角砾岩K-Ar年龄161.49～171.11Ma、矿体蚀变围岩水云母K-Ar年龄157.29Ma;晚期霏细斑岩或流纹斑岩K-Ar年龄124Ma,并发现金矿化,应视为第二期金的成矿作用)、二密铜矿(隐爆角砾岩蚀变岩K-Ar年龄95Ma)等。

第五章　变质岩岩石构造组合

第一节　变质岩时空分布及变质单元划分

吉林省的变质岩系可以划分为华北东部陆块变质域和佳木斯-兴凯地块南缘变质域。

一、华北东部陆块变质域

华北东部陆块变质域包括华北东部太古宙—古元古代变质区、华北东部陆块陆缘元古宙—古生代变质区。其中前者为前寒武纪变质结晶基底，包括龙岗-和龙中-新太古代变质带和辽吉古元古代变质带；后者为为活动大陆边缘变质区，为龙岗-和龙地块北缘元古宙—古生代变质带。

1.龙岗-和龙中-新太古代变质带

龙岗-和龙中-新太古代变质带的变质单元主要为中太古代龙岗岩群、变质英云闪长质-奥长花岗质-花岗闪长质片麻岩；新太古代南岗岩群和夹皮沟岩群；新太古代变质 TTG 和变质花岗岩(表 5-1-1)。

表 5-1-1　龙岗-和龙中-新太古代变质带变质单元划分表

<table>
<tr><th colspan="5">变质地质单元名称</th><th colspan="4">岩石填图单位及代号</th></tr>
<tr><th>Ⅰ级</th><th>Ⅱ级</th><th>Ⅲ级</th><th colspan="2">Ⅳ级</th><th colspan="2">群、岩群</th><th colspan="2">组、岩组</th></tr>
<tr><td rowspan="9">华北陆块变质域</td><td rowspan="9">华北东部太古宙—古元古代变质区</td><td rowspan="9">龙岗-和龙中-新太古代变质带</td><td colspan="2" rowspan="3">新太古代变质花岗岩</td><td colspan="4">紫苏花岗岩</td></tr>
<tr><td colspan="4">变钾长花岗岩</td></tr>
<tr><td colspan="4">变二长花岗岩</td></tr>
<tr><td colspan="2">新太古代变质 TTG</td><td colspan="4">石英闪长质-英云闪长质-奥长花岗质片麻岩</td></tr>
<tr><td rowspan="2">和龙地体新太古代变质表壳岩</td><td rowspan="2">夹皮沟地体新太古代变质表壳岩</td><td rowspan="2">南岗岩群</td><td rowspan="2">夹皮沟岩群</td><td>官地岩组</td><td>三道沟岩组</td></tr>
<tr><td>鸡南岩组</td><td>老牛沟岩组</td></tr>
<tr><td colspan="2">中太古代变质 TTG</td><td colspan="4">变质英云闪长质-奥长花岗质-花岗闪长质片麻岩</td></tr>
<tr><td colspan="2" rowspan="2">中太古代变质表壳岩</td><td colspan="2" rowspan="2">龙岗岩群</td><td colspan="2">杨家店岩组</td></tr>
<tr><td colspan="2">四道砬子河岩组</td></tr>
</table>

2. 辽吉古元古代变质带

辽吉古元古代变质带的变质单元主要为光华岩群、集安岩群和老岭岩群。其中光华岩群分布在通化市光华一带，可以划分为双庙岩组、同心岩组；集安岩群主要分布在通化市金厂—集安市复兴一带，可以划分为蚂蚁河岩组、荒岔沟岩组和大东岔岩组；老岭岩群主要分布在通化市林家沟—白山市板石沟、临江市老岭，可以划分为林家沟岩组、珍珠门岩组、花山岩组、临江岩组、大栗子岩组。具体划分见表 5-1-2。

表 5-1-2　辽吉古元古代变质带变质单元划分表

<table>
<tr><th colspan="4">变质地质单元名称</th><th colspan="2">岩石填图单位及代号</th></tr>
<tr><th>Ⅰ级</th><th>Ⅱ级</th><th>Ⅲ级</th><th>Ⅳ级</th><th>群、岩群</th><th>组、岩组</th></tr>
<tr><td rowspan="10">华北陆块变质域</td><td rowspan="10">华北东部太古宙—古元古代变质区</td><td rowspan="10">辽吉古元古代变质带</td><td rowspan="5">老岭岩变质单元</td><td rowspan="5">老岭岩群</td><td>大栗子岩组</td></tr>
<tr><td>临江岩组</td></tr>
<tr><td>花山岩组</td></tr>
<tr><td>珍珠门岩组</td></tr>
<tr><td>林家沟岩组</td></tr>
<tr><td rowspan="4">集安变质单元</td><td rowspan="3">集安岩群</td><td>大东岔岩组</td></tr>
<tr><td>荒岔沟岩组</td></tr>
<tr><td>蚂蚁河岩组</td></tr>
<tr><td rowspan="2">光华岩群</td><td>同心岩组</td></tr>
<tr><td>光华变质单元</td><td>双庙岩组</td></tr>
</table>

3. 龙岗-和龙地块北缘元古宙—古生代变质带

龙岗-和龙地块北缘元古宙—古生代变质带变质地质填图单元划分见表 5-1-3。

表 5-1-3　龙岗-和龙地块北缘元古宙—古生代变质带变质地质填图单元划分简表

<table>
<tr><th colspan="4">变质地质单元名称</th><th colspan="2">岩石填图单位</th></tr>
<tr><th>Ⅰ级</th><th>Ⅱ级</th><th>Ⅲ级</th><th>Ⅳ级</th><th>群、岩群</th><th>组、岩组</th></tr>
<tr><td rowspan="11">华北陆块变质域</td><td rowspan="11">华北东部陆块陆缘元古宙—古生代变质区</td><td rowspan="11">龙岗-和龙地块北缘元古宙—古生代变质带</td><td rowspan="3">景台变质单元</td><td rowspan="3"></td><td>椅山组</td></tr>
<tr><td>石缝组</td></tr>
<tr><td>桃山组</td></tr>
<tr><td rowspan="2">下二台变质单元</td><td rowspan="2">下二台岩群</td><td>烧锅屯岩组</td></tr>
<tr><td>黄顶子岩组</td></tr>
<tr><td rowspan="3">呼兰变质单元</td><td rowspan="3">呼兰岩群</td><td>小三个顶子岩组</td></tr>
<tr><td>黄莺屯岩组</td></tr>
<tr><td>头道岩组</td></tr>
<tr><td rowspan="3">色洛河变质单元</td><td rowspan="3">色洛河岩群</td><td>达连沟岩组</td></tr>
<tr><td>红旗沟岩组</td></tr>
<tr><td>万宝岩组</td></tr>
</table>

续表 5-1-3

<table>
<tr><td colspan="4">变质地质单元名称</td><td colspan="2">岩石填图单位</td></tr>
<tr><td>Ⅰ级</td><td>Ⅱ级</td><td>Ⅲ级</td><td>Ⅳ级</td><td>群、岩群</td><td>组、岩组</td></tr>
<tr><td rowspan="9">华北陆块变质域</td><td rowspan="9">华北东部陆块陆缘元古宙—古生代变质区</td><td rowspan="9">龙岗-和龙地块北缘元古宙—古生代变质带</td><td rowspan="2">青龙村变质单元</td><td rowspan="2">青龙村岩群</td><td>长仁大理岩</td></tr>
<tr><td>新东村岩组</td></tr>
<tr><td>江域变质单元</td><td></td><td>江域岩组</td></tr>
<tr><td rowspan="3">海沟变质单元</td><td rowspan="3">海沟岩群</td><td>团结岩组</td></tr>
<tr><td>金银别岩组</td></tr>
<tr><td>东方红岩组</td></tr>
<tr><td>西宝安变质单元</td><td></td><td>西宝安岩组</td></tr>
<tr><td>张三沟变质单元</td><td></td><td>张三沟岩组</td></tr>
</table>

二、佳木斯-兴凯地块南缘变质域

佳木斯-兴凯地块南缘变质域可以划分张广才岭变质带、延吉-珲春变质带 2 个变质地带，变质地质填图单元划分见表 5-1-4。张广才岭变质带的变质岩仅出露在九台市敖龙背、敦化市塔东一带，前者为敖龙背岩组，后者为塔东岩群，时代均为新元古代；延吉-珲春变质带仅出露在敦化而站、汪清罗子沟及珲春五道沟等地，分别为黄松岩群和五道沟群，前者时代为新元古代，后者时代为寒武纪—奥陶纪。

表 5-1-4　佳木斯-兴凯地块南缘变质域变质地质填图单元划分简表

<table>
<tr><td colspan="4">变质地质单元名称</td><td colspan="2">岩石填图单位</td></tr>
<tr><td>Ⅰ级</td><td>Ⅱ级</td><td>Ⅲ级</td><td>Ⅳ级</td><td>群、岩群</td><td>组、岩组</td></tr>
<tr><td rowspan="7">佳木斯-兴凯地块变质域</td><td rowspan="7">佳木斯-兴凯地块南部陆缘变质区</td><td rowspan="4">延吉-珲春变质带</td><td rowspan="3">五道沟变质单元</td><td rowspan="3"></td><td>香房子组</td></tr>
<tr><td>杨金沟组</td></tr>
<tr><td>马滴达组</td></tr>
<tr><td>尔站-罗子沟变质单元</td><td>黄松岩群</td><td>杨木岩组</td></tr>
<tr><td rowspan="3">张广才岭变质带</td><td>敖龙背变质单元</td><td></td><td>敖龙背岩组</td></tr>
<tr><td rowspan="2">塔东变质单元</td><td rowspan="2">塔东岩群</td><td>朱敦店岩组</td></tr>
<tr><td>拉拉沟岩组</td></tr>
</table>

第二节 变质岩岩石构造组合划分及其特征

一、华北陆块变质域

1. 龙岗-和龙中-新太古代变质带

龙岗-和龙中-新太古代变质带变质岩石构造组合及原岩建造组合特征见表5-2-1。中太古代龙岗岩群四道砬子河岩组为斜长角闪岩-黑云变粒岩-磁铁石英岩组合，原岩为中基性、酸性火山岩及硅铁质沉积岩建造；杨家店岩组为斜长角闪岩-黑云斜长片麻岩-磁铁石英岩组合，原岩为中基性、酸性火山岩及硅铁质沉积岩建造。中太古代TTG为变质英云闪长质-奥长花岗质-花岗闪长质片麻岩组合，原岩为英云闪长质岩、奥长花岗质岩、花岗闪长岩。新太古代夹皮沟岩群老牛沟岩组为斜长角闪岩-黑云变粒岩-磁铁石英岩组合，原岩为基性、中酸性火山岩及硅铁质沉积岩建造；三道沟岩组为斜长角闪岩-绿泥片岩-磁铁石英岩组合，原岩为中基性、酸性火山岩-火山碎屑岩及硅铁质沉积岩建造。南岗岩群鸡南岩组原岩为基性、中酸性火山岩及硅铁质沉积岩建造；官地岩组原岩为中基性、酸性火山岩-火山碎屑岩及硅铁质沉积岩建造。新太古代变质TTG为石英闪长质-英云闪长质-奥长花岗质片麻岩，原岩为英云闪长岩、奥长花岗岩、石英闪长岩。变质二长花岗岩原岩为二长花岗岩。变质钾长花岗岩原岩为钾长花岗岩。紫苏花岗岩原岩为石英闪长岩、二长花岗岩。

2. 辽吉古元古代变质带

辽吉古元古代变质带变质岩石构造组合及原岩建造组合特征见表5-2-2。主要为光华岩群、集安岩群和老岭岩群。光华岩群双庙岩组为一套变质杏仁状玄武岩、含榴黑云斜长角闪片麻岩、角闪岩、斜长角闪岩、黑云角闪变粒岩，原岩为基性火山岩建造；同心岩组为石榴二云片岩、石榴石变粒岩、含榴角闪片岩，原岩为富铝半黏土质-黏土岩建造。集安岩群蚂蚁河岩组为一套黑云变粒岩、钠长浅粒岩、斜长角闪岩夹白云质大理岩、含硼蛇纹石化大理岩、斜长角闪岩、电气石变粒岩，以含硼为特征，原岩为基性火山岩-蒸发岩建造；荒岔沟岩组为一套石墨变粒岩、含墨透辉变粒岩、含墨大理岩夹斜长角闪岩，以含墨为特征，原岩为基性火山岩-碳酸盐岩-类复理石建造；大东岔岩组为一套含夕线石榴变粒岩、含榴黑云斜长片麻岩，原岩为富铝半黏土质-黏土岩建造。老岭岩群林家沟岩组为一套长石石英砂岩、含砾长石石英砂岩、透闪变粒岩、黑云变粒岩夹硅质条带大理岩，原岩为滨海砂岩-粉砂岩建造；珍珠门岩组为一套白色厚层白云质大理岩，条带状、角砾状大理岩，原岩为台地碳酸盐岩建造；花山岩组为一套二云母片岩、十字石片岩夹大理岩，原岩为泥质岩-碳酸盐岩建造；临江岩组为灰白色中厚层石英岩夹二云片岩、黑云变粒岩，原岩为滨海碎屑岩-泥质粉砂岩建造；大栗子岩组为一套灰黑色千枚岩夹大理岩及石英岩，原岩为泥质岩-碳酸盐岩建造。

表 5-2-1　龙岗-和龙中-新太古代变质带变质岩石组合简表

变质地质单元名称				岩石填图单位		变质岩石构造组合	岩石描述	原岩建造组合
Ⅰ级	Ⅱ级	Ⅲ级	Ⅳ级	群、岩群	组、岩组			
华北陆块变质域	华北东部太古宙—古元古代变质区	龙岗-和龙中-新太古代变质带	紫苏花岗岩	紫苏花岗岩		紫苏花岗岩组合	含紫苏辉石的石英闪长岩-二长花岗岩	石英闪长岩、二长花岗岩
			变质钾长花岗岩	变质钾长花岗岩		变质钾长花岗岩	变质钾长花岗岩	钾长花岗岩
			变质二长花岗岩	变质二长花岗岩		变质二长花岗岩	变质二长花岗岩	二长花岗岩
			新太古代变质 TTG	新太古代变质 TTG		石英闪长质-英云闪长质-奥长花岗质片麻岩	英云闪长质片麻岩、奥长花岗质片麻岩、石英闪长质片麻岩	英云闪长岩、奥长花岗岩、石英闪长岩
			新太古代表壳岩	夹皮沟岩群 / 南岗岩群	三道沟岩组 / 官地岩组	斜长角闪岩-绿泥片岩-磁铁石英岩组合	灰-深灰色斜长角闪岩、角闪片岩、绢云绿泥片岩夹角闪磁铁石英岩	中基性、酸性火山岩-火山碎屑岩及硅铁质沉积岩建造
					老牛沟岩组 / 鸡南岩组	斜长角闪岩-黑云变粒岩-磁铁石英岩组合	灰黑色斜长角闪岩、黑云变粒岩、绢云石英片岩、绢云绿泥片岩夹磁铁石英岩	基性、中酸性火山岩及硅铁质沉积岩建造
			中太古代变质 TTG	中太古代变质 TTG		变质英云闪长质-奥长花岗质-花岗闪长质片麻岩组合	变质英云闪长质岩、奥长花岗质岩、花岗闪长质片麻岩	英云闪长质岩、奥长花岗质岩、花岗闪长岩
			中太古代表壳岩	龙岗岩群	杨家店岩组	斜长角闪岩-黑云斜长片麻岩-磁铁石英岩组合	灰-深灰色斜长角闪岩、黑云斜长片麻岩、黑云二长变粒岩夹磁铁石英岩	中基性、酸性火山岩及硅铁质沉积岩建造
					四道砬子河岩组	斜长角闪岩-黑云变粒岩-磁铁石英岩组合	灰-深灰色斜长角闪岩、黑云变粒岩、石榴二云片岩夹磁铁石英岩	中基性、酸性火山岩及硅铁质沉积岩建造

表 5-2-2 辽吉古元古代变质带变质岩石组合简表

变质地质单元名称				岩石填图单位		变质岩石构造组合	岩石描述	原岩建造组合
Ⅰ级	Ⅱ级	Ⅲ级	Ⅳ级	群、岩群	组、岩组			
华北陆块变质域	华北东部太古宙—古元古代变质区	辽辽吉古元古代变质带		老岭岩群	大栗子岩组	千枚岩-大理岩组合	灰黑色千枚岩夹大理岩及石英岩	泥质岩-碳酸盐岩建造
					临江岩组	石英岩-二云片岩组合	灰白色中厚层石英岩夹二云片岩、黑云变粒岩	滨海碎屑岩-泥质粉砂岩建造
					花山岩组	二云母片岩-大理岩构造组合	二云母片岩、十字石片岩夹大理岩	泥质岩-碳酸盐岩建造
					珍珠门岩组	白云质大理岩组合	白色厚层白云质大理岩，条带状、角砾状大理岩	台地碳酸盐建造
					林家沟岩组	长石石英砂岩-变粒岩-大理岩组合	长石石英砂岩、含砾长石石英砂岩、透闪变粒岩、黑云变粒岩夹硅质条带大理岩	滨海砂岩-粉砂岩建造
				集安岩群	大东岔岩组	富铝片麻岩构造组合(孔兹岩系)	含夕线石榴变粒岩、含榴黑云斜长片麻岩	富铝半黏土质-黏土岩建造
					荒岔沟岩组	斜长角闪岩-变粒岩-大理岩	石墨变粒岩、含墨透辉变粒岩、含墨大理岩夹斜长角闪岩，以含墨为特征	基性火山岩-碳酸盐岩-类复理石建造
					蚂蚁河岩组	斜长角闪岩-变粒岩-大理岩	黑云变粒岩、钠长浅粒岩、斜长角闪岩夹白云质大理岩、含硼蛇纹石化大理岩、斜长角闪岩、电气石变粒岩，以含硼为特征	基性火山岩-蒸发岩建造
				光华岩群	同心岩组	富铝片麻岩构造组合	石榴二云片岩、石榴石变粒岩、含榴角闪片岩	富铝半黏土质-黏土岩建造
					双庙岩组	角闪岩-斜长角闪岩组合	变质杏仁状玄武岩、含榴黑云斜长角闪片麻岩、角闪岩、斜长角闪岩、黑云角闪变粒岩	基性火山岩建造

3. 龙岗-和龙地块北缘元古宙—古生代变质带

龙岗-和龙地块北缘元古宙—古生代变质带岩石构造组合及原岩建造组合特征见表 5-2-3，张三沟岩组为云母片岩-石英岩-大理岩构造组合，原岩为中基性火山岩、火山碎屑岩-陆源碎屑岩建造，西宝安岩组为斜长角闪岩-变粒岩-磁铁石英岩构造组合，原岩为基性火山岩-碳酸盐岩-类复理石建造。东方红岩组为变质流纹岩-黑云母石英片岩、绿泥角闪片岩构造组合，原岩为细碧角斑岩建造；金银别岩组为绿片岩-钠长绢云石英片岩构造组合，原岩为基性火山岩、火山碎屑岩建造；团结岩组为变质砂岩-绿片岩-大理岩构造组合，原岩陆源碎屑岩-碳酸盐岩建造。江域岩组为变质砂岩-结晶灰岩夹变质凝灰岩构造组合，原岩为浊积岩-硬砂岩-泥岩建造。新东村岩组为黑云变粒岩-云母片岩构造组合，原岩为钙碱性火山岩建造；长仁大理岩为大理岩建造组合，原岩为碳酸盐岩建造。万宝岩组为变质砂岩-结晶灰岩，原岩为陆源碎屑岩-碳酸盐岩建造；红旗沟岩组为变质砂岩-结晶灰岩构造组合，原岩为滨海碎屑岩-泥质粉砂岩-碳酸盐岩建造；达连沟岩组为变质砂岩构造组合，原岩为滨海碎屑岩-泥质粉砂岩-碳酸盐岩建造。头道岩组为变质砂岩-千枚岩夹镁铁质火山岩，原岩为中基性火山岩-碎屑岩-碳酸盐岩建造；黄莺屯岩组为斜长角闪岩-含夕线黑云母片麻岩-大理岩构造组合，原岩为基性火山岩-黏土岩-碳酸盐岩建造；小三个顶子组为厚层大理岩构造组合，原岩为碳酸盐岩建造。黄顶子岩组为变质砂岩-结晶灰岩构造组合，原岩为滨海碎屑岩-泥质粉砂岩-碳酸盐岩建造；烧锅屯岩组为斜长角闪岩-变粒岩构造组合，原岩为基性火山岩-黏土岩-碎屑岩建造。桃山组为砂质板岩-泥质板岩构造组合，原岩为泥质粉砂岩-泥岩建造；石缝组为变质砂岩-结晶灰岩构造组合，原岩为滨海碎屑岩-泥质粉砂岩-碳酸盐岩建造；椅山组为变质砂岩-结晶灰岩构造组合，原岩为滨海碎屑岩-泥质粉砂岩-碳酸盐岩建造。

表 5-2-3　龙岗-和龙地块北缘元古宙—古生代变质带变质岩石组合简表

变质地质单元名称			岩石填图单位			变质岩石构造组合	岩石描述	原岩建造组合
Ⅰ级	Ⅱ级	Ⅲ级	Ⅳ级	群、岩群	组、岩组			
华北陆块变质域	华北东部陆块陆缘元古宙-古生代变质区	龙岗-和龙地块北缘元古宙-古生代变质带	景家台变质单元		椅山组	变质砂岩-结晶灰岩构造组合	红柱石板岩、千枚状板岩、中粒砂岩、石英砂岩与结晶灰岩互层	滨海碎屑岩-泥质粉砂岩-碳酸盐岩建造
					石缝组	变质砂岩-结晶灰岩构造组合	变质砂岩、粉砂岩与大理岩互层	滨海碎屑岩-泥质粉砂岩-碳酸盐岩建造
					桃山组	砂质板岩-泥质板岩构造组合	粉砂岩夹泥灰岩，含笔石页岩、细砂岩、粉砂岩	泥质粉砂岩-泥岩建造
			下二台变质单元	下二台岩群	烧锅屯岩组	斜长角闪岩-变粒岩构造组合	透闪石英片岩、二云片岩、黑云变粒岩，夹角闪变粒岩、斜长角闪岩	基性火山岩-黏土岩-碎屑岩建造
					黄顶子岩组	变质砂岩-结晶灰岩构造组合	条带状大理岩夹变质粉砂岩，石榴红柱石片岩，黑云变粒岩，变质长石石英砂岩	滨海碎屑岩-泥质粉砂岩-碳酸盐岩建造
			呼兰变质单元	呼兰岩群	小三个顶子组	厚层大理岩	大理岩夹变粒岩变质建造：灰白色大理岩、含墨大理岩夹薄层含墨云母变粒岩、石墨二云片岩	碳酸盐岩建造
					黄莺屯岩组	斜长角闪岩-含夕线黑云母片麻岩-大理岩构造组合	变粒岩与大理岩互层夹斜长角闪岩变质建造：黑云斜长变粒岩、黑云角闪斜长变粒岩与硅质条带大理岩互层夹斜长角闪岩	基性火山岩-黏土岩-碳酸盐岩建造
					头道岩组	变质砂岩-千枚岩夹镁铁质火山岩	斜长阳起石岩、变质砂岩、千枚状板岩、大理岩、透闪石岩、变质安山岩、变质安山质凝灰岩	中基性火山岩-碎屑岩-碳酸盐岩建造

表 5-2-3　龙岗-和龙地块北缘元古宙—古生代变质带变质岩石组合简表

变质地质单元名称			岩石填图单位			变质岩石构造组合	岩石描述	原岩建造组合
Ⅰ级	Ⅱ级	Ⅲ级	Ⅳ级	群、岩群	组、岩组			
华北陆块变质域	华北东部陆块陆缘元古宙-古生代变质区	龙岗-和龙地块北缘元古宙-古生代变质带	色洛河变质单元	色洛河岩群	达连沟岩组	变质砂岩构造组合	变质砂岩变质建造：灰色-深灰色变质砂岩、粉砂岩、绢云石英片岩	滨海碎屑岩-泥质粉砂岩-碳酸盐岩建造
			色洛河变质单元	色洛河岩群	红旗沟岩组	变质砂岩-结晶灰岩构造组合	大理岩夹变质粉砂岩变质建造：灰白色大理岩、白云质大理岩夹灰色-灰黑色变质粉砂岩、粉砂质泥(板)岩、绢云石英片岩	滨海碎屑岩-泥质粉砂岩-碳酸盐岩建造
			色洛河变质单元	色洛河岩群	万宝岩组	变质砂岩-结晶灰岩	变质砂岩夹大理岩变质建造：灰色变质细砂岩、粉砂岩互层夹大理岩透镜体、红柱石二云片岩	陆源碎屑岩-碳酸盐岩建造
			青龙村变质单元	青龙村岩群	长仁大理岩	大理岩建造组合	大理岩变质建造：白色粒状、透辉石大理岩	碳酸盐岩建造
			青龙村变质单元	青龙村岩群	新东村岩组	黑云变粒岩-云母片岩构造组合	黑云斜长片麻岩夹变粒岩变质建造：黑云斜长片麻岩、细粒斜长角闪岩、黑云长石变粒岩、黑云角闪斜长片麻岩、黑云长石浅粒岩	钙碱性火山岩建造
			江域变质单元		江域岩组	变质砂岩-结晶灰岩夹变质凝灰岩构造组合	浅粒岩、变粒岩、绢云片岩、含电气石二云石英片岩	浊积岩-硬砂岩-泥岩建造
			海沟变质单元	海沟岩群	团结岩组	变质砂岩-绿片岩-大理岩构造组合	变质砂岩夹变质建造：变质粉砂岩、长石石英砂岩、含角砾大理岩、硅质大理岩、绢云石英片岩	陆源碎屑岩-碳酸盐岩建造
			海沟变质单元	海沟岩群	金银别岩组	绿片岩-钠长绢云石英片岩构造组合	角闪片岩变质建造：绿黑色角闪石岩、灰绿色绢云绿泥片岩、暗灰绿色角闪片岩	基性火山岩、火山碎屑岩建造
			海沟变质单元	海沟岩群	东方红岩组	变质流纹岩-黑云母石英片岩、绿泥角闪片岩构造组合	变质流纹岩夹片岩变质建造：变质流纹岩、黑云母石英片岩、绿泥角闪片岩	细碧角斑岩建造
			西宝安变质单元		西宝安岩组	斜长角闪岩-变粒岩-磁铁石英岩构造组合	黑云斜长变粒岩、角闪斜长片麻岩夹大理岩	基性火山岩-碳酸盐岩-类复理石建造
			张三沟变质单元		张三沟岩组	云母片岩-石英岩-大理岩构造组合	黑云变粒岩与角闪片岩互层夹变质砾岩变质建造：灰绿色黑云变粒岩、黑云角闪片岩、角闪片岩、角闪变粒岩夹变质砾岩	中基性火山岩、火山碎屑岩-陆源碎屑岩建造

二、佳木斯-兴凯地块南缘变质域

佳木斯-兴凯地块南缘变质域变质带变质岩石组合见表 5-2-4。

表 5-2-4　佳木斯-兴凯地块南缘变质域变质岩石组合简表

变质地质单元名称				岩石填图单位		变质岩石构造组合	岩石描述	原岩建造组合
Ⅰ级	Ⅱ级	Ⅲ级	Ⅳ级	群、岩群	组、岩组			
佳木斯-兴凯地块变质域	佳木斯-兴凯地块南部陆缘元古宙—古生代变质区	延吉-珲春变质带	五道沟变质单元	五道沟群	香房子组	二云片岩-变质砂岩、细砂岩构造组合	灰色、灰紫色二云石英片岩、红柱石二云片岩夹变质砂岩、细砂岩	滨海碎屑岩-泥岩建造
					杨金沟组	角闪片岩-大理岩构造组合	灰黑色角闪石英片岩、角闪片岩、变质安山岩夹大理岩、变质砂岩	中性火山岩-碳酸盐岩建造
					马滴达组	砂质板岩-泥质板岩构造组合	粉砂岩夹泥灰岩，含笔石页岩、细砂岩、粉砂岩	泥质粉砂岩-泥岩建造
			尔站-罗子沟变质单元	黄松岩群	杨木岩组	二云石英片岩-钠长片岩-大理岩构造组合	含榴二云石英片岩、钠长片岩、变粒岩夹大理岩及磁铁石英岩	中性火山岩-碎屑岩建造
		张广才岭变质带	敖龙背		敖龙背岩组	黑云变粒岩-角闪变粒岩构造组合	黑云变粒岩、角闪透辉变粒岩、角闪变粒岩	陆源碎屑岩建造
			塔东变质单元	塔东岩群	朱敦店岩组	斜长片麻岩-变粒岩-大理岩组合	斜长片麻岩、石英片岩、透辉变粒岩、角闪变粒岩夹大理岩组成	陆源碎屑岩-碳酸盐岩建造
					拉拉沟岩组	斜长角闪岩-含夕线黑云母片麻岩-大理岩构造组合	透辉角闪变粒岩、角闪透辉变粒岩、透辉变粒岩、角闪变粒岩、黑云角闪斜长片麻岩、含磁铁斜长角闪岩、斜长角闪岩、透辉斜长角闪岩	基性火山岩-黏土粉砂岩建造

第三节　变质相(相系)及变质时代

一、华北陆块变质域

1. 龙岗-和龙中-新太古代变质带

龙岗-和龙中-新太古代变质带变质相(相系)及变质时代见表 5-3-1。

表 5-3-1　龙岗-和龙中-新太古代变质带变质带变质相(相系)及变质时代表

<table>
<tr><th colspan="4">变质地质单元名称</th><th colspan="4">岩石填图单位</th><th rowspan="2">变形作用特点</th><th rowspan="2">变质作用类型</th><th rowspan="2">变质相系</th><th rowspan="2">变质时代</th></tr>
<tr><th>Ⅰ级</th><th>Ⅱ级</th><th>Ⅲ级</th><th>Ⅳ级</th><th colspan="2">群、岩群</th><th colspan="2">组、岩组</th></tr>
<tr><td rowspan="9">华北陆块变质域</td><td rowspan="9">华北东部太古宙—古元古代变质区</td><td rowspan="9">龙岗-和龙中-新太古代变质带</td><td>紫苏花岗岩</td><td colspan="4">紫苏花岗岩</td><td rowspan="3"></td><td rowspan="3">埋深变质</td><td rowspan="3">绿片岩相</td><td rowspan="6">新元古代末</td></tr>
<tr><td>变质钾长花岗岩</td><td colspan="4">变质钾长花岗岩</td></tr>
<tr><td>变质二长花岗岩</td><td colspan="4">变质二长花岗岩</td></tr>
<tr><td>新太古代变质 TTG</td><td colspan="4">新太古代变质 TTG</td><td>W 型、N 型褶皱、三期变形</td><td rowspan="6">区域中高温热流变质</td><td rowspan="4">角闪岩相</td></tr>
<tr><td rowspan="2">新太古代表壳岩</td><td rowspan="2">夹皮沟岩群</td><td rowspan="2">南岗岩群</td><td>三道沟岩组</td><td>官地岩组</td><td rowspan="2">平行化片理</td></tr>
<tr><td>老牛沟岩组</td><td>鸡南岩组</td></tr>
<tr><td>中太古代变质 TTG</td><td colspan="4">中太古代变质 TTG</td><td>塑性流变较强发育,W 型、N 型褶皱</td><td rowspan="3">中元古代末</td></tr>
<tr><td rowspan="2">中太古代表壳岩</td><td colspan="2" rowspan="2">龙岗岩群</td><td colspan="2">杨家店岩组</td><td rowspan="2">W 型、N 型褶皱、三期变形</td><td rowspan="2">角闪-麻粒岩相</td></tr>
<tr><td colspan="2">四道砬子河岩组</td></tr>
</table>

2. 辽吉古元古代变质带

辽吉古元古代变质带变质相(相系)及变质时代见表 5-3-2。

表 5-3-2　辽吉古元古代变质带变质相(相系)及变质时代表

<table>
<tr><th colspan="4">变质地质单元名称</th><th colspan="2">岩石填图单位</th><th rowspan="2">变形作用特点</th><th rowspan="2">变质作用类型</th><th rowspan="2">变质相系</th><th rowspan="2">变质时代</th></tr>
<tr><th>Ⅰ级</th><th>Ⅱ级</th><th>Ⅲ级</th><th>Ⅳ级</th><th>群、岩群</th><th>组、岩组</th></tr>
<tr><td rowspan="10">华北陆块变质域</td><td rowspan="10">华北东部太古宙—古元古代变质区</td><td rowspan="10">辽吉古元古代变质带</td><td rowspan="5">老岭变质单元</td><td rowspan="5">老岭岩群</td><td>大栗子岩组</td><td rowspan="5">二次叠加褶皱</td><td rowspan="5">低压相系角闪岩相</td><td rowspan="5">中压相系绿片岩相</td><td rowspan="5">古元古代末期</td></tr>
<tr><td>临江岩组</td></tr>
<tr><td>花山岩组</td></tr>
<tr><td>珍珠门岩组</td></tr>
<tr><td>林家沟岩组</td></tr>
<tr><td rowspan="3">集安变质单元</td><td rowspan="3">集安岩群</td><td>大东岔岩组</td><td rowspan="5">二次叠加褶皱</td><td rowspan="5">区域中高温热流变质</td><td rowspan="5">低压相系角闪岩相</td><td rowspan="5">古元古代中期</td></tr>
<tr><td>荒岔沟岩组</td></tr>
<tr><td>蚂蚁河岩组</td></tr>
<tr><td rowspan="2">光华变质单元</td><td rowspan="2">光华岩群</td><td>同心岩组</td></tr>
<tr><td>双庙岩组</td></tr>
</table>

3. 龙岗-和龙地块北缘元古宙—古生代变质带

龙岗-和龙地块北缘元古宙—古生代变质带变质相(相系)及变质时代见表 5-3-3。

表 5-3-3　龙岗-和龙地块北缘元古宙—古生代变质带变质相(相系)及变质时代表

<table>
<tr><th colspan="4">变质地质单元名称</th><th colspan="2">岩石填图单位</th><th rowspan="2">变形作用特点</th><th rowspan="2">变质作用类型</th><th rowspan="2">变质相系</th><th rowspan="2">变质时代</th></tr>
<tr><th>Ⅰ级</th><th>Ⅱ级</th><th>Ⅲ级</th><th>Ⅳ级</th><th>群、岩群</th><th>组、岩组</th></tr>
<tr><td rowspan="19">华北陆块变质域</td><td rowspan="19">华北东部陆块陆缘元古宙—古生代变质区</td><td rowspan="19">龙岗-和龙地块北缘元古宙—古生代变质带</td><td rowspan="3">景台变质单元</td><td rowspan="3"></td><td>椅山组</td><td rowspan="3">不对称褶皱</td><td rowspan="3">埋深变质作用</td><td rowspan="3">绿片岩相</td><td rowspan="7">志留纪末</td></tr>
<tr><td>石缝组</td></tr>
<tr><td>桃山组</td></tr>
<tr><td rowspan="2">下二台变质单元</td><td rowspan="2">下二台岩群</td><td>烧锅屯岩组</td><td rowspan="4">二次叠加褶皱</td><td rowspan="4">区域热流变质作用</td><td rowspan="4">绿片岩相-角闪岩相</td></tr>
<tr><td>黄顶子岩组</td></tr>
<tr><td rowspan="3">呼兰变质单元</td><td rowspan="3">呼兰岩群</td><td>小三个顶子岩组</td></tr>
<tr><td>黄莺屯岩组</td></tr>
<tr><td>头道岩组</td><td rowspan="12"></td><td rowspan="12">区域中高温变质叠加动力变质作用</td><td rowspan="12">角闪岩相叠加绿片岩相-退变质</td><td rowspan="12">早寒武世</td></tr>
<tr><td rowspan="3">色洛河变质单元</td><td rowspan="3">色洛河岩群</td><td>达连沟岩组</td></tr>
<tr><td>红旗沟岩组</td></tr>
<tr><td>万宝岩组</td></tr>
<tr><td rowspan="2">青龙村变质单元</td><td rowspan="2">青龙村岩群</td><td>长仁大理岩</td></tr>
<tr><td>新东村岩组</td></tr>
<tr><td>江域变质单元</td><td></td><td>江域岩组</td></tr>
<tr><td rowspan="3">海沟变质单元</td><td rowspan="3">海沟岩群</td><td>团结岩组</td></tr>
<tr><td>金银别岩组</td></tr>
<tr><td>东方红岩组</td></tr>
<tr><td>西宝安变质单元</td><td></td><td>西宝安岩组</td></tr>
<tr><td>张三沟变质单元</td><td></td><td>张三沟岩组</td></tr>
</table>

二、佳木斯-兴凯地块南缘变质域

佳木斯-兴凯地块南缘变质域变质相(相系)及变质时代见表 5-3-4。

表 5-3-4　佳木斯-兴凯地块南缘变质域变质相(相系)及变质时代表

<table>
<tr><td colspan="4">变质地质单元名称</td><td colspan="2">岩石填图单位</td><td rowspan="2">变形作用特点</td><td rowspan="2">变质作用类型</td><td rowspan="2">变质相系</td><td rowspan="2">变质时代</td></tr>
<tr><td>Ⅰ级</td><td>Ⅱ级</td><td>Ⅲ级</td><td>Ⅳ级</td><td>群、岩群</td><td>组、岩组</td></tr>
<tr><td rowspan="7">佳木斯-兴凯地块变质域</td><td rowspan="7">佳木斯-兴凯地块南部陆缘元古宙-古生代变质区</td><td rowspan="4">延吉-珲春变质带</td><td rowspan="3">五道沟变质单元</td><td rowspan="3">五道沟群</td><td>香房子组</td><td rowspan="3">不对称褶皱</td><td rowspan="3">埋深变质作用</td><td rowspan="3">绿片岩</td><td rowspan="3">志留纪末</td></tr>
<tr><td>杨金沟组</td></tr>
<tr><td>马滴达组</td></tr>
<tr><td>尔站-罗子沟变质单元</td><td>黄松岩群</td><td>杨木岩组</td><td rowspan="4">二次叠加褶皱</td><td rowspan="4">区域中高温变质</td><td rowspan="4">角闪岩</td><td rowspan="4">早寒武世</td></tr>
<tr><td rowspan="3">张广才岭变质带</td><td>敖龙背变质单元</td><td></td><td>敖龙背岩组</td></tr>
<tr><td rowspan="2">塔东变质单元</td><td rowspan="2">塔东岩群</td><td>朱敦店岩组</td></tr>
<tr><td>拉拉沟岩组</td></tr>
</table>

第四节　变质作用、构造环境及其演化

一、华北陆块变质域变质作用、构造环境及其演化

1. 龙岗-和龙新太古代变质带

龙岗-和龙中-新太古代变质带变质作用、构造环境及其演化见表 5-4-1。中太古代龙岗岩群，原岩为基性火山岩—酸性火山岩-火山碎屑岩及硅铁质沉积岩建造，发生三期变形；中太古代 TTG 组合为变质英云闪长质-奥长花岗质-花岗闪长质片麻岩组合，发生塑性流变；二者均遭受区域中高温热流变质作用，其大地构造相为龙岗古岩浆弧相＋老牛沟-杨家店古弧盆亚相。新太古代夹皮沟岩群老牛沟岩组灰黑色斜长角闪岩、黑云变粒岩、绢云石英片岩、绢云绿泥片岩夹磁铁石英岩，原岩为中基性、酸性火山岩-火山碎屑岩及硅铁质沉积岩建造，发生平行化片理；三道沟岩组为灰-深灰色斜长角闪岩、角闪片岩、绢云绿泥片岩夹角闪磁铁石英岩，原岩为中基性、酸性火山岩-火山碎屑岩及硅铁质沉积岩建造，发生三期变形；二者均遭受区域中高温热流变质作用，其大地构造相为龙岗古岩浆弧相＋板石岩浆弧亚相。新太古代南岗岩群鸡南岩组为灰黑色斜长角闪岩、黑云变粒岩、斜长角闪岩夹磁铁石英岩，原岩为基性火山岩-硅铁质岩建造；其大地构造相为和龙古岩浆弧相＋鸡南古弧盆系亚相。官地岩组为黑云变粒岩与浅粒岩互层夹磁铁石英岩，原岩为酸性火山岩-硅铁质岩建造；其大地构造相为和龙古岩浆弧相＋卧龙岩浆弧亚相。新太古代变质 TTG 为英云闪长质片麻岩、奥长花岗质片麻岩、石英闪长质片麻，所遭受的变质作用为区域中高温变质作用，其构造环境可进一步划分为龙岗古岩浆弧相＋板岩岩浆弧亚相以及和龙古岩浆弧相＋卧龙岩浆弧亚相。变质花岗岩类变质二长花岗岩、变质钾长花岗岩和紫苏花岗岩，遭受的变质作用为埋深变质作用，其大地构造相为龙岗古岩浆弧相＋板石岩浆弧亚相。标志着吉南地区太古代的克拉通化。

表 5-4-1　龙岗-和龙中-新太古代变质带变质作用、构造环境简表

<table>
<tr><th colspan="4">变质地质单元名称</th><th colspan="4">岩石填图单位</th><th rowspan="2">变形作用特点</th><th rowspan="2">变质作用类型</th><th colspan="4">大地构造相</th></tr>
<tr><th>Ⅰ级</th><th>Ⅱ级</th><th>Ⅲ级</th><th>Ⅳ级</th><th colspan="2">群、岩群</th><th colspan="2">组、岩组</th><th colspan="2">亚相</th><th colspan="2">相</th></tr>
<tr><td rowspan="9">华北陆块变质域</td><td rowspan="9">华北东部太古宙—古元古代变质区</td><td rowspan="9">龙岗-和龙中-新太古代变质带</td><td>紫苏花岗岩</td><td colspan="4">紫苏花岗岩</td><td rowspan="3"></td><td rowspan="3">埋深变质</td><td colspan="2" rowspan="3">板石岩浆弧亚相</td><td colspan="2" rowspan="3">龙岗古岩浆弧相</td></tr>
<tr><td>变质钾长花岗岩</td><td colspan="4">变质钾长花岗岩</td></tr>
<tr><td>变质二长花岗岩</td><td colspan="4">变质二长花岗岩</td></tr>
<tr><td>新太古代变质 TTG</td><td colspan="4">新太古代变质 TTG</td><td rowspan="2">W 型、N 型褶皱、三期变形</td><td rowspan="6">区域中高温热流变质</td><td rowspan="3">板石岩浆弧亚相</td><td rowspan="2">卧龙岩浆弧亚相</td><td rowspan="3">龙岗古岩浆弧相</td><td rowspan="3">和龙古岩浆弧相</td></tr>
<tr><td rowspan="2">新太古代表壳岩</td><td rowspan="2">夹皮沟岩群</td><td rowspan="2">南岗岩群</td><td>三道沟岩组</td><td>官地岩组</td></tr>
<tr><td>老牛沟岩组</td><td>鸡南岩组</td><td>平行化片理</td><td>鸡南古弧盆系亚相</td></tr>
<tr><td>中太古代变质 TTG</td><td colspan="4">中太古代变质 TTG</td><td>塑性流变较强发育，W 型、N 型褶皱</td><td colspan="2" rowspan="3">老牛沟-杨家店古弧盆亚相</td><td colspan="2" rowspan="3">龙岗古岩浆弧相</td></tr>
<tr><td rowspan="2">中太古代表壳岩</td><td colspan="2" rowspan="2">龙岗岩群</td><td colspan="2">杨家店岩组</td><td rowspan="2">W 型、N 型褶皱、三期变形</td></tr>
<tr><td colspan="2">四道砬子河岩组</td></tr>
</table>

2. 辽吉古元古代变质带

辽吉古元古代变质带变质作用、构造环境及其演化见表 5-4-2。其中光华岩群原岩为基性火山岩-富铝半黏土质-黏土岩建造，遭受角闪岩相区域中高温变质作用，其大地构造相为光华古裂谷相；集安岩群原岩为基性火山岩-蒸发岩-类复理石-富铝黏土岩建造，遭受角闪岩相区域中高温变质作用，其大地构造相为胶-辽-吉陆缘裂谷盆地相＋临江-松江古弧盆亚相；老岭岩群原岩为长石石英砂岩-粉砂岩-泥质岩-碳酸盐岩建造组合，遭受了绿片岩相区域中高温变质作用，其大地构造相亦为胶-辽-吉陆缘裂谷盆地相＋临江-松江古弧盆亚相。

表 5-4-2　辽吉古元古代变质带变质作用、构造环境简表

<table>
<tr><th colspan="4">变质地质单元名称</th><th colspan="2">岩石填图单位</th><th rowspan="2">变形作用特点</th><th rowspan="2">变质作用类型</th><th colspan="2">大地构造相</th></tr>
<tr><th>Ⅰ级</th><th>Ⅱ级</th><th>Ⅲ级</th><th>Ⅳ级</th><th>群、岩群</th><th>组、岩组</th><th>亚相</th><th>相</th></tr>
<tr><td rowspan="10">华北陆块变质域</td><td rowspan="10">华北东部太古宙-古元古代变质区</td><td rowspan="10">辽辽吉古元古代变质带</td><td rowspan="5">老岭单元</td><td rowspan="5">老岭岩群</td><td>大栗子岩组</td><td rowspan="5">二次叠加褶皱</td><td rowspan="10">区域中高温热流变质</td><td rowspan="8">临江-松江古弧盆亚相</td><td rowspan="8">胶-辽-吉陆缘裂谷盆地相</td></tr>
<tr><td>临江岩组</td></tr>
<tr><td>花山岩组</td></tr>
<tr><td>珍珠门岩组</td></tr>
<tr><td>林家沟岩组</td></tr>
<tr><td rowspan="3">集安单元</td><td rowspan="3">集安岩群</td><td>大东岔岩组</td><td rowspan="5">三次叠加褶皱</td></tr>
<tr><td>荒岔沟岩组</td></tr>
<tr><td>蚂蚁河岩组</td></tr>
<tr><td rowspan="2">光华单元</td><td rowspan="2">光华岩群</td><td>同心岩组</td><td rowspan="2"></td><td rowspan="2">光华古裂谷相</td></tr>
<tr><td>双庙岩组</td></tr>
</table>

3. 龙岗-和龙地块北缘元古宙—古生代变质带

龙岗-和龙地块北缘元古宙—古生代变质带中的张三沟岩组、西宝安岩组、东方红岩组、金银别岩组、团结岩组、江域岩组、新东村岩组、长仁大理岩、万宝岩组、红旗沟岩组、达连沟岩组，原岩为中基性火山岩-火山碎屑岩-陆源碎屑岩-碳酸盐岩建造组合，叠加区域中高温变质作用，其大构造相为夹皮沟-古洞河裂谷盆地相。

早古生代呼兰岩群原岩为中基性火山岩-黏土岩-碳酸盐岩建造，遭受角闪岩相区域中高温变质作用，其大构造相为夹皮沟-古洞河裂谷盆地相。下二台岩群原岩为碎屑岩-泥质粉砂岩-碳酸盐岩-基性火山岩-黏土岩-碎屑岩建造，遭受角闪岩相区域中高温变质作用。桃山组、石缝组、椅山组原岩为泥质粉砂岩-泥岩-碳酸盐岩建造组合，遭受埋深变质作用，其大地构造相为下二台-呼兰岩浆弧相。

表 5-4-3　龙岗-和龙地块北缘元古宙—古生代变质带变质作用、构造环境简表

<table>
<tr><th colspan="4">变质地质单元名称</th><th colspan="2">岩石填图单位</th><th rowspan="2">变形作用特点</th><th rowspan="2">变质作用类型</th><th colspan="2">大地构造相</th></tr>
<tr><th>Ⅰ级</th><th>Ⅱ级</th><th>Ⅲ级</th><th>Ⅳ级</th><th>群、岩群</th><th>组、岩组</th><th>亚相</th><th>相</th></tr>
<tr><td rowspan="19">华北陆块变质域</td><td rowspan="19">华北东部陆块陆缘元古宙—古生代变质区</td><td rowspan="19">龙岗-和龙地块北缘元古宙—古生代变质带</td><td rowspan="3">景台变质单元</td><td rowspan="3"></td><td>椅山组</td><td rowspan="3">不对称褶皱</td><td rowspan="3">埋深质变作用</td><td rowspan="3">景台镇弧背盆地亚相</td><td rowspan="5">下二台-呼兰岩浆弧相</td></tr>
<tr><td>石缝组</td></tr>
<tr><td>桃山组</td></tr>
<tr><td rowspan="2">下二台变质单元</td><td rowspan="2">下二台岩群</td><td>烧锅屯岩组</td><td rowspan="5">二次叠加褶皱</td><td rowspan="16">区域中高温变质作用</td><td rowspan="2">马鞍山弧背盆地亚相</td></tr>
<tr><td>黄顶子岩组</td></tr>
<tr><td rowspan="3">呼兰变质单元</td><td rowspan="3">呼兰岩群</td><td>小三个顶子岩组</td><td rowspan="3">黄莺屯陆缘裂谷亚相</td><td rowspan="14">夹皮沟-古洞河裂谷相</td></tr>
<tr><td>黄莺屯岩组</td></tr>
<tr><td>头道岩组</td></tr>
<tr><td rowspan="3">色洛河变质单元</td><td rowspan="3">色洛河岩群</td><td>达连沟岩组</td><td rowspan="11"></td><td rowspan="3">色洛河陆缘裂谷亚相</td></tr>
<tr><td>红旗沟岩组</td></tr>
<tr><td>万宝岩组</td></tr>
<tr><td rowspan="2">青龙村变质单元</td><td rowspan="2">青龙村岩群</td><td>长仁大理岩</td><td rowspan="3">新东村陆缘裂谷亚相</td></tr>
<tr><td>新东村岩组</td></tr>
<tr><td>江域变质单元</td><td></td><td>江域岩组</td></tr>
<tr><td rowspan="3">海沟变质单元</td><td rowspan="3">海沟岩群</td><td>团结岩组</td><td rowspan="3">金银别-海沟陆缘裂谷亚相</td></tr>
<tr><td>金银别岩组</td></tr>
<tr><td>东方红岩组</td></tr>
<tr><td>西宝安变质单元</td><td></td><td>西宝安岩组</td><td rowspan="2">万宝陆缘裂谷亚相</td></tr>
<tr><td>张三沟变质单元</td><td></td><td>张三沟岩组</td></tr>
</table>

二、佳木斯-兴凯地块南缘变质域

佳木斯-兴凯地块南缘变质域变质作用、构造环境简表见表5-4-4。新元古代塔东岩群原岩为基性火山岩-泥质砂岩、粉砂岩-碎屑岩-碳酸盐岩组合，敖龙背岩组原岩为碎屑岩，二者大地构造相为塔东-五道沟古弧盆系相＋塔东古岩浆弧亚相；杨木岩组原岩为泥岩、泥质粉砂岩夹灰岩，其大地构造相为塔东-五道沟古弧盆系相＋尔站-罗子沟古岩浆弧亚相；五道沟群原岩为碎屑岩-中酸性火山岩-凝灰岩夹碳酸岩-泥岩、粉砂岩组合，其大地构造相为塔东-五道沟古弧盆系相＋五道沟古岩浆弧亚相。

表5-4-4　佳木斯-兴凯地块南缘变质域变质作用、构造环境简表

<table>
<tr><th colspan="4">变质地质单元名称</th><th colspan="2">岩石填图单位</th><th rowspan="2">变形作用特点</th><th rowspan="2">变质作用类型</th><th colspan="2">大地构造相</th></tr>
<tr><th>Ⅰ级</th><th>Ⅱ级</th><th>Ⅲ级</th><th>Ⅳ级</th><th>亚相</th><th>组、岩组相</th><th>亚相</th><th>相</th></tr>
<tr><td rowspan="7">佳木斯-兴凯地块变质域</td><td rowspan="7">佳木斯-兴凯地块南部陆缘元古宙—古生代变质区</td><td rowspan="4">延吉-珲春变质带</td><td rowspan="3">五道沟变质单元</td><td rowspan="3">五道沟群</td><td>香房子组</td><td rowspan="3">不对称褶皱</td><td rowspan="3">埋深变质作用</td><td rowspan="3">五道沟古岩浆弧亚相</td><td rowspan="7">塔东-五道沟古弧盆系</td></tr>
<tr><td>杨金沟组</td></tr>
<tr><td>马滴达组</td></tr>
<tr><td>尔站-罗子沟变质单元</td><td>黄松岩群</td><td>杨木岩组</td><td rowspan="4">二次叠加褶皱</td><td rowspan="4">区域中高温变质</td><td>尔站-罗子沟古岩浆弧亚相</td></tr>
<tr><td rowspan="3">张广才岭变质带</td><td>敖龙背</td><td></td><td>敖龙背岩组</td><td rowspan="3">塔东古岩浆弧亚相</td></tr>
<tr><td rowspan="2">塔东变质单元</td><td rowspan="2">塔东岩群</td><td>朱敦店岩组</td></tr>
<tr><td>拉拉沟岩组</td></tr>
</table>

第五节　变质岩石构造组合与成矿的关系

一、华北东部陆块变质岩石构造组合与成矿关系

(一)龙岗古岩浆弧、和龙古岩浆弧变质岩石构造组合与成矿关系

龙岗古岩浆弧、和龙古岩浆弧的变质表壳岩龙岗岩群、夹皮沟岩群为一套斜长角闪岩-角闪片岩-绢云绿泥片岩-磁铁石英岩组合，原岩为基性火山岩-酸性火山岩-火山碎屑岩及硅铁质沉积岩建造，所遭受的变质作用为区域中高温变质作用，其构造环境为活动陆缘相＋古弧盆系相，该两类表壳岩均形成了铁、金矿床成矿系列。古岛弧火山活动加剧，岛弧区以基性火山-硅铁质建造发育为特点，具有BIF型硅

铁建造特征，形成多处大中型铁矿。代表性矿床有板石沟铁矿、老牛沟铁矿、鸡南铁矿等。

新太古代弧盆的北缘发育有著名的夹皮沟金矿田、金城洞金矿等，长期认为属于绿岩型金矿，近年来虽有部分学者提出中生代成矿的观点，但根据王义文(1994)对夹皮沟地区金矿石按三阶段演化模式的研究，其矿源层模式年龄为3100～2800Ma，显然可以认为部分太古宙表壳岩作为金的矿源层，与晚期构造事件叠加成矿。

此外，夹皮沟还可能存在着与铜、锌成矿作用相关的表壳岩，有待研究确认。

(二)胶-辽-吉陆缘裂谷盆地变质岩石构造组合与成矿关系

1. 与斜长角闪岩-钠长浅粒岩-微斜浅粒岩组合有关的铁-铀-稀土-铜-磷成矿系列

古元古代早期裂谷开始发育初期，地壳快速沉降，火山物质大量涌出，形成一系列火山岛，涌入的海水被火山岛所限，形成火山潟湖盆地，产清河式铁矿(可与辽宁翁泉沟式或杨林式铁矿床对比)，属铁-铀-稀土-铜-磷成矿系列，代表性矿床如清河铁矿。

2. 与微斜浅粒岩-电气石变粒岩-蛇纹石化大理岩组合有关的硼-石棉-玉石非金属成矿系列

裂谷早期火山潟湖盆地，海水受限，发育红层沉积，经变质作用形成微斜浅粒岩-电气石变粒岩-蛇纹石化大理岩组合。红层中的发育有膏盐沉积，产变质蒸发岩型硼矿，代表性矿床有高台沟硼。富镁的碳酸盐岩建造经变质作用形成的蛇纹岩、透闪石岩可以形成玉石矿产，如集安的安绿石矿。

3. 与石墨变粒岩-石墨大理岩组合有关的石墨矿产

裂谷盆地发展中期，随着海平面迅速上升，其堆积物除少量基性火山岩(斜长角闪岩)外，沉积作用进入深水滞留环境，主要为一套欠补偿的硬砂岩及深水碳酸盐岩、碳质页岩等，经变质作用形成石墨变粒岩-石墨大理岩组合。其中的碳质页岩经低压高温变质形成石墨矿，代表性矿床有三半江石墨矿等。

4. 与含墨变粒岩-夕线石榴片麻岩组合有关的金、多金属矿(矿源层)

裂谷盆地发展中期，除沉积了一套补偿的深水滞留环境硬砂岩及深水碳酸盐岩、碳质页岩、基性火山岩(斜长角闪岩)外，火山作用从深部带出大量的Au、Ag、Cu、Pb、Zn等成矿元素及Co、As等伴生元素，含碳沉积从热(卤)水吸附和提取这些有用元素并使其沉淀，经武殿英等(1992)、刘爱春(2000)对荒岔沟岩组岩石地球化学的研究，上述成矿元素丰度高出同类岩石或吉林省岩石均值的几倍甚至几十倍，故成为吉林省重要的贵金属-多金属成矿系列和矿源层；裂谷晚期发育有一套海退浊积岩扇的层序，而浊积岩在全球均为重要的金矿矿源层，如著名的穆龙套金矿。而当构造-岩浆-变质热事件出现之际，As作为有益成矿元素的萃取剂从矿源层萃取有益元素，形成稳定的砷代亚砷酸络合物含矿流体，它与围岩发生相互作用之时，砷又充当了金等成矿元素沉淀的催化剂，加速流体中砷金络合物分解使之沉淀，形成工业矿床，代表性矿床有南岔铅锌矿，下活龙、古马岭等小型金矿床。

5. 与镁铁-超镁铁质岩岩浆熔离铜镍矿

以赤柏松非造山岩浆杂岩亚相侵位为标志，古元古代晚期裂谷开始发育。该岩浆杂岩主要分布在辽吉裂谷北西侧赤柏松—三棵榆树一带，以岩墙群形式出现。岩石类型为变质辉绿辉长岩、辉长岩、橄榄苏长辉长岩、斜长二辉橄榄岩等。岩体总体走向5°～10°，呈岩墙状产出，长约4800m，宽40～140m，沿走向具膨缩现象，倾向向南东东，倾角55°～86°，其中赤柏松1号岩体主体相二辉橄榄岩锆石U-Pb年龄值为(2136±18)Ma(LA-ICP-MS)。其中规模较大的分异较好的岩体(如赤柏松1号岩体)发育有岩浆熔离型铜镍矿床。

6. 与千枚岩-大理岩建造组合有关的沉积(变质)铁矿

古元古代晚期裂谷晚期沉积为一套坝后潟湖相泥页岩夹碳酸盐岩及赤铁矿(磁铁矿)和菱铁矿层。前者为氧化界面以下沉积(变质);后者为氧化界面以上沉积,二者均可形成工业矿床,如大栗子岩组铁矿。

7. 与千枚岩-大理岩建造组合沉积变质钴铜矿

大栗子岩组为一套坝后潟湖相泥页岩夹碳酸盐岩,原岩属于黑色页岩建造。富含碳质的泥页岩在局限海中吸附和提取有用元素并使其沉淀,构成黑色页岩系的铜—钴—铂族元素成矿系列,经变质作用使其富集形成工业矿床,代表性矿床有大横路钴铜矿。

8. 与千枚岩-大理岩建造有关的金、多金属矿(矿源层)

古元古代晚期裂谷沉积物的原岩自下而上为一套石英岩-白云岩-页岩建造组合,其中产有荒沟山式铅锌硫铁矿、南岔式金矿、青沟子式锑矿等众多贵金属-有色金属矿产,是吉林省重要的矿源层,按李爱军(2000)对岩石地球化学的研究,老岭群 Au、Cu、Pb、Zn、Sb 元素均高于省内岩石的平均丰度,Au 元素高 1.5 倍,Cu 元素高近 1.5 倍,尤以珍珠门岩组为最高,大栗子岩组为次。代表性矿床有荒沟山金矿、青沟子锑矿等。

(三)夹皮沟-古洞河裂谷盆地变质岩石构造组合与成矿关系

夹皮沟-古洞河裂谷盆新元古代西宝安(岩)群、青龙村岩群为一套斜长云母片岩-黑云斜长片麻岩-大理岩-斜长角闪岩构造岩石组合,其中产锰磷磁铁矿,在东风西保安地区构成小型工业矿床。

二、佳木斯-兴凯地块南缘变质岩石构造组合与成矿关系

塔东古岩浆弧新元古代塔东岩群下部岩石构造组合为透辉斜长变粒岩、角闪斜长片麻岩、斜长角闪岩夹、磁铁角闪岩,其中磁铁角闪岩为工业矿体,形成塔东铁矿。

第六章 大型变形构造

第一节 大型变形构造类型的划分

成矿地质背景研究工作技术要求将大型变形构造定义为：大型变形构造是组成地壳的地质体在地质应力作用下形成的具有区域规模的（延伸长度一般大于100km，展布宽度数千米乃至数十千米，切割深度从壳内到切穿整个岩石圈）的巨型强烈变形构造，是地壳中的主要地质现象。换言之，大型变形构造是组成地壳的地质体在地质应力作用下发生空间位置和形态（结构构造）明显改变所形成的，具有区域规模的构造变形的集合，包括了在同一地质应力作用下形成的各种变形（变质）现象乃至相关的沉积盆地和隆起，是地壳受力情况的记录。与各类岩石从物质成分角度记录了地壳中物质运动及其地球动力学背景的变迁相似，大型变形构造即是地壳地质体受力变形历史的记录，也反映了组成地壳地质体或不同地质构造单元的相互构造关系，是地壳结构构造的重要约束。

根据这一要求，将吉林省在大陆汇聚—重组阶段所形成的大型变形构造带划分为：机房沟-头道沟-采秀洞构造混杂岩带、大阳-夹皮沟-古洞河逆冲型韧性剪切带、郭密和伊舒断裂带。

第二节 大型变形构造的主要特征

一、机房沟-头道沟-采秀洞构造混杂岩带

该大型变形构造是指西伯利亚板块与华北板块边界的索伦山-西拉木伦结合带东延至吉林省的部分，省内总长度大于700km，宽度为5～30km。以往，国内知名学者对此段的划分，具体位置均十分笼统，且颇具有争议（李锦秩等，1998，2004，2007；任纪舜等，1991，1999，2002；王鸿祯等，1981；唐克东等，1992，1995，1997，2004；邵济安等，1986，1995；李双林等，1997；谢鸿谦 2000；杨巍然等，1991），在吉林省境内对此带的具体位置也各不相同（葛肖红，1990；徐公愉，1991；毕守业等，1995；赵春荆等，1996；彭玉鲸等，1995，1997，2002，2005）。此次研究，在赵春荆等（1996）研究的基础上[即其所称“长春-吉林-蛟河（A）（敦密断裂带之西）及汪清-珲春（B）（敦密断裂带之东）隐匿对接带”]，对突出蛇绿岩块出露的具体地点做了重新拟定，敦密断裂带之西变动较大，以东基本未作大的更改。现对其存在的证据和主要特征略述如下。

西拉木伦河带越松嫩盆地始见于九台李家窑，那里在早、中泥盆世中酸性火山岩系中见有3处蛇纹石化橄榄岩块呈构造残片出露，后大体循南北向过伊舒断裂带于永吉县二道沟在西别河组含晚-末志留

世古生物化石的砂页岩夹灰岩透镜体的岩系中，见呈雁形状或串珠状分布的蛇纹岩、蛇纹岩化纯橄榄岩、斜方辉橄岩等超镁铁岩块为主体的构造岩片，其中见豆荚状铬铁矿，构成吉林省较著名的小绥河铬铁矿。

再向南进入永吉的头道沟，那里出现数十处以超镁铁质岩块为主体的镁铁、超镁铁质岩组成的构造岩，残留在以阳起片岩为主的头道沟组绿片岩系中。纯橄岩—斜方辉橄岩中亦见有豆荚状铬铁矿。

上述两地最早被认为代表了洋壳的残余(王东方等，1985)。对于后者再次被认为蛇绿岩，或指出头道沟原岩是由超基性、基性、中性、酸性火山岩及砂岩、泥岩、灰岩、泥质白云岩等组成；依据变质火山岩 SiO_2 的含量变化，斜长阳起石岩是由超基性、基性、中性火山岩变质而成，以基性火山岩为主，其里特曼指数依序为 2.18、1.41、1.83，属钙碱性系，在于久野(1965)硅-碱图中，属高玄武岩系和碱性玄武岩系(可能与后期混染作用有关)，并将产于该变质火山岩系的铜矿视为塞浦路斯型铜矿；由此提出头道沟组是岛弧环境下的蛇绿岩(李长庚，1989)。徐公愉(1991，1993)提出永吉县头道沟一带有低钾大洋拉斑玄武岩，超镁铁质岩和含泥质硅质岩等构成蛇绿岩套，它们可视为本区早古生代末期(S_2)大洋向南、北发生俯冲作用留下的洋壳残片；后又进一步认为与“残存的饮马河—波泥河蛇绿混杂岩带”有联系，而分别位于松辽盆地两侧的扎兰屯—贺根山带和残存的饮马河—泥波河带可能属同一带，并有迹象显示该带继续向东延伸。赵春荆等(1996)认为头道沟含铬超基性岩具蛇绿岩超镁铁质岩的成分特征，部分火山岩为大洋拉斑玄武岩，具岛弧弧前的特点，显然这里混杂洋壳残片，成为划分长春-吉林-蛟河(隐匿)对接带的标志之一。彭玉鲸等(1997)描述头道沟组火山岩岩石化学特征十分复杂，依据 FeO-MgO-Al_2O_3 变异图中投影点在大陆、洋岛、洋脊和洋底、造山带的分布特征，似乎表明火山作用始于板块内部(头道沟恰恰位于研究区过渡型陆壳活动带的近中心部位)，因拉张作用而出现大陆拉斑玄武岩及碱性玄武岩(投点出现在大陆及大洋岛区)；陆壳减薄接近破裂之际，使其喷发产物形成了具有洋底(深海)拉斑玄武系的岩石化学特征，极个别接近大西洋洋中脊玄武岩系的成分(两点落入洋脊和洋底区)；此时，体系因外部环境，由大洋扩张转化为大洋板块相对大陆板块的俯冲挤压(可能相当于温都尔庙蛇绿岩的定位)。本块带结构区亦转化为双向挤压区，挤压造山钙碱性火山作用代替了拉张火山作用(投影点落入造山带区)，并随造山作用的结束，而使火山活动停息，结合碎屑岩沉积构造环境的判别，具大西洋型和安第斯型大陆边缘的成分特征，缺少斜长石杂砂岩，在相关投影图中，投点分别落入被动陆缘和活动陆缘；因此，它是否可称为“破碎的”或“肢解的”蛇绿岩，尚需进一步工作。鲁若飞(2002)通过对头道沟组所作的再研究，同样认为其原岩主要为火山岩-沉积碎屑岩和灰岩，原岩建造为基性—中性—中酸性沉积碎屑岩-碳酸盐岩建造；在原岩建造中，基性、中基性火山岩有很大比例，其岩石类型和矿物组合以及岩石化学特征反映以钙碱性玄武岩系和拉斑玄武岩系为主，少部分为碱性玄武岩系，表明头道沟组地层沉积当时为海底火山强烈多喷发的环境。

从永吉头道沟续南延，即进入磐石呼兰镇地段。该处，最早即将其赋存于呼兰群中的基性、超基性岩体划分为两个岩带：含镍的岩体为第一岩带；非含镍的变质层状侵入体为第二岩带。并将后者称之为红旗岭蛇绿岩套，其西与温都尔庙，其东与朝鲜清津蛇绿岩相比较，同属早古生代蛇绿岩套(刘长安等，1979)。嗣后，在提出“天山-阴山蛇绿岩带”时，描述阴山北麓亚带的文字中提及，吉林省东南部蛇绿岩套产于志留系—泥盆系呼兰群中，蛇绿岩的年龄 331～350Ma(王荃等，1981)，显然，已将含镍岩体包括入蛇绿岩套之中。同年，彭玉鲸等(1981)则将红旗岭含镍岩体划属为断裂型，与煎茶岭、力马河等铜镍矿床进行比较。在亚洲古板块划分时，认为天山—索伦山—延边断续分布的蛇绿岩带，构成了塔里木—中朝板块的北界(李春昱等，1982)。王东方等(1985)亦将红旗岭、漂河川、獐项划入残余洋壳区，并称其为“残余洋壳蛇绿岩铜镍带”。贾大成(1988)进一步提出红旗岭镍矿区的超基性、基性杂岩，相当蛇绿岩套的层 1 和层 2；呼兰群下部主要由斜长角闪岩、角闪片岩、绿泥片岩及斜长角闪片麻岩组成，其原岩成分以拉斑玄武岩系列为主，相当蛇绿岩套的层 3；在都城秋穗区分不同构造环境下火山岩的图解中，均反映为大洋拉斑玄武岩性质，证明其为洋壳物质的残留。

该带过敦密断裂进入龙井草坪-彩秀洞超镁铁质-镁铁质岩带，最早是由查列夏茵（Зоненщайн，1977）提出，即古特提斯洋东面蛇绿岩分为两支。北支有些地方沿着中国塔里木盆地南缘而后到北山，已知那里出露有超基性岩与晚古生代海相沉积；稍东为蒙古人民共和国南缘索朗克尔带的蛇绿岩套；更东与中国吉林地区及俄罗斯沿海地区格罗迭科沃带的晚古生代蛇绿岩套连接起来。嗣后，李春昱等（1983）提及了天山—索伦山—延边断续分布的蛇绿岩带。王东方等（1985）亦将开山屯地区的超镁铁质岩和镁铁质岩划属残余洋壳。唐克东等（1995，1996，1997，2004）和邵济安等（1995a，1995b，1995c，1996）通过艰辛的野外地质调查取得了丰富的实际资料，论述了开山屯地区蛇绿岩混杂岩的主要特征：①开山屯地区蛇绿混杂岩中的镁铁、超镁铁质岩块主要为岛弧型，仅南部的变质岩片存在具有N-MORB特征的玄武岩。其中白云母的^{40}Ar-^{39}Ar等时线年龄为406.28Ma，相当早泥盆世。而张福助等（1993）测定开山屯地区岛弧蛇绿岩中闪长岩的锆石U-Pb SHRIMP年龄为260Ma，表明开山屯地区混杂岩中存在有形成于不同时代的两类蛇绿岩。②开山屯地区分布的古生代地层（面积是120km^2）主要由混杂岩组成。南部主要表现为滑塌堆积，北部则是由逆冲断层（糜棱岩带）分割的呈鳞片状叠合的构造岩片。前人建立的岩石地层中产晚石炭世和早、中二叠世动物化石的灰岩，来源于大洋海山，属外来岩块。产于混杂岩中的花岗质砂砾岩层，碎屑成分主要是钙碱性花岗岩，也有中、基性火山岩，被认为是岩浆弧背区发育的磨拉石建造，其中花岗岩（砾石）年龄为（286.8±5.6）Ma，糜棱岩带内的花岗岩（砾石）年龄为253Ma。③孙革（1993）认为所获糜棱岩中白云母的^{40}Ar-^{39}Ar等时线年龄为（205.7±7.1）Ma，代表了与逆冲变形同构造变质的时间，结合区域地质研究，开山屯东北的延边地区此时为活动陆缘环境，发育钙碱性岩浆岩，并产天桥岭群植物化石，表明混杂岩构造岩片的形成，可能与晚三叠世的洋壳俯冲作用有关。④提出该地区的演化历史，泥盆纪时洋壳形成。在中石炭世—中二叠世由南向北的运移过程中，洋壳之上发生硅质和碳酸盐沉积，形成海山。洋壳与由北向南移动的兴凯地块相对运动，二叠纪时洋壳向大陆俯冲，在兴凯地块西缘（现代方位）发育岛弧活动，并在中、晚二叠世形成滑塌堆积。可能与晚三叠洋壳的俯冲作用有关，在前陆地带发生逆冲作用，形成构造岩片。⑤吴汉泉等（2003）在唐克东、邵济安等研究的基础上确认了该区二叠纪末的消减增生杂岩，于开山屯镇西南的怀庆街上所附近产硬绿泥石+纤锰柱石+多硅白云母+（玉髓）和阳起石+黝帘石（斜黝帘石、绿帘石）+多硅白云母+玉髓的变质矿物组合。在江域西南山产阳起石+黝帘石（斜黝帘石、绿帘石）+多硅白云母+（冻蓝闪石）+（铁铝榴石）变质矿物组合，属低级蓝片岩相变质作用。兴凯地块东南的活动陆缘带发现的二叠纪蓝片岩，主要是蓝闪石（青铝闪石）+绿帘石+黑硬绿泥石+绿泥石+钠长石+石英的组合。⑥唐克东等（2004）进一步提出延边缝合带应该是晚侏罗世形成的兴凯地块与龙岗-冠帽地块增生联合的构造，是中生代环太平洋增生带的一部分。它与结束古亚洲洋的内蒙古缝合带和吉中缝合带没有关系，也不可能穿越敦密断裂，联结成一条横贯东北地区、统一的晚古生代缝合带。由此，东北地区总的构造面貌不是因"统一的缝合带"而形成东西走向的带状构造，而是因中、晚侏罗世-早白垩世的增生活动形成南北向构造。这样，它就与东北亚地区的整体构造协调一致。

二、大阳-夹皮沟-古洞河逆冲型韧性剪切带

该断裂日本人初称之"赤峰-开源-和龙构造线"，20世纪60年代在吉林省内习惯称辉发河-富尔河-古洞河（深）大断裂，并作为中朝准地台与吉黑华力西地槽（或褶皱带）的界线，即"槽台边界断裂"。黄汲清等（1980）称其为"中朝准地台北缘超岩石图断"，《吉林省区域地质志》（1988）沿用。从更大的区域上观知，它西起"内蒙地轴北缘断裂"，过辽河后受中生代北东向东亚平移断裂系的改造、切割、平移，形成今日所观察到的既有共性，又有个性的多个构造片段，自西而东有伊舒断裂带以西的"铁岭段"、夹持于伊舒带和敦密带之间的"清河—梅河段"、敦密带梅河—桦甸区段的"辉发河段"、敦密带与鸭绿江带间的

"富尔河段"、残留于鸭绿带内的"海沟段"以及鸭绿江带以东的为"古洞河段"。《吉林省区域地质志》(1988)将省内敦密带之西称小四平—海龙段,敦密带与鸭绿江带之间者称中段,柳树河子—大蒲紫河段(富尔河段)和鸭绿江带以东称之为东段(古洞河—白金段),全长达260km,宽5～20km。新的调查在"清河—梅河段"和敦密带与鸭绿江带之间的"富尔河段"取得一些新的进展,也带来了一些新的争议。前者因尚未和辽宁省同行交换过意见,因此,这里仅以"富尔河段"为例进行简单介绍。

该段(含更东部分)曾被称之为"金银别—四岔于复杂构造带"(毕守业等,1995),"华北板块北缘东段拼贴带"(郭孟习等,1999),"大蒲柴河地区韧性剪切带"(纪春华,2001),"华北地块北缘东段黄泥岭构造带"(李承东,2005),此次研究暂以"辽吉地块北部陆缘拼贴造山带大阳-夹皮沟-古洞河逆冲型韧性剪切带"称之。

从地质调查资料获得该区段的构造剖面,从传统的槽台边界断裂带上的金银别起,向北东至敦化贤儒形成由5条相互平行的北西向韧性(或韧脆性)断裂带切割的条块区。强烈的后期构造改造虽然构成了这些韧性剪切带及其所分隔的条块区共同特征,但从各自极难获得的一些残留的综合地质信息仍可反映出它们之间的差异,从而为陆缘拼贴造山演化历史的重溯提供了可能。由南而北依次为清茶馆-白水滩韧性断裂带(F1)、富尔河-大蒲柴河韧性断裂带(F2)、大石河仁义顶子韧性断裂带(F3)、牛心山-大桥韧性断裂带(F4)、贤儒-建设韧性断裂带(F5)。

1. 清茶馆-白水滩韧性断裂带(F1)

该带主体由2～4条逆断层组成,宽5～10km,产状(40°～50°)∠(30°～70°),多处为中生代沉积盆地覆盖后又活动。多期岩浆活动沿该带(及两侧)侵位,并多遭受不同程度的韧性或断裂构造变形,确定反映出其多期活动的特点。然而在该断裂的西南侧为大面积太古宙地质体裸露,而在其东北侧则有金银别构造岩片残留,其变质基性火山岩多以构造岩片和糜棱岩相间出现,其内小型叠瓦式构造及褶扇状构造极为发育,产状多与主构造协调一致。

2. 富尔河-大蒲柴河韧性断裂带(F2)

该韧性剪切带当前表现主要产于新元古代—早片麻状花岗岩质岩石之中,通常由1～2条强韧性剪切带组成,宽约3km左右。产状:走向300°～310°,糜棱叶理(30°～50°)∠50°,东西两端渐变为(350°～360°)∠(40°～70°),拉伸线理分别为(290°～340°)∠(20°～40°)、(290°～300°)∠(40°～42°)。在糜棱岩带中,石英拔丝结构、碎斑旋转及拖尾(压力影)现象和S—C组构常见。值得提出的是在强应变出露较好部位,长石碎斑旋转已应变成一球斑(形似豌豆状),其两侧对称分布的拖尾结构细如发丝,犹如显微镜下薄片中所描绘的"雪球(雪茄)"构造。据此,反映该韧性剪切带至少经历了仰冲、右旋斜冲、左旋下滑3次以上的不同方式的运动过程。

3. 大石河仁义顶子韧性断裂带(F3)

该断裂带当前主要发育于晚海西期—早印支期花岗岩中,通常由1条强韧性剪切带组成,宽约3km左右。产状:走向310°～310°,糜棱叶理(40°～50°)∠(50°～65°)。在糜棱岩带中,石英拔丝结构、碎斑旋转及拖尾(压力影)现象和S-C组构常见。

4. 牛心山-大桥韧性断裂带(F4)

该断裂带当前主要发育于晚海西期—早印支期花岗岩中,宽3～4m。产状:走向300°～310°,糜棱叶理(30°～50°)∠(30°～70°),已测得的拉伸线理产状(320°～330°)∠(20°～45°)。

5. 贤儒-建设韧性断裂带(F5)

该断裂带发育于晚海西期—早印支期花岗岩中，其构造特征及几何形态和运动程式均与F4相仿。取该断裂带糜棱岩黑云母测得^{40}Ar-^{39}Ar坪年龄(230±0.8)Ma，与该带被晚三叠世岩体侵入，而未受韧性断裂影响的地质证据所获结论一致，系南北陆陆对接的标志。而此次对接造山所产生的构造-岩浆-变质作用几乎影响整个古吉黑造山带。

上述龙岗复合陆地北部陆缘拼贴造山带富尔河段5大韧性断裂带及其所挟割的条块区的各自地质特征可在全区展开概略性对比。一些也同样反映在已测制的区域地球物理场图件中，它们比地质图表现更为客观、具体、真实。比如上述的富尔河段地质剖面图韧性断裂带的确定及各地质体，特别是大面积花岗岩体差异的区分，主要是建立在地质标志和同位素测年的位置上，而这些就经常会产生一些不同的认识。区域地球物理场图件所反映的各类场的特征，则是依据地球物理所测得的各类数据编制的，因而，无论在平面图和剖面图上所显示场的不同形态特征自然更为客观、具体、真实。作为富尔河段重磁综合剖面，不仅更加佐证了上述五大韧性断裂带的存在，同时把不同条块区因物质组成和结构上的差异所反映出的不同形态的重磁特征表现得一清二楚，可以作为地质认识的检验标尺之一。除此，地球物理资料还可提出这些韧性断裂带及挟持的条块带在三维空间上的变化特征，比如通过反演延拓，指出上述韧性断裂带在地表均以北倾为主，而在深部折向南倾，这就为进一步研究“区域造山模式”提供了重要依据。

三、敦密和伊舒断裂带

东北地区敦化-密山断裂带和伊通-依兰断裂带。在吉林省部分前者简称为“敦密断裂带”或“敦密带”，总长度大于500km，宽度大于5km；后者习惯称之为“伊舒断裂带”或“伊舒带”，总长度大于500km，宽度大于8km。

(一)构造形迹特征

1. 伊通-依兰断裂

伊通-依兰断裂在吉林省内位于二龙山水库—伊通—双阳—舒兰一带，呈北东方向延伸，过黑龙江省依兰—佳木斯—箩北进入俄罗斯境内。该断裂在省内是由东、西两支相互平行的北东向断裂构成，走向50°～55°，省内长达260km。两断裂间距在二龙山至九台县乌拉街段为20～25km，在乌拉街以北至吉林、黑龙江两省交界处则突然窄为8km以内。两断裂之间为一狭长条形槽地，断面总体外倾，向内对冲现象明显。

西支断裂：位于伊通—乌拉街槽地西缘与大黑山脉交界处。在莫里青附近省煤田局203队施工的3个钻孔证实穿过下古生界片理化晶屑凝灰岩(50～70m)之后见到了第三纪煤系地层，证明老地层仰冲在新地层之上。该断裂倾向北西，倾角70°左右，近地表陡，而往深部变缓；局部地段向南东倾，但倾角陡，达80°～85°。

东支断裂：与西支断裂遥相呼应，亦循北东方向延伸。但于伊通、乌拉街等地被北西向和北北西向断层切割错断而明显地表现为折线状展布。断裂南段由吉林省煤田地质局203勘探队于伊通一带钻探证实，第三纪煤系地层与燕山早期花岗岩呈断层接触；中段岔路河至乌拉街一带，物探、遥感资料均有明显的反映。舒兰以东，断裂形迹断续出露。于伊通东尖山断面倾向南东，倾角陡。

2. 敦化-密山断裂

该深断裂斜贯辽宁、吉林、黑龙江3省。由辽宁省的清源循浑河进入吉林省，越海龙县山城镇—辉南—桦甸—敦化一线，循辉发河呈北东方向廷抵黑龙江省，更循牡丹江及穆棱河继续向北东延伸至密山以远。总体走向北东，倾角50°，长900km，省内长近360km。1959年，黄汲清教授最早启用密山-敦化大断裂和抚顺-海龙大断裂之名，分别代表本断裂北、南两段，翌年合称为密山-敦化深断裂。吉林省部分属于敦密深断裂中段。

断裂由东、西两支相互平行的北东向断裂构成，走向50°～55°。两断裂相距一般在10～20km之间，南段断续出露，而北段由于第三纪碎屑岩和第四纪玄武岩掩盖难于见到踪迹。两断裂总体外倾对冲，倾角30°～80°，构成地堑。

西支断裂：由西南而北东，山城镇一带表现为断裂上盘太古宇逆冲在第三系和白垩系之上，而山城镇以北自家堡一带表现为海西花岗岩逆冲到白垩系、第三系之上。在桦甸一带，表现为下古生界、石炭系、海西期和燕山期花岗岩逆冲到侏罗系—白垩系之上。在二道甸子东帽儿山一带，见下白垩统泉水村组底部砂砾岩不整合在海西晚期花岗岩之上，由于后期断裂作用使该花岗岩又逆冲到泉水村组之上。

东支断裂：南段位于柳河盆地西侧，挤压片理发育，破碎带宽数百乃至1000m以上，北西盘向南东斜冲，逆时针扭动，断裂走向50°左右，倾向北西，倾角50°。向东到辉南至桦甸东断裂表现为倾向南东，倾角50°～60°，古老的太古宇逆覆于中生界之上，断裂多达4～5条，每条数百米宽，宽者1000m以上，窄者100m。

该断裂在中新生代强烈活动，控制了中、新生代断陷盆地展布方向、沉积建造和燕山期酸、碱性侵入岩的分布。桦甸一带更有近代地震活动。受断裂带控制的盆地呈北东方向与断裂相伴延展，主体在海龙—辉南—桦甸帽儿山一线。各地宽窄不一，最窄处在西南海龙县山城镇一带，宽5km，向北东有逐渐加宽的趋势，最宽地带在辉南附近，宽为18km。断裂控制的最老地层为晚侏罗世沉积岩及火山岩和火山碎屑岩，其主要分布在辉南至敦化一带，向西南越出省界于辽宁省清源一带亦有沉积。白垩系普遍发育，第三系主要发育在辉南镇以西。总体看，"地堑"内发育有两个次一级的中、新生代盆地，由西南而北东为梅河盆地、辉南-桦甸盆地。沿断裂带岩浆侵入-喷发活动频繁。辉南至二道甸子间有燕山晚期花岗岩侵入，呈北东向带状展布。

（二）最新研究进展

自1956年航磁测量所确定两条断裂带后，敦密带和伊舒带作为郯庐断裂系北延的主干带所显示的最大特征，反映在所有区域性小比例地质图件中为一醒目的"槽地"，控制了晚中生代—新生代陆相含油（气）、含油页岩、含煤盆地的沉积和岩浆活动，以及槽地两侧的边界断裂。时至今日，这些一直是国内外地学界不断深入研究的课题，吉林省部分也毫不例外。近年来，随着同位素年代学等理论和方法的发展，特别是构造定年研究的应用，使上述3个不同性质的焦点问题统一到建立构造（运动）的年谱的系统工程中来，从而在整体上推动了其研究深度及广度。现将吉林省在该方面所获得的一些新资料，以及建立在这些新资料基础上的最新研究进展提供如下。

2001年，通过对伊舒带的西北缘断裂的调查，首次获得该带的两个构造（活动）年龄：其一，在乐山镇达子沟见压碎中细粒黑云母二长花岗岩与早白垩世晚期—晚白垩世杂色层呈断层接触，压碎中细粒黑云母二长花岗岩的黑云母单矿物^{40}Ar-^{39}Ar坪年龄（133.13±0.31）Ma，等时线年龄（133.37±0.60）Ma。而该花岗岩前人划属农林（或农林—泉眼沟）岩体，其锆石U-Pb单点所确定的岩体侵位年龄为174Ma。其二，在靠山镇北口公路旁伊舒带西北边界断裂附近西北盘二云母/白云母花岗岩露头中可见一系列小型北东向压性结构面，测获白云母的$^{40}Ar/^{39}Ar$坪年龄（135.66±0.11）Ma，等时线年龄为（135.43±0.26）Ma。该二云母/白云母花岗岩前人曾称其为莫里青（或靠山镇）岩体，它沿伊舒带西北侧主干断裂呈北东向展布长达10余千米，宽达3～4km，在许家店小山曾测得白云母的K-Ar年龄171.66Ma，可与石岭街镇太阳岭(含)白云母花岗岩的K-Ar年龄(171Ma)比较(殷长建等，2005)。

2002年，对敦密带东南缘断裂的调查中，于敦化长乐村花岗岩采石场见一系列小型北东向斜冲断层，取压碎花岗岩黑云母样测得其^{40}Ar-^{39}Ar坪年龄130Ma，同时在上官地附近发现多条二云母花岗岩脉侵入早古生代地层中，并以残留的构造岩片形式出露，二云母花岗岩脉群依然保留着北东向展布的特征(王凯红等，2004)。

2004—2005年又在敦密带上获得船底山组建组剖面的玄武岩顶部获得全岩K-Ar年龄(28.5±2.3)Ma，获得琵河碱性岩群霓辉粗面岩(伴生正长岩)全岩K-Ar年龄(24.5±0.4)Ma，获得老爷岭近岭顶垭口处公路旁顶部玄武岩K-Ar年龄(12.4±0.6)Ma(于宏斌等，2009)。孙晓猛等(2008，2009)亦在敦密剪切带中获黑云母Ar-Ar等时线年龄(161±3)Ma。

与上述工作同时或稍早一些时间，李锦铁等(1999)报道了敦密带牡丹江—鸡西段苇子沟—梨树沟构造岩片北沟村北秃顶山的角闪片岩^{40}Ar-^{39}Ar坪年龄(167.1±1.5)Ma，该岩片穆棱河西岸三道河子村东石榴子石英钠长白云片岩白云母的^{40}Ar-^{39}Ar坪年龄(175.26±0.9)Ma，等时线年龄(176.7±1.7)Ma，磨刀石—新民岩片内的代马沟林场以北的转心湖东北侧的石榴子石英钠长白云片岩白云母的^{40}Ar-^{39}Ar坪年龄(166.0±1.2)Ma，等时线年龄(169.2±4.4)Ma，在该岩片南北两侧还分布有为大家所关注的蓝片岩带，北带主要出露于磨刀石镇以东的对头砬子至椅子圈一带，沿走向向北东至七家子林业经营所一带，还见有黑硬绿泥石等变质矿物，其余共生矿物为石英、白云母、钠长石及少量阳起石，成为分隔西北侧苇子沟—梨树沟构造岩片与东南侧磨刀石—新民岩片的强烈变形带。周裕文等(1993)、叶慧文等(1994)曾分别获得兰片岩蓝闪石的^{40}Ar-^{39}Ar坪年龄155Ma和(154.7±0.7)Ma；南带位于磨刀石—新民岩片南缘的保安村西一带，矿物组合和原岩类型均与北带相似，未获测年资料。孙得有(2001—2003)还获得伊同通泉眼沟糜棱岩化白云母二长花岗岩锆石U-Pb(LA-ICP-MS)年龄(178±4)Ma，梅河山城镇花岗闪长只质糜棱岩和营厂片麻状斑状黑云母花岗闪长岩全岩—单矿物(黑云母)Rb-Sr等时线年龄(152±3)Ma和(156±3)Ma。窦立荣等(1996)还在伊舒带叶赫附近获得构造岩片黑云母^{40}Ar-^{39}Ar坪年龄(105±2.58)～(95.7±2.74)Ma及辉绿岩全岩Rb-Sr等时线年龄(100±5.9)Ma，角闪石^{40}Ar-^{39}Ar坪年龄(100.02±1.55)Ma。

第三节 大型变形构造的形成、构造环境及其演化

一、机房沟-头道沟-采秀洞混杂岩带

西伯利亚板块与中朝板块在新元古代晚期开始裂解(王荃等，1991)，已经从机房沟-头道沟-采秀洞混杂岩带内小绥河蛇纹岩全岩Sm-Nd等时线年龄(794.1±36.6)Ma(彭玉鲸等，1995，2005)，得到证实。沿中朝板块北部边缘出露陆缘碎屑岩-碳酸盐岩及碱性火山岩建造，如西宝安(岩)群、青龙村岩群，以含锰磷磁铁矿为特征，这套地层被认为是“可能的早期裂谷系和被动陆缘沉积”(王有勤等，1997)。佳木斯-兴凯地块同样发育有一套相应的陆缘沉积，以含铁、钒、钴、磷为特征，吉林省称为塔东岩群。而自北而南不同地段见有不同特征镁铁、超镁铁质岩块组合，赋存于不同性质不同时代的岩石地层中，反映该带地质演化的复杂性。大窝鸡超镁铁质岩全岩Sm-Nd等时线552.5Ma(冯佐峰等，2006)，头道沟Ⅰ号岩体曾获得全岩Sm-Nd等时线年龄(418.4±24.1)Ma，反映了区内古亚洲洋早古生代的扩张区，这一时期的扩张也可以从华北板块北缘的岛弧型火山沉积岩发育得到验证。岛弧型火山沉积岩系主要出

露在伊通放牛沟地区，被称为放牛沟火山岩，岩性为英安质角砾凝灰熔岩、英安质凝灰岩、流纹质凝灰岩、凝灰质砂岩等，全岩 Rb-Sr 等时线年龄(455±10)Ma。晚志留世两大板块碰撞拼合，伴有花岗岩侵入，代表性岩体有泉眼沟岩体、大玉山岩体等。同时发育晚志留世—早泥盆世一套海相磨拉石建造，吉林中部地区称张家屯组、二道沟组。近期开展的 1∶25 万榆树市幅区域地质调查工作中，在九台李家窑与蛇纹石化橄榄岩块伴生变质流纹岩中取得锆石 LA-ICP-MS 年龄为 378Ma，而在双河镇地区也鉴别出了晚二叠世蛇绿岩，锆石 U-Pb SHRIMP 年龄为 252～260Ma(张福勤，2003)。上述研究成果，反映了区内古亚洲洋早古生代的扩张区的信息，正如王鸿祯等(2006)指出："主要的碰撞带通常与老的碰撞带相重合，也就是说，它们是多阶段的或叠加的碰撞带。"晚二叠世两大板块碰撞再次拼合，海水完全退出，沉积了一套磨拉石建造。

二、大阳-夹皮沟-古洞河逆冲型韧性剪切带

清茶馆-白水滩断裂东北侧则有金银别构造岩片残留，其变质基性火山岩多以构造岩片和糜棱岩相间出现，其内小型叠瓦式构造及褶扇状构造极为发育，产状多与主构造协调一致。取变质变形程度较弱的变质火山岩作全岩 Rb-Sr 等时线测年为 1371Ma(高银度等，1987)，而变质较强的团结沟、东方红、四岔子等 3 个构造岩片(见团结沟构造岩片逆冲于太古宙或古元古代地质体上)变质岩系变质年龄为 1153～1162Ma。在后期的花岗岩类还获得残留锆石 U-Pb 年龄 2500Ma(邹祖荣等 1994)，可以认为是该构造带从中元古代开始活动的一个佐证。不仅如此，在该带东南侧的夹皮沟太古宙地块上，亦可觅得其存在的佐证：如夹皮沟矿区鹿角沟石英闪长岩 K-Ar 年龄 945.5Ma；板庙子岭片麻岩叠加变质年龄(K-Ar)1051Ma；老牛沟-夹皮沟推覆带中构造岩幸运地残存了 K-Ar 年龄 946.5Ma 和 953.0Ma 的记录。富尔河-大蒲柴河韧性断裂带南东侧旁残留有杨树河子片麻状花岗岩，其中多见变质岩包体，片麻状花岗岩锆石 U-Pb 单点年龄为 908Ma、1800Ma(方文昌等，1992)。由此，可认为 F1 与 F2 韧性断裂带间的条块区即为 1000Ma 陆缘拼贴造山增生带残存遗迹。

事实上，由于这次拼贴造山的强烈影响，这一切都进一步共同揭示了清茶馆-白水滩韧性剪切带(F1)形成于中元古代末期的造山运动。从全区看这一阶段的拼贴造山都有踪可寻，特别是在东邻的两江段残存的信息也能说明这一问题。刘裕庆(1991)对海沟金矿作了较系统的研究，提出如下几点认识：第一，矿石铅和围岩模式年龄为 1000～1200Ma。M 值近于 9.73；第二，矿石铅同位素模式年龄(977～1197Ma)与中元古界色洛河群(经 1∶5 万区域地质调查该区原称之"色洛河群"与其建群层型地点岩石及组合特征不同，新建相近)；第三，晋宁运动中期，随着海沟地槽内强烈火山喷发和沉积变质作用的发展，可能有金和大量矿质进入中元古界的色洛河群绿片岩相变质岩系，实测金丰度可达$(5\sim23)\times10^{-9}$，有可能构成本区金的矿源层。这 3 点重要认识，说明"槽台边界断裂"不仅是晋宁运动的产物，而且也是该带的金矿一次重要成矿事件。

在富尔河-大蒲柴河韧性断裂带(F2)两侧所残留的新元古代—早寒武世花岗岩，目前仅在五道沟苇沙子花岗闪长岩中获得锆石 U-Pb 单点年龄 637Ma、658Ma，而后来侵位的早古生代"黄泥岭花岗岩"亦曾获得 502Ma、519.1Ma 的测试数据。考虑在 F2 和 F3 韧性剪切带所挟持的条块区中，残留的地层主要为零星分布于不同时代花岗岩中的残留包体，并被分别称为红光岩组和万宝岩组。前者除曾获得Pb-Pb同位素年龄 805Ma、945Ma 外，还曾采到 *Trematosphaeridium* sp.，*Protosphaeridium* sp. 等少量微古植物化石，表明其时代应为新元古代；后者依据所获 *Leiopsophosphaera solida*，*leiominula* sp.，*lophosphaeridium* sp. 等微古植物化石，时代可暂定为新元古代晚期—早寒武世。可将 F2 韧性断裂带及其与 F3 断裂带之间的条块区视为曾是阿森特-兴凯期陆缘拼贴造山带的产物。十分宝贵的是在该带未受后期事件影响的"安全岛"上，测到该带糜棱岩黑云母的^{40}Ar-^{39}Ar 坪年龄为(560±1.13)Ma，大体

反映了该带形成的时间，与前述的花岗岩为同一构造事件的产物。受此影响，西南紧邻的夹皮沟地块上老牛沟-夹皮沟韧性拼贴带（局部）再度活动，糜棱岩全岩 Rb-Sr 等时线年龄 546.8Ma；其所控制的锦山（哑铃状）岩体，亦出现了同期热事件的再造年龄，即 K-Ar 年龄（574±90）Ma（为 8 个单样 K-Ar 年龄 446Ma、458.3Ma、548Ma、535Ma、607Ma、616.5Ma、679Ma、682Ma 之算术平均值）。在敦密断裂带以东，鸭绿断裂带以西的其他各区段，该期构造事件的残存信息亦有发现，如岩浆侵入事件，有四平山门莫家残存的片麻状石英闪长岩和和龙长仁孟山残留的片麻状花岗闪长岩锆石 U-Pb 等时线年龄分别为（539.29±39.5）Ma 和 516.1Ma；变质事件年龄有原"清河镇群"绿片岩 K-Ar 等时线年龄（528±23）Ma，安图两江大兴韧性剪切带上的构造岩片 K-Ar 年龄 536Ma，共同铸证了龙岗复合陆块北部陆缘活动带曾经历了阿森特-兴凯期的拼贴造山事件。

大石河-仁义顶子韧性断裂晚海西期—早印支期花岗岩，与牛心山-大桥韧性断裂带之间所残留的岩石地层，很可能与下二台地区的黄顶子岩组的大理岩对比，以产硅线石矿（或矿化）为特点，前者所产小型腕足类化石时代被确为奥陶纪。表明在龙岗复合地块北部陆缘活动带曾发育有加里东构造层。残存的岩浆岩如六棵松辉长岩的 K-Ar 年龄为 402.6Ma，与东丰韧性断裂带土城子橄榄二辉岩锆石 U-Pb 单点年龄大于 400Ma 可作比较，和呼兰镇大玉山花岗岩黑云母 K-Ar 年龄 408Ma、磷灰石 U-Pb 年龄 400Ma（陈作文等，1982）、黑云母 K-Ar 年龄 426Ma（张甲忠，1984）、黑云母 K-Ar 年龄 418.9Ma（金基洙等，1985）亦有联系，即共同反映了加里东构造岩浆作用的基性和酸性岩浆事件。孙德有等（2004）获得大玉山花岗岩颗粒锆石 U-Pb（TIMS）年龄为（248±4）Ma，认为它代表了西拉木伦河-长春-延吉缝合带于二叠纪末期发生了最终的碰撞拼合作用。我们认为这一认识并不完全有碍于我们提出龙岗复合陆块北部陆缘活动带曾存在过的加里东构造阶段的发展过程。由此，我们将大石河-仁义顶子韧性断裂带推定为该陆缘活动带加里东拼贴造山的产物，后为晚海西期—早印支期花岗岩侵位，韧性断裂带并再度活动。

牛心山-大桥韧性断裂带西南侧鱼亮子林场一带，残存一花岗闪长岩体，测得其锆石 U-Pb 等时线年龄为（351.20±0.05）Ma，与整个古吉黑造山带已知的早海西期花岗岩的年龄值一致。如伊通庙岭二长-钾长花岗岩、黑云母 K-Ar 年龄分别为 351Ma 和 371Ma，绢云母 K-Ar（稀释法）年龄（347.35±7.86）Ma，Rb-Sr 等时线年龄（552.65±2.42）Ma。在辉发河段曾获得呼兰岩群小三个顶子岩组片岩叠加变质全岩 Rb-Sr 等时线年龄 357.23Ma；在古洞河区段获得青龙村岩群中构造变质锆石 U-Pb 等时线年龄 342.3Ma（权宁吉，1986）。由此，可将牛心山-大桥韧性断裂带推定为早海西期陆缘拼贴造山的产物。后有晚海西期—早印支期花岗岩侵位韧性断裂带又再度活动。叶慧文等（1994）依据牡丹江地区 347Ma 花岗岩的出现，作为佳木斯地块与兴凯地块开始拼接的标志，实际上也是强调了该构造阶段存在的重要意义。

贤儒-建设韧性断裂带，该带形成于晚海西期—早印支期花岗岩中，其构造特征及几何形态和运动程式均与 F4 相仿。取该带糜棱岩黑云母测得 ^{40}Ar-^{39}Ar 坪年龄（230±0.8）Ma，与该带被晚三叠世岩体侵入而未受韧性断裂影响的地质证据所获结论一致，即其形成时代为晚海西期—早印支期，是南北陆陆对接的标志。而此次对接造山所产生的构造-岩浆-变质作用几乎影响整个古吉黑造山带。以岩浆活动而言，如在梅河段于东丰小四平二长花岗岩测得锆石 U-Pb（SHRIMP）年龄（243±5）Ma，而其上又被含化石的晚三叠世地层沉积覆盖。本区段（富尔河段）从太平屯闪长岩（锆石 U-Pb 262Ma）—石门角闪石花岗闪长岩（K-Ar 275.1Ma，锆石 U-Pb 245Ma）—小蒲柴河黑云母花岗闪长岩（锆石 U-Pb 252Ma、248.4Ma）—仁义顶子似斑状花岗闪长岩—亮兵二长花岗岩（Rb-Sr 234.6Ma，锆石 U-Pb 247Ma）—碱长花岗岩—碱性花岗岩构成了一个完整的演化序列。不仅如此，此次岩浆活动还波及到龙岗复合地块之上，如辽宁清源夏家堡镇猴石放牛沟石榴白云母二长花岗岩锆石 U-Pb（SHRIMP）年龄（261±20）Ma、单颗粒锆石 U-Pb 年龄（254±7）Ma、^{40}Ar-^{39}Ar 年龄（248.8±0.4）Ma，和龙百里坪长兴林场二长花岗岩 U-Pb年龄（255±1）Ma，罗村岭似斑状花岗闪长岩锆石 U-Pb 年龄 248Ma、243Ma、（234±1.7）Ma。就变质作用而言，一是前石炭纪地质体出现了该期叠加变质年龄，如呼兰岩群小三个顶子岩组白云片岩，获得了白云母-锆石的 Rb-Sr 等时线年龄(237±8)Ma，大玉山花岗全岩 Rb-Sr 等时线(220.8±8)Ma。穆棱镇西南西北岔黑云变粒岩中变质锆石 U-Pb 年龄(245±15)Ma，绥阳镇附近原黄松群黑之斜长片麻岩变质锆石单颗粒蒸发法^{207}Pb-^{206}Pb 年龄(235±26)Ma、(253±15)Ma。开山屯镁铁-超镁铁质岩全岩 Rb-Sr 等时线年龄(245.29±17)Ma。早海西期四楞山花岗岩亦获得全岩 Rb-Sr 等时线年龄(234±24)Ma。此外，珲春含中二叠世古生物化石的关门嘴子组火山岩在满河及老婆婆沟一带也获得全岩 Rb-Sr等时线 235Ma 及 238Ma 的变质年龄。二是在永吉和蛟河分别发现中高压变质岩产地各 1 处，其原岩曾分别划属于余富屯组及大河深组，极有可能为该期陆陆碰撞残留的遗迹。值得特别提出的是，在该期花岗岩中可见残留的老锆石，已测得的年龄有 2523.47Ma、2180Ma、1800Ma、1668Ma、1335Ma、1116.51Ma，后者与今年在珲春杨木桥子沟等处所发现的片麻状花岗闪长岩测得的锆石 U-Pb 等时线年龄(1179.6±83.4)Ma 非常接近，都同样揭示前晚古生代“基底”均被广泛而强烈地卷入古亚洲构造域形成的末期造山运动中来。

三、敦密和伊舒断裂带

包括“敦密带”“伊舒带”在内的形成时代，早期多从地质分析入手而提出的，有“前寒武纪说”“古生代—中生代早期说”“印支期说”“燕山期说”“喜马拉雅期说”等，并赋予多期活动的概念。从上述列举的新的实际资料进一步表明其形成时代为中生代。

一般认为郯庐带的北延是以敦密带为主干，还包括了伊舒带、四平-德惠带。郯庐带的形成与演化的主导因素受中生代以来泛太平洋板块与东亚大陆边缘的互动方式及其速率变更所制约。晚三叠世时期由于法拉隆(Farralon)大洋板块与东亚大陆边缘沿北北东方向作长期的侧向(平移)运动，导致郯庐带及东亚平行断裂系的形成，在吉林省东部山区形成了一系列的以北北东方向为主体的走滑拉分-张裂型火山沉积盆地(除小河口沉积盆地目前尚未发现火山活动)。嗣后，依次出现的伊泽纳吉(Izanagi)大洋板块，库拉(Kula)大洋板块相对东亚大陆边缘发生了(相对)俯冲(或斜俯冲)和侧向相互交替的运动，从而亦导致郯庐带各段运动性质相互转化的变动。从这些变动初步研究拉分盆地的“开合”时限，反映形成构造环境的一些典型岩套的测年资料，如包括鸭绿江大断裂在内(即讨论整个东亚平行断裂系的起源)其形成时代当为晚印支期，在那里它所控制的安图青林子、悬羊砬子、和平营子测得 K-Ar 年龄 226.2Ma。吴福元等(2002)又新测得青林子角闪正长岩锆石 SHRIMP 年龄(223±1)Ma，可靠地证明为晚三叠世活动的产物。对“敦密带”和“伊舒带”而言，目前虽然没有获得这样的直接证据，但也有些线索可说明其雏形亦始于晚三叠世。在现今“敦密带”西北缘主断裂近旁存在一系列旋扭构造及褶皱，如著名的铁岭大甸子、勃利七台河旋扭构造。铁岭大甸子旋扭构造，前人或称其为“大甸子帚状构造”，近期，陈文寄等(1999)对其所制约的火山岩取一玄武岩样品，获得其 K-Ar 年龄(161.9～220.2)Ma，平均值为(194.2±20.5)Ma，但其全熔年龄 218.1Ma，^{40}Ar-^{39}Ar 坪年龄 218.1Ma，Ar-Ar 等时线年龄 220.6Ma，全岩 Rb-Sr 等时线年龄(215.2±17.1)Ma，故建议使用年龄值为(218.0±2.2)Ma。

从前述郯庐带的命名可了解，在该断裂带提出的初期，对该断裂带的性质-剪切(或走滑)、挤压(逆冲或对冲)、拉张(正断层或地堑)就出现了不同认识。随着多学科调查和研究的不断深入，如构造同位素地球化学、古地磁等手段的应用，特别是同位素年代学理论和方法的迅速发展，高精度构造测年数据的不断出现，使所有研究者共同认识到，郯庐带具有多期活动的复杂的演化历史。因此，讨论其性质绝不可能离开其具体的活动时间，即将其性质和演化的研究推向建立年谱研究的新阶段，并出现了一些新的不同认识。对其在中生代期间的活动，徐嘉炜等(1992)、陈丕基(1988)、朱光等(1995)、张宏等(1995)，窦立荣等(1996)、殷长建等(2005)都大体主张在 130～100Ma 为郯庐带最大的平移时期；彭玉鲸等(1995,1998),郭孟习等(2000)则提出郯庐带有 229～209Ma 和 130～100Ma 两次重要的平移时期;万天丰等(1996)则认为 250～208Ma 为其主要平移期,而 130～100Ma 主要为其正断层活动期;陈宣华等(2000)亦大致持相同的观点。分开平移期断层性质的转换,彭玉鲸等主张为斜俯冲或正面俯冲阶段(亦可叫陆内俯冲);万天丰等则主张称逆断层或正断层活动期;陈宣华等还强调了 180～164Ma 郯庐带东侧扬子地块产生逆时针转动。显然,这些不同的认识可能主要表现在对构造-岩浆识别的标志有所不同。为此,我们依据上述的新资料提出一些识别标志以供比较,推动殊途同归。

(1)受断裂控制的沉积盆地的类型及"开合"的时间历程。盆地分析划分沉积盆地的类型虽然已有较为统一成熟的原理。但对郯庐带内中生代沉积盆地或火山沉积盆地类型-走滑拉分-张裂型盆地和正断层地堑型盆地的划分认识并未一致,如对 130～100Ma 间的盆地,如果确认其为走滑拉分-张裂型盆地,那控盆断裂显然应属走滑断裂;反之,如果认为这时发育的盆地属地堑式盆地,则控盆断裂当然会确定为正断层。这可能就是对郯庐带早白垩世是走滑还是正断层活动为主出现不同认识的重要原因之一。从"敦密带"和"伊舒带"所形成的实际材料及上述的新资料,我们也认为早白垩世时期是一重要的走滑期。盆地"开合"时间认识的重要性,实际上就是对断裂带性质转换过程的认识,也是对断裂带具有某一性质片段活动时限的有效确定。对走滑拉分-张裂型盆地而言,开就是走滑拉分活动的开始,闭就是走滑拉分活动的结束,走滑断裂性质将转化为俯冲或俯冲的性质,到后一期新的走滑拉分-张裂型盆地的出现,控盆断裂又由压性或压扭性转化为扭性或张性的。"敦密带"和"伊舒带"及其所影响的广大地区从(T_3—K_1),发育有 T_3,J_1,J_2—K_1^1(可能包括 J_2、J_2—J_3、J_3—K_1^1 不同段落),K_2^1 4 个阶段的走滑-拉分盆地,分隔这 4 个阶段的则是 J_1—T_3,J_2—J_1,J_3—K_1^1/J_2,K_2^1/K_1^1 的区域性角度不整合。表明这一时期"敦密带"和"伊舒带"是以走滑和俯冲(或斜俯冲)呈交替叠进演化发展的。

(2)受断裂控制的具有反映形成构造环境标志意义的岩浆活动,与走滑拉分有关的早期出现的含钒钛磁铁矿的碱性—基性岩群,并伴生正长岩类岩石,在中(峰)期出现的是与走滑拉分张裂区和走滑挤压—隆起区相关的 S—A 型对花岗岩(彭玉鲸等,1998);在晚期出现的是非造山型 A 型花岗岩。与俯冲或斜俯冲有关的为白云母/二云母花岗岩。对这些具有标志意义的侵入岩的年龄统计分析,可为(1)所提供的认识进一步检查佐证,并可更精确地提供不同发展阶段的时限。比如,当前所获得的辽源香水园子、白山市遥林石榴白云母二长花岗岩锆石 U-Pb(TIMS 和 SHRIMP)年龄分别为(184±3)Ma 和(176±7)Ma,它们出现在中侏罗世与早侏罗世区域性角度不整合所限定的时限内,因此可以推定早侏罗世盆地闭合,在区域上出现一次陆内(A 型)板片俯冲,导致含榴白云母花岗岩的侵位。

(3)对测年构造岩的分类,包括"敦密带"和"伊舒带"构造岩测年资料日益增多,大部分专家对测年构造岩的构造类型进行了研究乃至系统的岩组测试工作。但也有少量测年构造岩的属性未作适当研究,从而也会导致对年龄使用或引用上造成认识上的分歧。比如,对 130Ma(或 135Ma)构造岩的测年资料,其碎裂岩、碎裂-糜棱岩、糜棱岩,若认为是张扭性断裂造成的,即当得出该时期存在走滑的结论;若认为是张性的产物,自然会认为该时期以正断层活动为主。前述穆棱河西岸三道河子村东石榴石英钠长白云石英片岩白云母的^{40}Ar-^{39}Ar 坪年龄(175.26±0.9)Ma,等时线年龄(176.7±1.7)Ma,其年龄研究者也提出它是区域动力变质作用峰期的产物,存在着早-中侏罗世地壳缩短。事实上这一年龄恰巧与(1)所提出的 J_2/J_1 之间的区域上角度不整合所限定时限吻合,也与(2)所提出的该时段含榴白云母花岗岩侵位的时限相应。另前文所提及的在敦密带西北缘在干断裂带近侧,周裕文和叶慧文等所获得的蓝片岩蓝闪石的^{40}Ar-^{39}Ar 坪年龄分别为 155Ma 和(154±0.7)Ma,以及该带山城镇等地花岗闪长质糜棱岩等黑云母-全岩 Rb-Sr 等时线年龄(152±3)Ma 和(156±3)Ma 等,与安图东清所出现的含榴二云母二长花岗岩锆石 U-Pb 年龄(158±2)Ma、(155±5)Ma 也相互呼应,表明该时限在区内出现一次 A 型陆内俯冲。

我们认为综合运用上述 3 项标志及其他标志,将对郯庐带及不同区段性质和演化的研究逐步趋同,以建立更多的共识。

既然承认"敦密带"、"伊舒带"与郯庐带整体一样存在着不止一次的走滑作用，就不能回避前人对最大平移量的争议。我们认为郯庐带及各段都经历了长期、多期、不同性质的复杂的活动过程，现在所讨论的其平移量本质上是中、新生代时期不同活动方式所形成的总效应。因而不同人或同一人用不同标志所测定的平移量有所不同应是可以理解的。比如张宏等以"槽台"边界断裂的标志，即山城镇与桦甸间的距离，位移量为150km；张理刚等引用中生代构造同位素地球化学(长石铅)分区，"敦密带"两侧同一地球化学省，东侧相对西侧左行平移400～500km，并认为总位移量不小于200km，接近400km也是可能的；郭孟习等据地球物理资料，测定"敦密带"左旋平移幅度为150km以上；徐嘉炜先期认为"敦密带"左行错开了那丹哈岭-锡霍特阿林褶皱系达200km，后期以辽北地块和鲁西地块对比为标志，认为其左行平移幅度达700km以上。

以上重点讨论了"敦密带"、"伊舒带"(并涉及郯庐带整体)在中生代活动期(T_3—K_1)的一些新进展和新认识。彭玉鲸等(2007)在研究中国东北晚白垩世—新生代火山资源环境时，认为东北亚地区此时结束了滨西太平洋陆缘火山弧的发展阶段，转向盆岭(山)构造发展的新时期。其对新生代火山事件地层划分时，将敦密断裂带作为典型区，将更新世以前的火山活动划分出52次火山事件，分属Ⅵ大岩浆旋回，结合火山沉积盆地岩石地层序列的演化，盆地的变迁及区域性角度不整合接触关系的确认，将喜马拉雅运动划分为六幕，并指出渐新世鲁培尔期内(31Ma左右)的构造幕为其主幕，它席卷了整个中国东部，重塑了滨西太平洋的大陆边缘。

以上着重讨论了"敦密带"、"伊舒带"(并涉及郯庐带整体)在中生代活动期研究的一些新进展和新认识。对新生代时期的活动所取得的重大进展，除新生代火山事件地层中作了部分反映，其他更多的一些内容，限于时间和篇幅，不再开展讨论。

第四节　大型变形构造与成矿的关系

一、机房沟-头道沟-采秀洞构造混杂岩带

该大型变形构造泥盆纪中酸性火山岩系中见有3处蛇纹石化橄榄岩，在永吉县二道沟在西别河组含晚—末志留世古生物化石的砂页岩夹灰岩透镜体的岩系中，见呈雁形状或串珠状分布的蛇纹岩、蛇纹岩化纯橄榄岩、斜方辉橄岩等超镁铁岩块为主体的构造岩片，永吉的头道沟，那里出现数十处以超镁铁质岩块为主体的镁铁、超镁铁质岩组成的构造岩，残留在以阳起片岩为主的头道沟组绿片岩系中，在龙井草坪-彩秀洞发育有超镁铁质-镁铁质岩体群，这些岩体常见豆荚状铬铁矿，其中永吉县二道沟蛇纹岩、蛇纹岩化纯橄榄岩、斜方辉橄岩等超镁铁岩块，形成工业矿体构成吉林省较著名的小绥河铬铁矿。

二、大阳-夹皮沟-古洞河逆冲型韧性剪切带

该断裂带长期多次活动导致沿断裂带多期次多类型的岩浆活动对矿产的生成起了重要的控制作用。受深断裂带的构造岩浆条件控制而沿两侧分布的矿产主要有金与铜、镍多金属矿产。金矿尤其发育，发育著名的夹皮沟金矿田，海沟金矿等大中型金矿。以夹皮沟金矿带为例，多年来大多数专家均认为其主期成矿作用为燕山期。近年来开展的成矿年代学研究表明其为典型的多期成矿，根据八家子和二道沟含金石英脉中水热锆石年龄测定，其U-Pb一致线上交点年龄分别为(2469±33)Ma、(2475±

19)Ma(李俊建等,1996),代表了该区最早的一期成矿作用。八家子和二道沟含金石英脉块中子活化Ar-Ar法年龄测定,前者为(1824±20Ma),后者为(2038±22Ma)和(1253±17Ma)(吴尚全,1991;王义文,1994)。八家子金矿含金石英脉流体包体的Rb-Sr等时线年龄(231±21)Ma,二道沟金矿切割老矿脉的花岗闪长岩K-Ar年龄229Ma,本身又受矿化(有小矿体赋存)。板庙子金矿含金石英脉的K-Ar稀释法年龄(1864±45)Ma,含矿石英脉流体包体Rb-Sr等时线年龄(244±9)Ma。夹皮沟本坑控矿糜棱岩和应力黏土矿物Rb-Sr等时线分别为546.8Ma和303.6Ma。红旗沟金矿K-Ar年龄1344Ma,快中子活化Ar-Ar年龄(873.9±10.5)Ma、(249.9±3.8)Ma、(203.1±6)Ma。这些复杂的年代学数据,与王义文通过该金矿带铅同位素三阶段模式年龄计算应存在2400Ma、1800Ma、1000Ma、600Ma成矿作用基本吻合;也与区域地质事件发生的地质年代相吻合。故不仅表明该带金矿成矿的多期性,同时说明其成矿作用的有序性、节律性和与区域地质事件的耦合性。在该带的东延地区和龙长仁铜镍矿,可能是与相邻的裂陷槽的边缘断裂相平行北北西向而形成的镁铁-超镁铁岩群。

三、敦密和伊舒断裂带

敦密和伊舒断裂带长期多次活动,而且活动在矿化集中的中生代,导致沿断裂带多期次多类型的岩浆活动断裂两侧金矿相当丰富,金的矿化甚为普遍。如二道沟子金矿位于二道甸子拖曳褶皱西端转弯处,是变质热液石英脉型的金矿床,单矿体主要受派生的北西向断裂构造所控制。目前已发现的重要金矿床主要分布于北东向断裂带与槽台边界的超岩石圈断裂带相交汇的地段。如桦甸夹皮沟弧形金矿带,紧邻"敦密带"的红旗沟金矿,含金石英脉Ar-Ar坪年龄203Ma,与二道沟金矿内所见后期含金花岗闪长岩(脉)的K-Ar年龄229Ma,同为晚印支期构造-岩浆-成矿流体活动的有效证明。

同时,直接产于深断裂带内的沉积矿产有煤、油页岩及硅藻土。第一成煤期以桦甸苏密沟煤矿为代表,生成于晚侏罗世,煤层较薄,规模不大。第二成煤期为古近纪,以梅河煤田、舒兰煤田为代表,煤层厚而稳定,规模较大。硅藻土矿,分布于桦甸至敦化一带,矿床直接产于受断裂带控制的第三纪玄武岩层之上。含矿建造为玄武岩喷发间歇期,并由玄武岩为硅藻生长提供适宜条件。

第七章　大地构造相与大地构造分区

第一节　大地构造相类型划分

一、大地构造相定义

许靖华(1990)在系统研究各种造山带的基础上,提出造山带是依一定形式或“四维”“蓝图”形成的,其“蓝图”是由可推知的大地构造相相叠加构成的。他进一步利用"蓝图"方式,分析山脉的生长与构造演化过程,并把大地构造相作为构成山脉的基本要素。许靖华(1991)在研究西特提斯阿尔卑斯山脉时,提出碰撞形成的造山带主要由仰冲陆块、俯冲陆块和一个位于其间的大洋岩石圈的残余遗迹等3种基本要素组成。大洋岩石圈的残余物现已被挤压形成蛇绿混杂岩带,也可称为俯冲消减杂岩带。他认为大地构造相是造山带的基本组成部分或基本要素,并以岩石学、地层学、古地理和古构造框架、变形方式和变质程度为基础,划分了3个大地构造相,即阿勒曼大地构造相(Alemanide facies)、凯尔特大地构造相(Celtidefacies)和雷特大地构造相(Raetide facies)。

Robertson将大地构造相定义为足以系统地确认造山带地史时期的一定大地构造环境的一套岩石-构造组合。他划分出4种基本的构造环境(离散、会聚、碰撞、走滑)下的29种大地构造相:①离散构造环境的大地构造相,包括被动裂谷相、活动裂谷相、夭折裂谷相、台间盆地相、碳酸盐岩台地相、边缘海山相、扩张洋脊相、深海平原相、大陆碎块相、大洋海山或海台相;②会聚构造环境的大地构造相,包括削减带上蛇绿岩相、大洋岛弧相、削减-增生杂岩相、弧前盆地相、陆内弧后盆地相、洋内弧后盆地相;③碰撞构造环境的大地构造相,包括洋内碰撞相、残余洋盆相、碰撞前伸展盆地相、具洋壳侵入的前渊相、具陆壳侵入的前陆盆地相、与隆升相关的构造环境;④走滑构造环境的大地构造相,包括转换裂谷和被动边缘相、大洋转换断层相、拉张盆地的洋壳相、与汇聚有关的(碰撞前)、碰撞前走滑和旋转相、后碰撞走滑和旋转相。

《成矿地质背景研究工作技术要求》将大地构造相定义为:大地构造相是一套在特定大地构造环境和特定构造部位形成的岩石-构造组合,具有揭示造山带组成、结构和演化的功能。深入系统细致地研究大地构造相,不仅对大洋岩石圈构造体制的转换,造山带的结构、组成和演化具有重要意义,而且是认识资源形成的地质背景、成矿作用,以及进行成矿远景预测及资源潜力评价的基础。

大地构造相揭示了造山带结构、组成和演化的规律,保存在大陆中的造山带由各种类型的大地构造相单元组合而成。绝大多数造山带均为弧后盆地(弧后洋盆)俯冲消减、弧-弧、弧-陆或陆-陆碰撞造山所形成,因而可以产生阿勒曼、凯尔特和雷特大地构造相类及其各种构造环境相。如果不止一个弧后盆地的消减碰撞,则可产生多个大地构造相及构造相的转化,一般来说它们相互间是有序次分布的。

二、吉林省大地构造相划分

依据吉林省不同构造单元的岩石构造组合特征,并结合区域上大地构造单元划分特征(主要是一级单元、二级单元)，参照《成矿地质背景研究工作技术要求》，将吉林省划分3个相系，10个大相，17个相，85个亚相。具体划分见表7-1-1。

表7-1-1　吉林省大地构造相划分表

相系	大相	相	亚相	岩石构造组合
D晚三叠世以来中国东部造山-裂谷系相系	D-1大兴安岭岩浆弧大相(T_3—Q)	D-1-1锡林浩特俯冲-碰撞型火山-侵入岩带(J—K)	D-1-1-1长春岭村-蘑菇气镇断陷盆地亚相(J—K)	安山岩夹安山质火山碎屑岩
				河湖相含煤碎屑岩组合
	D-2松辽裂谷盆地大相(K—Q)	D-2-1松辽裂谷盆地相	D-2-1-1松嫩中-新生代盆地亚相	玄武岩-火山碎屑岩组合
				河流砂砾岩-粉砂岩泥岩组合
				河湖相碎屑岩组合
	D-3小兴安岭-佳木斯岩浆弧大相(T_3—Q)	D-3-1小兴安岭-张广才岭俯冲型岩浆岩带(T_3—Q)	D-3-1-1大黑山条垒火山-盆地亚相(T_3—K)	安山岩-流纹岩及流纹质火山碎屑岩夹含煤碎屑岩岩石组合
				安山岩夹安山质火山碎屑岩
			D-3-1-2卢家屯断陷盆地亚相(T_1)	河湖相碎屑岩组合
			D-3-1-3伊通-舒兰走滑-伸展复合盆地亚相(K—N)	玄武岩
				河湖相含煤碎屑岩组合
				河流砂砾岩-粉砂岩泥岩组合
			D-3-1-4双阳非造山岩浆杂岩亚相(K_1)	花岗斑岩
			D-3-1-5太平哨火山-盆地亚相(K_1)	河湖相碎屑岩组合
				安山岩夹安山质火山碎屑岩
			D-3-1-6蛟河断陷盆地亚相(K)	河湖相含煤碎屑岩-河湖相碎屑岩组合
			D-3-1-7黑石断陷盆地亚相(N)	河湖相碎屑岩组合
			D-3-1-8南楼山火山-盆地亚相(T—J)	安山岩及安山质、英安质火山碎屑岩
				河湖相碎屑岩组合
				流纹质-安山质火山碎屑岩
				安山岩夹安山质火山碎屑岩
			D-3-1-9辽源火山-盆地亚相(J—K)	安山岩夹安山质火山碎屑岩
				河湖相含煤碎屑岩组合
			D-3-1-10天岗-东风碰撞岩浆杂岩亚相(J)	碱长花岗岩-正长花岗岩
				石英闪长岩-花岗闪长岩-二长花岗岩组合
				闪长岩
			D-3-1-11红旗岭非造山岩浆杂岩亚相(T_3)	橄榄岩-辉石橄榄岩-辉长岩
			D-3-1-12漂河川非造山岩浆杂岩亚相(T_3)	橄榄岩-辉石橄榄岩-辉长岩
			D-3-1-13拉法山非造山岩浆杂岩亚相(K)	花岗斑岩-晶洞碱长花岗岩
			D-3-1-14亮甲山-山门碰撞岩浆杂岩亚相(J)	闪长岩-花岗闪长岩-二长花岗岩-正长花岗岩组合
			D-3-1-15波泥河-莫里青后造山岩浆杂岩亚相(K)	花岗斑岩

续表 7-1-1

相系	大相	相	亚相	岩石构造组合
D 晚三叠世以来中国东部造山-裂谷系相系	D-3 小兴安岭-佳木斯岩浆弧大相（T_3—Q）	D-3-2 太平岭-英额岭俯冲型岩浆岩带（T_3—Q）	D-3-2-1 敦化-密山走滑-伸展复合盆地亚相（J—N）	河湖相碎屑岩组合
				河流砂砾岩-粉砂岩泥岩组合
				河湖相含煤碎屑岩组合
				玄武岩-安山岩
				碱长花岗岩-晶洞花岗岩
				霓霞正长斑岩-辉绿玢岩组合
				碱性玄武岩
			D-3-2-2 白水滩火山-盆地亚相（T_3—K）	湖泊砂岩-粉砂岩组合
				河流砂砾岩-粉砂岩泥岩组合
				河湖相含煤碎屑岩组合
				安山岩夹安山质火山碎屑岩、流纹岩及流纹质火山碎屑岩建造
			D-3-2-3 松江断陷盆地亚相（K_1）	河流砂砾岩-粉砂岩泥岩组合
				河湖相含煤碎屑岩组合
			D-3-2-4 和龙火山-盆地亚相（K—E）	湖泊砂岩-粉砂岩组合
				河流砂砾岩-粉砂岩泥岩组合
				安山岩夹安山质火山碎屑岩建造
				河湖相含煤碎屑岩组合
			D-3-2-5 延吉火山-盆地亚相（K—E）	安山岩
				湖泊砂岩-粉砂岩组合
				河流砂砾岩-粉砂岩泥岩组合
				安山岩夹安山质火山碎屑岩建造
				河湖相含煤碎屑岩组合
			D-3-2-6 罗子沟火山-盆地亚相（K）	安山岩-流纹岩建造
				河流砂砾岩-粉砂岩泥岩组合
			D-3-2-7 春化火山-盆地亚相（N）	玄武岩组合
				河湖相碎屑岩组合
			D-3-2-8 图门火山-盆地亚相（T_3—K）	河流砂砾岩-粉砂岩泥岩组合
				安山岩夹安山质火山碎屑岩
			D-3-2-9 珲春断陷盆地亚相（K—N）	河湖相含煤碎屑岩组合
				安山岩夹安山质火山碎屑岩建造
			D-3-2-10 大兴沟火山-盆地亚相（T_3—K）	河流砂砾岩-粉砂岩泥岩组合
				安山岩夹安山质火山碎屑岩建造
				河湖相含煤碎屑岩组合
				河湖砂岩-粉砂岩组合
				安山岩—流纹岩及安山质-流纹质火山碎屑岩建造

续表 7-1-1

相系	大相	相	亚相	岩石构造组合
D 晚三叠世以来中国东部造山-裂谷系相系	D-3 小兴安岭-佳木斯岩浆弧大相（T_3—Q）	D-3-2 太平岭-英额岭俯冲型岩浆岩带（T_3—Q）	D-3-2-11 黄泥岭-百草沟碰撞岩浆杂岩亚相（T_3—J）	二云母二长花岗岩-正长花岗岩
				石英闪长岩-花岗闪长岩-二长花岗岩-正长花岗岩-碱长花岗岩组合
				花岗闪长岩—二长花岗岩组合
			D-3-2-12 棉田后造山岩浆杂岩亚相（K）	石英闪长岩-花岗闪长岩组合
			D-3-2-13 仙景台非造山岩浆杂岩亚相（K）	二长花岗岩
				晶洞碱长花岗岩
			D-3-2-14 青林子非造山岩浆杂岩亚相（T_3）	碱性辉长岩-碱长正长岩-石英碱长正长岩
	D-4 胶辽吉岩浆弧大相（T_3—Q）	D-4-1 辽吉东部俯冲型岩浆岩带（T_3—Q）	D-4-1-1 柳河-二密火山-盆地亚相（J—K）	碱性火山岩
				河湖相含煤碎屑岩组合
				流纹质火山碎屑岩夹流纹岩岩石构造组合
				安山岩及安山质火山碎屑岩岩石构造组合
				河湖相碎屑岩组合
			D-4-1-2 抚松-集安火山-盆地亚相（J—K）	河湖相含煤碎屑岩组合
				河湖相碎屑岩组合
				流纹质火山碎屑岩夹流纹岩岩石构造组合
				安山岩及安山质火山碎屑岩组合
			D-4-1-3 长白火山-盆地亚相（T_3—J）	安山岩-英安岩-流纹岩及其集块岩-角砾岩和火山碎屑岩
				安山岩及安山质火山碎屑岩
				流纹质火山碎屑岩夹流纹岩和河湖相碎屑岩
			D-4-1-4 遥林-闹枝-十五道沟碰撞岩浆杂岩亚相（J）	二长花岗岩组合
				二云母二长花岗岩组合
			D-4-1-5 龙头碰撞岩浆杂岩亚相（T_3）	花岗闪长岩-二长花岗岩组合
			D-4-1-6 老虎哨-七道沟后造山岩浆杂岩亚相（K）	碱长花岗岩
				晶洞花岗岩
			D-4-1-7 天合星后造山岩浆杂岩亚相（K）	花岗斑岩
			D-4-1-8 白头山-三角龙湾火山锥群亚相（N—Q）	碱性玄武岩
				粗面岩-碱流岩
				火山碎屑岩
			D-4-1-9 二密后造山岩浆杂岩亚相（K）	石英二长闪长岩-石英闪长岩

续表 7-1-1

相系	大相	相	亚相	岩石构造组合
Ⅰ天山-兴蒙造山系相系	I-1 大兴安岭弧盆系大相(Pz_2)	Ⅰ-1-1 锡林浩特岩浆弧相(Pz_2)	Ⅰ-1-1-1 扎兰屯-长春岭后碰撞岩浆杂岩亚相(P_3)	石英闪长岩-花岗闪长岩-石英二长岩组合
				花岗闪长岩-二长花岗岩组合
			Ⅰ-1-1-2 巴彦查干苏木-红彦镇弧背盆地亚相(P_2)	较深水砂泥岩岩石组合
	I-2 小兴安岭-张广才岭弧盆(Pz_2)大相	Ⅰ-2-1 张广才岭(小兴安岭)岩浆弧相(Pz_2)	Ⅰ-2-1-1 小西南岔碰撞岩浆杂岩亚相(P_2)	花岗闪长岩
				辉长岩-闪长岩
			Ⅰ-2-1-2 大兴沟碰撞岩浆杂岩亚相(P_{2-3})	二长花岗岩
				片麻状英云闪长岩
			Ⅰ-2-1-3 亮兵碰撞岩浆杂岩亚相(P_3)	二长花岗岩
			Ⅰ-2-1-4 大玉山碰撞岩浆杂岩亚相(P_3)	花岗闪长岩-二长花岗岩组合
			Ⅰ-2-1-5 吉林-蛟河弧背盆地亚相(C—P)	火山碎屑浊积岩组合
				较深水砂泥岩组合
				水下扇砾岩夹砂岩组合
			Ⅰ-2-1-6 庙岭-哈达门弧背盆地亚相(P)	水下扇砾岩夹砂岩组合
				浊积岩(砂板岩)-滑混岩组合
				碳酸盐岩浊积岩组合
				火山碎屑岩组合
	I-3 佳木斯-兴凯地块大相(Pt_3—Pz_1)	Ⅰ-3-1 塔东-五道沟古弧盆系相(Pt_3—Pz_1)	Ⅰ-3-1-1 五道沟古岩浆弧亚相(构造残片)(∈—O)	绢云石英片岩-绿片岩构造组合
				绿片岩-石英片岩-大理岩
				变质砂岩-结晶灰岩夹变质凝灰岩
			Ⅰ-3-1-2 塔东古岩浆弧亚相(构造残片)(Pt_3)	花岗闪长质片麻岩
				斜长角闪岩-变粒岩-大理岩
			Ⅰ-3-1-3 尔站-罗子沟古岩浆弧亚相(构造残片)(Pt_3)	角闪钠长片岩-云母石英片岩-钠长浅粒岩-大理岩
	I-4 索伦山-西拉木伦结合带大相(Pz_2)	Ⅰ-4-1 头道沟-采秀洞蛇绿构造混杂岩带(Pz_2)	Ⅰ-4-1-1 机房沟蛇绿构造混杂岩	蛇纹岩-蛇纹石化橄榄岩-辉长岩
				碱长花岗岩
				绿泥片岩、石英片岩、阳起石片岩
			Ⅰ-4-1-2 头道沟蛇绿构造混杂岩	蛇纹岩-蛇纹石化橄榄岩-辉长岩
				斜长阳起片岩、变质砂岩
				粉砂岩-板岩
			Ⅰ-4-1-3 采秀洞蛇绿构造混杂岩	蛇纹岩-蛇纹石化橄榄岩-辉长岩组合
				碳酸盐浊积岩
				水下扇砾岩夹砂岩组合
				生物碎屑灰岩、浅粒岩、变粒岩、绢云片岩组合

续表 7-1-1

相系	大相	相	亚相	岩石构造组合
Ⅰ天山-兴蒙造山系相系	Ⅰ-5 包尔汉图-温都尔庙弧盆大相(Pz)	Ⅰ-5-1 朝阳山-百里坪岩浆弧相(Pz_2)	Ⅰ-5-1-1 盘石-石嘴子弧背盆地亚相(C—P)	火山碎屑浊积岩组合
				浅海生物碎屑灰岩组合
				细碧角斑岩组合
				较深水砂泥岩组合
			Ⅰ-5-1-2 安图-头道弧背盆地亚相(C)	碳酸盐岩
			Ⅰ-5-1-3 百里坪碰撞岩浆杂岩亚相(P)	花岗闪长岩-二长花岗岩组合
				闪长岩-石英闪长岩
			Ⅰ-5-1-4 大炕山后碰撞岩浆杂岩亚相(P)	碱长花岗岩
				花岗闪长岩
				含角闪石英正长岩
				霓辉正长岩
			Ⅰ-5-1-5 机水洞俯冲期岩浆杂岩亚相(P_1)	英云闪长岩
		Ⅰ-5-2 下二台-呼兰岩浆弧相(Pz)	Ⅰ-5-2-1 景台镇弧背盆地亚相(O—S)	变质砂岩-结晶灰岩组合
				流纹岩-安山岩夹结晶灰岩组合
				较深水砂泥岩岩石构造组合
				斜长角闪岩-变粒岩组合
			Ⅰ-5-2-2 马鞍山弧背盆地亚相(S)	变质砂岩-结晶灰岩组合
			Ⅰ-5-2-3 张家屯弧背盆地亚相(S—D)	较深水砂泥岩组合
				水下扇砾岩夹砂岩组合
			Ⅰ-5-2-4 山门镇-山城镇碰撞岩浆杂岩亚相(S)	石英闪长岩-花岗闪长岩
Ⅱ华北陆块区相系	Ⅱ-1 华北东陆块(Ar_{0-3}—Pt_1)	Ⅱ-1-1 龙岗古岩浆弧相(Ar_3)	Ⅱ-1-1-1 板石岩浆弧亚相(Ar_3)	紫苏花岗岩构造组合
				石英二长质-花岗质片麻岩
				英云闪长质-奥长花岗质-花岗闪长质片麻岩
			Ⅱ-1-1-2 老牛沟-杨家店古弧盆亚相(Ar_3)	浅粒岩-黑云母变粒岩-斜长角闪岩-磁铁石英岩构造组合
		Ⅱ-1-2 和龙古岩浆弧(Ar_3)	Ⅱ-1-2-1 鸡南古弧盆系亚相(Ar_3)	浅粒岩-黑云变粒岩-磁铁石英岩
				斜长角闪岩-变粒岩-磁铁石英岩
			Ⅱ-1-2-2 卧龙岩浆弧亚相(Ar_3)	英云闪长质-奥长花岗质-花岗闪长质片麻岩
		Ⅱ-1-3 光华古裂谷相(Pt_1)		富铝片麻岩构造组合(孔兹岩系)
				斜长角闪岩-角闪质岩构造组合

续表 7-1-1

相系	大相	相	亚相	岩石构造组合
Ⅱ华北陆块区相系	Ⅱ-1 华北东部陆块(Ar_{0-3}—Pt_1)	Ⅱ-1-4 胶-辽-吉陆缘裂谷盆地相(Pt_{1-2})	Ⅱ-1-4-1 漫江-十一道沟碰撞岩浆杂岩亚相(Pt_1)	环斑状花岗岩(巨斑花岗岩)
			Ⅱ-1-4-2 临江-松江古弧盆亚相(Pt_1)	千枚岩夹大理岩及石英岩组合
				二云片岩夹长石石英岩及大理岩组合
				片岩夹大理岩组合
				厚层大理岩组合
				片状砾岩-石英岩构造组合
				富铝片麻岩岩石构造组合(孔兹岩系)
				斜长角闪岩-变粒岩-大理岩组合
			Ⅱ-1-4-3 二棚甸子非造山岩浆杂岩亚相(Pt_1)	条痕状(钾长)花岗岩
			Ⅱ-1-4-4 赤柏松非造山岩浆岩亚相(Pt_1)	变质辉长岩-变质辉绿岩组合
		Ⅱ-1-5 太子河-浑江陆表海盆地相(Pt_3^1—Pz_2)	Ⅱ-1-5-1 抚民陆源碎屑陆表海亚相(Nh)	陆表海砂泥岩组合
			Ⅱ-1-5-2 红土崖陆源碎屑陆表海亚相(Nh)	陆表海砂岩组合
			Ⅱ-1-5-3 三道沟陆源碎屑陆表海亚相(Nh)	陆表海砂泥岩组合
			Ⅱ-1-5-4 罗通山碳酸盐陆表海亚相(Z—∈—O)	陆表海灰岩组合
			Ⅱ-1-5-5 大阳岔碳酸盐陆表海亚相(Z—∈—O)	陆表海灰岩组合
			Ⅱ-1-5-6 六道江碳酸盐陆表海亚相(Z—∈—O)	陆表海灰岩组合
			Ⅱ-1-5-7 长白碳酸盐陆表海亚相(Z—∈—O)	陆表海灰岩组合
			Ⅱ-1-5-8 松树镇海陆交互陆表海亚相(C—P_1)	陆表海砂泥岩夹砾岩含煤碎屑岩组合
		Ⅱ-1-6 夹皮沟-古洞河裂谷盆地相(Pt_3)	Ⅱ-1-6-1 色洛河陆缘裂谷亚相(Pt_3)	变质砂岩-结晶灰岩夹变质凝灰岩
			Ⅱ-1-6-2 金银别-海沟陆缘裂谷亚相(Pt_3)	变质砂岩-结晶灰岩夹变质凝灰岩
				变英安岩-流纹岩夹凝灰质砂岩
				绿片岩-钠长绢云石英片岩构造组合
				变质砾岩-斜长角闪岩-变粒岩
			Ⅱ-1-6-3 新东村-长仁陆缘裂谷亚相(Pt_3)	厚层大理岩
				斜长角闪岩-黑云斜长变粒岩构造组合
			Ⅱ-1-6-4 万宝陆缘裂谷亚相(Pt_3)	变质砂岩-结晶灰岩夹变质凝灰岩
			Ⅱ-1-6-5 黄莺屯陆缘裂谷亚相(∈—O)	斜长角闪岩-含夕线黑云母片麻岩-大理岩构造组合
			Ⅱ-1-6-6 小三个顶子陆缘裂谷亚相(∈—O)	厚层大理岩

第二节　大地构造单元分区和划分

以近年来吉林省内1∶25万、1∶5万区域地质调查及各种科研专题资料为基础，采用板块构造理论及大陆动力学观点，对吉林省进行大地构造分区和大地构造单元划分。根据吉林省在全国大地构造位置和地质构造发展的特征，以露头尺度为标准，将吉林省大地构造单元划分为2个阶段，即新太古代—中三叠世大地构造单元划分及晚三叠世以来大地构造单元划分。

一、吉林省新太古代—中三叠世大地构造单元划分

该阶段的大地构造单元划分主要考虑海西运动末期，欧亚板块形成，现有构造格局基本形成，剔出濒西太平洋构造域对其叠加改造的影响，以露头尺度为标准（局部地段有推测）进行划分。图7-2-1。具体构造单元划分见表7-2-1。

（一）天山-兴蒙造山系（I）

天山-兴蒙造山系近东西向展布于天山—兴蒙一线，隶属古亚洲洋构造域，历经兴凯运动构造旋回、加里东运动构造旋回、海西运动构造旋回等复杂的洋陆转换过程。各构造运动旋回发生了不同的变质变形作用及成矿作用。该单元由大兴安岭弧盆系、小兴安岭-张广才岭弧盆、佳木斯-兴凯地块、索伦山-西拉木伦结合带、包尔汉图-温都尔庙弧盆构成。

1. 大兴安岭弧盆系（I-1）

位于吉林省西部白城地区，向北、向西、向西南延入内蒙古自治区，南东被中生代以来松辽裂谷盆地掩盖。吉林省内划分出锡林浩特岩浆弧（Ⅰ-1-1），由扎兰屯-长春岭后碰撞岩浆杂岩（Ⅰ-1-1-1）、巴彦查干苏木-红彦镇弧背盆地（Ⅰ-1-1-2）构成。

（1）扎兰屯-长春岭后碰撞岩浆杂岩（Ⅰ-1-1-1）。

位于吉林西部瓦房镇、岭下镇一带，呈北东向条带状展布，向北、向南延入内蒙古自治区。由晚二叠世花岗闪长岩-二长花岗岩岩石构造组合（GG组合）、石英闪长岩-花岗闪长岩-石英二长岩岩石构造组合构成。

（2）巴彦查干苏木-红彦镇弧背盆地（Ⅰ-1-1-2）。

位于吉林西部那金镇、野马乡一带，向北、向南延入内蒙古自治区。由中二叠统万宝组粉砂岩、粉砂质板岩、泥质板岩等较深水砂泥岩岩石构造组合构成。

2. 小兴安岭-张广才岭弧盆（I-2）

分布于吉林中部、北部、东部等地区。西部被中生代以来松辽裂谷盆地掩盖，北部延入黑龙江省，南部以机房沟、头道沟、采秀洞一带（北西向）蛇绿构造混杂岩带为界。吉林省内划分张广才岭（小兴安岭）岩浆弧（Ⅰ-2-1），由小西南岔碰撞岩浆杂岩（Ⅰ-2-1-1）、大兴沟碰撞岩浆杂岩（Ⅰ-2-1-2）、亮兵碰撞岩浆杂岩（Ⅰ-2-1-3）、大玉山碰撞岩浆杂岩（Ⅰ-2-1-4）、吉林-蛟河弧背盆地（Ⅰ-2-1-5）、庙岭-哈达门弧背盆地（Ⅰ-2-1-6）构成。

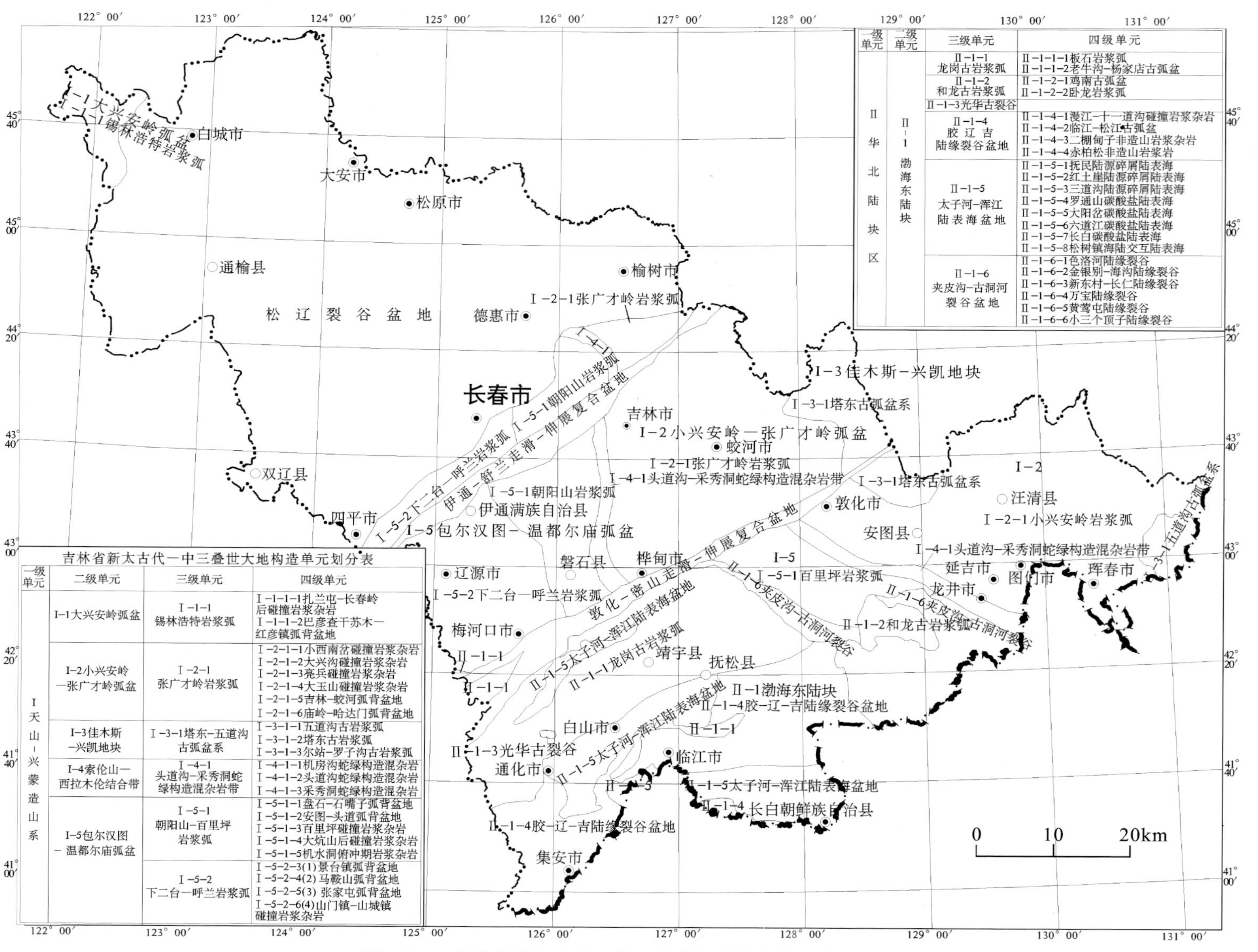

一级单元	二级单元	三级单元	四级单元
II华北陆块区	II-1渤海东陆块	II-1-1龙岗古岩浆弧	II-1-1-1板石岩浆弧 II-1-1-2老牛沟—杨家店古弧盆
		II-1-2和龙古岩浆弧	II-1-2-1鸡南古弧盆 II-1-2-2卧龙岩浆弧
		II-1-3光华古裂谷	
		II-1-4胶辽吉陆缘裂谷盆地	II-1-4-1漫江—十一道沟碰撞岩浆杂岩 II-1-4-2临江—松江古弧盆 II-1-4-3二棚甸子非造山岩浆杂岩 II-1-4-4赤柏松非造山岩浆岩
		II-1-5太子河—浑江陆表海盆地	II-1-5-1抚民陆源碎屑陆表海 II-1-5-2红土崖陆源碎屑陆表海 II-1-5-3三道沟陆源碎屑陆表海 II-1-5-4罗通山碳酸盐陆表海 II-1-5-5大阳岔碳酸盐陆表海 II-1-5-6六道江碳酸盐陆表海 II-1-5-7长白碳酸盐陆表海 II-1-5-8松树镇海陆交互陆表海
		II-1-6夹皮沟—古洞河裂谷盆地	II-1-6-1色洛河陆缘裂谷 II-1-6-2金银别—海沟陆缘裂谷 II-1-6-3新东村—长仁陆缘裂谷 II-1-6-4万宝陆缘裂谷 II-1-6-5黄莺屯陆缘裂谷 II-1-6-6小三个顶子陆缘裂谷

吉林省新太古代—中三叠世大地构造单元划分表

一级单元	二级单元	三级单元	四级单元
I天山—兴蒙造山系	I-1大兴安岭弧盆	I-1-1锡林浩特岩浆弧	I-1-1-1扎兰屯—长春岭后碰撞岩浆岩 I-1-1-2巴彦查干苏木—红彦镇弧背盆地
	I-2小兴安岭—张广才岭弧盆	I-2-1张广才岭岩浆弧	I-2-1-1小西南岔碰撞岩浆杂岩 I-2-1-2大兴沟碰撞岩浆杂岩 I-2-1-3亮兵碰撞岩浆杂岩 I-2-1-4大玉山碰撞岩浆杂岩 I-2-1-5吉林—蛟河弧背盆地 I-2-1-6庙岭—哈达门弧背盆地
	I-3佳木斯—兴凯地块	I-3-1塔东—五道沟古弧盆系	I-3-1-1五道沟古岩浆弧 I-3-1-2塔东古岩浆弧 I-3-1-3尔站—罗子沟古岩浆弧
	I-4索伦山—西拉木伦结合带	I-4-1头道沟—采秀洞蛇绿构造混杂岩带	I-4-1-1机房沟蛇绿构造混杂岩 I-4-1-2头道沟蛇绿构造混杂岩 I-4-1-3采秀洞蛇绿构造混杂岩
	I-5包尔汉图—温都尔庙弧盆	I-5-1朝阳山—百里坪岩浆弧	I-5-1-1盘石—石嘴子弧背盆地 I-5-1-2安图—头道弧背盆地 I-5-1-3百里坪碰撞岩浆杂岩 I-5-1-4大炕山后碰撞岩浆杂岩 I-5-1-5机水洞俯冲期岩浆杂岩
		I-5-2下二台—呼兰岩浆弧	I-5-2-3(1)景台镇弧背盆地 I-5-2-4(2)马鞍山弧背盆地 I-5-2-5(3)张家屯弧背盆地 I-5-2-6(4)山门镇—山城镇碰撞岩浆杂岩

图7-2-1　吉林省新太古代—早三叠世大地构造单元分区图

表 7-2-1 吉林省新太古代—早三叠世大地构造单元划分表

一级单元	二级单元	三级单元	四级单元
Ⅰ天山-兴蒙造山系	Ⅰ-1 大兴安岭弧盆	Ⅰ-1-1 锡林浩特岩浆弧	Ⅰ-1-1-1 扎兰屯-长春岭后碰撞岩浆杂岩
			Ⅰ-1-1-2 巴彦查干苏木-红彦镇弧背盆地
	Ⅰ-2 小兴安岭-张广才岭弧盆	Ⅰ-2-1 张广才岭(小兴安岭)岩浆弧	Ⅰ-2-1-1 小西南岔碰撞岩浆杂岩
			Ⅰ-2-1-2 大兴沟碰撞岩浆杂岩
			Ⅰ-2-1-3 亮兵碰撞岩浆杂岩
			Ⅰ-2-1-4 大玉山碰撞岩浆杂岩
			Ⅰ-2-1-5 吉林-蛟河弧背盆地
			Ⅰ-2-1-6 庙岭-哈达门弧背盆地
	Ⅰ-3 佳木斯-兴凯地块	Ⅰ-3-1 塔东-五道沟古弧盆系	Ⅰ-3-1-1 五道沟古岩浆弧
			Ⅰ-3-1-2 塔东古岩浆弧
			Ⅰ-3-1-3 尔站-罗子沟古岩浆弧
	Ⅰ-4 索伦山-西拉木伦结合带	Ⅰ-4-1 头道沟-采秀洞蛇绿构造混杂岩带	Ⅰ-4-1-1 机房沟蛇绿构造混杂岩
			Ⅰ-4-1-2 头道沟蛇绿构造混杂岩
			Ⅰ-4-1-3 采秀洞蛇绿构造混杂岩
	Ⅰ-5 包尔汉图-温都尔庙弧盆	Ⅰ-5-1 朝阳山-百里坪岩浆弧	Ⅰ-5-1-1 盘石-石嘴子弧背盆地
			Ⅰ-5-1-2 安图-头道弧背盆地
			Ⅰ-5-1-3 百里坪碰撞岩浆杂岩
			Ⅰ-5-1-4 大炕山后碰撞岩浆杂岩
			Ⅰ-5-1-5 机水洞俯冲期岩浆杂岩
		Ⅰ-5-2 下二台-呼兰岩浆弧	Ⅰ-5-2-1 景台镇弧背盆地
			Ⅰ-5-2-2 马鞍山弧背盆地
			Ⅰ-5-2-3 张家屯弧背盆地
			Ⅰ-5-2-4 山门镇-山城镇碰撞岩浆杂岩
Ⅱ华北陆块区	Ⅱ-1 华北东陆块	Ⅱ-1-1 龙岗古岩浆弧	Ⅱ-1-1-1 板石岩浆弧
			Ⅱ-1-1-2 老牛沟-杨家店古弧盆
		Ⅱ-1-2 和龙古岩浆弧	Ⅱ-1-2-1 鸡南古弧盆
			Ⅱ-1-2-2 卧龙岩浆弧
		Ⅱ-1-3 光华古裂谷	
		Ⅱ-1-4 胶-辽-吉陆缘裂谷盆地	Ⅱ-1-4-1 漫江-十一道沟碰撞岩浆杂岩
			Ⅱ-1-4-2 临江-松江古弧盆
			Ⅱ-1-4-3 二棚甸子非造山岩浆杂岩
			Ⅱ-1-4-4 赤柏松非造山岩浆岩
		Ⅱ-1-5 太子河-浑江陆表海盆地	Ⅱ-1-5-1 抚民陆源碎屑陆表海
			Ⅱ-1-5-2 红土崖陆源碎屑陆表海
			Ⅱ-1-5-3 三道沟陆源碎屑陆表海

续表 7-2-1

一级单元	二级单元	三级单元	四级单元
Ⅱ华北陆块区	Ⅱ-1华北东陆块	Ⅱ-1-5 太子河-浑江陆表海盆地	Ⅱ-1-5-4 罗通山碳酸盐陆表海
			Ⅱ-1-5-5 大阳岔碳酸盐陆表海
			Ⅱ-1-5-6 六道江碳酸盐陆表海
			Ⅱ-1-5-7 长白碳酸盐陆表海
			Ⅱ-1-5-8 松树镇海陆交互陆表海
		Ⅱ-1-6 夹皮沟-古洞河裂谷盆地	Ⅱ-1-6-1 色洛河陆缘裂谷
			Ⅱ-1-6-2 金银别-海沟陆缘裂谷
			Ⅱ-1-6-3 新东村-长仁陆缘裂谷
			Ⅱ-1-6-4 万宝陆缘裂谷
			Ⅱ-1-6-5 黄莺屯陆缘裂谷
			Ⅱ-1-6-6 小三个顶子陆缘裂谷

(1)小西南岔碰撞岩浆杂岩(Ⅰ-2-1-1)。

位于吉林东部小西南岔、春化一带,呈近南北向条带状展布。由辉长岩-闪长岩岩石构造组合、花岗闪长岩岩石构造组合构成。

(2)大兴沟碰撞岩浆杂岩(Ⅰ-2-1-2)。

位于吉林东北部汪清以北大兴沟一带,呈近东西偏北条带状展布。由中二叠世片麻状英云闪长岩岩石构造组合(TTG 组合)及晚二叠世二长花岗岩岩石构造组合(GG 组合)构成。

(3)亮兵碰撞岩浆杂岩(Ⅰ-2-1-3)。

位于吉林中北部亮兵一带,呈近东西向展布。由晚二叠世二长花岗岩岩石构造组合(GG 组合)构成。

(4)大玉山碰撞岩浆杂岩(Ⅰ-2-1-4)。

位于吉林中部榆木桥子一带。由晚二叠世花岗闪长岩-二长花岗岩岩石构造组合(GG 组合)构成。

(5)吉林-蛟河弧背盆地(Ⅰ-2-1-5)。

分布于吉林中部吉林市、蛟河一带。北西以机房沟、头道沟(北西向)蛇绿构造混杂岩带为界,向北延入黑龙江省。由上石炭统四道砾岩水下扇砾岩夹砂岩岩石构造组合,中二叠统寿山沟组较深水砂泥岩岩石构造组合、大河深组火山碎屑浊积岩岩石构造组合,上二叠统范家屯组、红山组较深水砂泥岩岩石构造组合构成。

(6)庙岭-哈达门弧背盆地(Ⅰ-2-1-6)。

位于吉林东部延边地区。由中二叠统庙岭组碳酸盐岩浊积岩岩石构造组合、关门嘴子组火山碎屑岩岩石构造组合、解放村组浊积岩(砂板岩)-滑混岩岩石构造组合,上二叠统开山屯组水下扇砾岩夹砂岩岩石构造组合构成。

3. 佳木斯-兴凯地块(Ⅰ-3)

位于吉林东北部,向北延入黑龙江省。吉林省内以佳木斯-兴凯地块南缘活动带为主,划分塔东-五道沟古弧盆(Ⅰ-3-1),由五道沟古岩浆弧(Ⅰ-3-1-1)、塔东古岩浆弧(Ⅰ-3-1-2)、尔站-罗子沟古岩浆弧(Ⅰ-3-1-3)构成。

(1)五道沟古岩浆弧(Ⅰ-3-1-1)。

分布于吉林东南部五道沟、小西南岔一带。由马滴达岩组变质砂岩-结晶灰岩夹变质凝灰岩岩石构造组合，杨金沟岩组绿片岩-石英片岩-大理岩岩石构造组合，香房子岩组绢云石英片岩-绿片岩岩石构造组合构成。

(2)塔东古岩浆弧(Ⅰ-3-1-2)。

位于吉林东北部塔东一带。由新元古代塔东岩群斜长角闪岩-变粒岩-大理岩岩石构造组合及花岗闪长质片麻岩岩石构造组合构成。

(3)尔站-罗子沟古岩浆弧(Ⅰ-3-1-3)。

位于吉林东北部尔站、罗子沟一带，向北延入黑龙江省。由新元古代杨木岩组角闪钠长片岩-云母石英片岩-钠长浅粒岩-大理岩岩石构造组合构成。

4. 索伦山-西拉木伦结合带(Ⅰ-4)

位于吉林中东部，横贯东部山区，经松辽裂谷盆地延入内蒙古自治区。被中生代以来发育的敦-密断裂、伊-舒断裂切错，并被中生代以来发育的陆缘岩浆弧改造、破坏。吉林省内由机房沟蛇绿构造混杂岩(Ⅰ-4-1-1)、头道沟蛇绿构造混杂岩(Ⅰ-4-1-2)、采秀洞蛇绿构造混杂岩(Ⅰ-4-1-3)构成近东西向头道沟-采秀洞蛇绿构造混杂岩带(Ⅰ-4-1)。

(1)机房沟蛇绿构造混杂岩(Ⅰ-4-1-1)。

位于长春以北九台机房沟一带。大部分被中生代形成的上叠盆地所覆盖，并被中生代形成的花岗岩侵入。由中泥盆统机房沟组绿泥片岩、石英片岩、阳起石片岩，早石炭世碱长花岗岩、蛇纹岩-蛇纹石化橄榄岩-辉长岩构成。

(2)头道沟蛇绿构造混杂岩(Ⅰ-4-1-2)。

位于吉林中部永吉以南头道沟一带。大部分被中生代形成的花岗岩侵入。由头道岩组斜长阳起片岩、变质砂岩、粉砂岩-板岩，晚三叠世蛇纹岩-蛇纹石化橄榄岩-辉长岩构成。

(3)采秀洞蛇绿构造混杂岩(Ⅰ-4-1-3)。

位于延边地区东南部开山屯一带，西部、北部被中生代上叠盆地掩盖，南部被中生代花岗岩侵入，东部延入朝鲜。由新元古代江域岩组浅粒岩、变粒岩、绢云片岩，上石炭统山秀岭组生物碎屑灰岩；下二叠统大蒜沟组水下扇砾岩夹砂岩组合，中二叠统庙岭组碳酸盐岩浊积岩组合，晚二叠世蛇纹岩-蛇纹石化橄榄岩-辉长岩构成。

5. 包尔汉图-温都尔庙弧盆(Ⅰ-5)

延入吉林省位于吉林中部、东南部，北以机房沟—头道沟—采秀洞一带蛇绿构造混杂岩为界，由朝阳山-百里坪岩浆弧(Ⅰ-5-1)、下二台-呼兰岩浆弧构成(Ⅰ-5-2)构成。

1)朝阳山-百里坪岩浆弧(Ⅰ-5-1)

位于吉林中部盘石朝阳山到延边和龙百里坪一带，呈近东西向展布。由盘石-石嘴子弧背盆地(Ⅰ-5-1-1)、安图-头道弧背盆地(Ⅰ-5-1-2)、百里坪碰撞岩浆杂岩(Ⅰ-5-1-3)、大炕山后碰撞岩浆杂岩(Ⅰ-5-1-4)、机水洞俯冲期岩浆杂岩(Ⅰ-5-1-5)构成。

(1)盘石-石嘴子弧背盆地(Ⅰ-5-1-1)。

位于吉林中部盘石、石嘴子一带。由下石炭统鹿圈屯组较深水砂泥岩岩石构造组合、余富屯组细碧角斑岩岩石构造组合，石炭系磨盘山组浅海生物碎屑灰岩岩石构造组合，上石炭统—下二叠统石嘴子组较深水砂泥岩岩石构造组合、窝瓜地组火山碎屑浊积岩岩石构造组合构成。

(2)安图-头道弧背盆地(Ⅰ-5-1-2)。

位于延边地区安图一带，由上石炭统天宝山组碳酸盐岩岩石构造组合构成。

(3)百里坪碰撞岩浆杂岩(Ⅰ-5-1-3)。

分布于延边地区和龙百里坪一带，向东南延入朝鲜。由晚二叠世闪长岩-石英闪长岩岩石构造组合、花岗闪长岩-二长花岗岩岩石构造组合(GG 组合)构成。

(4)大炕山后碰撞岩浆杂岩(Ⅰ-5-1-4)。

分布于吉林中部盘石三棚乡一带。由中二叠世花岗闪长岩-霓辉正长岩-含角闪石英正长岩-碱长花岗岩组合构成。

(5)机水洞俯冲期岩浆杂岩(Ⅰ-5-1-5)。

位于延边地区和龙以西机水洞一带。由早二叠世英云闪长岩(TTG组合)构成。

2)下二台—呼兰岩浆弧(Ⅰ-5-2)

位于吉林西南部辽源、营城子一带,向西延入辽宁省。由景台镇弧背盆地[Ⅰ-5-2-1]、马鞍山弧背盆地[Ⅰ-5-2-2]、张家屯弧背盆地[Ⅰ-5-2-3]、山门镇-山城镇碰撞岩浆杂岩[Ⅰ-5-2-4]构成。

(1)景台镇弧背盆地[Ⅰ-5-2-1]。

位于大黑山条垒西南部,向南延入辽宁省。由奥陶系放牛沟组流纹岩-安山岩夹结晶灰岩岩石构造组合、黄顶子岩组变质砂岩-结晶灰岩、烧锅屯岩组斜长角闪岩-变粒岩组合,志留系桃山组较深水砂泥岩岩石构造组合、弯月组流纹岩-安山岩夹结晶灰岩岩石构造组合、石缝组和椅山组变质砂岩-结晶灰岩构造组合构成。

(2)马鞍山弧背盆地[Ⅰ-5-2-2]。

分布于吉林西南部马鞍山、三棚一带。由志留系石缝组变质砂岩-结晶灰岩构造组合构成。

(3)张家屯弧背盆地[Ⅰ-5-2-3]。

位于吉林中部大绥河、春登乡一带。由志留系—泥盆系西别河组张家屯段水下扇砾岩夹砂岩组合、二道沟段较深水砂泥岩组合构成。

(4)山门镇-山城镇碰撞岩浆杂岩[Ⅰ-5-2-4]。

分布于吉林西南部山门镇、山城镇一带。由志留纪石英闪长岩-花岗闪长岩岩石构造组合构成。

(二)华北陆块区(Ⅱ)

分布于中国华北、东北地区,吉林省属于华北陆块区北缘东段,隶属于渤海东陆块。

1. 华北东陆块(Ⅱ-1)

由辽宁省延入,位于吉林省南部地区,北部边界在山城镇—辉南镇—夹皮沟镇—两江镇—西城镇一带;东部边界在和龙—土山镇一带;西部边界与辽宁省相接;南部边界与朝鲜接壤。

该陆块特征如下:①沉积岩特征,新太古代岩浆弧含BIF铁矿的火山-碎屑岩沉积,古元古代裂谷盆地的火山-碎屑岩沉积及南华纪、震旦纪、寒武纪、奥陶纪、石炭纪陆表海沉积及二叠纪陆内坳陷盆地海陆交互相含煤碎屑沉积。②火山岩特征,新太古代海相基性火山岩-火山碎屑岩组合,古元古代裂谷双峰式火山岩组合;侵入岩特征,新太古代TTG岩石组合、GMS岩石组合、紫苏花岗岩;古元古代拉张基性岩及A型花岗岩。③变质岩特征,以片麻岩、变粒岩、斜长角闪岩、片岩、大理岩及变质TTG岩石组合、GMS岩石组合为主;岩石类型主要有斜长角闪岩、黑云变粒岩、石榴二云片岩、磁铁石英岩、黑云斜长片麻岩、黑云二长变粒岩、石榴二辉麻粒岩、角闪片岩、绢云绿泥片岩、紫苏麻粒岩、大理岩及英云闪长质片麻岩、奥长花岗质片麻岩、花岗闪长质片麻岩、变质二长花岗岩、变质钾长花岗岩、紫苏花岗岩。变质原岩主要为中基性(部份超基性)火山岩、中酸性火山岩、火山碎屑岩、硅铁质沉积岩、碳酸盐岩、滨海碎屑岩、泥质粉砂岩;变质矿物共生组合主要有Pl+Qz+Di+Hy+Gr、Bi+Pl+Qz+Mu+Gr、Bi+Pl+Qz+Hb、Bi+Pl+Kp+Qz+Hb+Gr、Hb+Bit+Pl+Qz+Di+Ep+Tl、Sc+Di+Tl+Ol+Mu+Phl;变质时代为新太古代、古元古代,变质相(系)为中-高压相系、中压相系。④变形特征,新太古代有三期以上变形,以塑性流变及I型、N型、M型褶皱为主,以及韧性剪切带、平行化片理带,变形时代为新太古代,以横向挤压及韧性剪切为主,古元古代—古生代变形以宽缓褶皱及脆性断层为主,变形时代为元古宙及古生代，以横向挤压及剪切走滑为主。⑤纵向结构特征，古元古代地层以新太古代岩浆弧为基底，南华纪、震旦纪地层以古元古代地层和新太古代岩浆弧为基底，其上盖层为古生代地层。⑥演化特征，古岩浆弧的形成—陆内、陆缘裂谷盆地—陆表海—陆内坳陷盆地。⑦控矿特征，新太古代以金、铁为主，古元古代以金、铅、锌、铜、钴、铁为主，南华纪以金、铁为主。该陆块由龙岗古岩浆弧、和龙古岩浆弧、光华古裂谷、胶-辽-吉陆缘裂谷盆地、太子河-浑江陆表海盆地、夹皮沟-古洞河裂谷盆地构成。

1)龙岗古岩浆弧(Ⅱ-1-1)

分布于吉南那尔轰、板石、辉南一带，向南延入辽宁省。由板石岩浆弧(Ⅱ-1-1-1)、老牛沟-杨家店古弧盆(Ⅱ-1-1-2)构成，组成龙岗新太古代地块。

(1)板石岩浆弧(Ⅱ-1-1-1)。

位于吉南白山、板石、辉南一带。由新太古代紫苏花岗岩构造岩石构造组合、石英二长质-花岗质片麻岩岩石构造组合、英云闪长质-奥长花岗质-花岗闪长质片麻岩岩石构造组合(TTG组合)构成。

(2)老牛沟-杨家店古弧盆(Ⅱ-1-1-2)。

位于吉南四方山、那尔轰一带。由新太古代夹皮沟岩群浅粒岩-黑云母变粒岩-斜长角闪岩-磁铁石英岩岩石构造组合构成。该亚相变质变形程度高，中—高压相系麻粒岩-高角闪岩相，三期以上变形。

2)和龙古岩浆弧(Ⅱ-1-2)

位于吉林东南和龙、金城洞一带。由鸡南古弧盆系(Ⅱ-1-2-1)、卧龙岩浆弧(Ⅱ-1-2-2)构成，组成和龙新太古代地块。

(1)鸡南古弧盆系(Ⅱ-1-2-1)。

位于吉林东南部鸡南、官地一带。由新太古代鸡南岩组斜长角闪岩-变粒岩-磁铁石英岩岩石构造组合、官地岩组浅粒岩-黑云变粒岩-磁铁石英岩岩石构造组合构成。该单元变质变形程度较高，中—压相系角闪岩相，二期以上变形。

(2)卧龙岩浆弧(Ⅱ-1-2-2)。

位于吉林东南部卧龙一带。由新太古代英云闪长质-奥长花岗质-花岗闪长质片麻岩岩石构造组合(TTG组合)构成。

3)光华古裂谷(Ⅱ-1-3)

位于吉南通化地区光华以北，由古元古代光华岩群富铝片麻岩岩石构造组合(孔兹岩系)、斜长角闪岩-角闪质岩岩石构造组合构成。

4)胶-辽-吉陆缘裂谷盆地(Ⅱ-1-4)

由辽宁省向北延入吉林省，位于吉林南部通化、浑江、临江、长白、松江一带，向南延入朝鲜，呈北东向展布。由漫江-十一道沟碰撞岩浆杂岩(Ⅱ-1-4-1)、临江-松江古弧盆(Ⅱ-1-4-2)、二棚甸子非造山岩浆杂岩(Ⅱ-1-4-3)、赤柏松非造山岩浆岩(Ⅱ-1-4-4)构成。

(1)漫江-十一道沟碰撞岩浆杂岩(Ⅱ-1-4-1)。

分布于吉林南部大阳岔、台上、漫江、十一道沟一带，呈近东西向展布，向西延入辽宁省。由古元古代环斑状花岗岩(巨斑花岗岩)岩石构造组合构成。

(2)临江-松江古弧盆(Ⅱ-1-4-2)。

分布于吉林南部集安、通化、浑江、临江、长白、松江一带，呈北东向展布。由古元古代集安岩群斜长角闪岩-变粒岩-大理岩岩石构造组合、富铝片麻岩岩石构造组合(孔兹岩系)，老岭岩群片状砾岩-石英岩岩石构造组合、厚层大理岩岩石构造组合、片岩夹大理岩岩石构造组合、二云片岩夹长石石英岩及大理岩岩石构造组合、千枚岩夹大理岩及石英岩岩石构造组合构成。

(3)二棚甸子非造山岩浆杂岩(Ⅱ-1-4-3)。

分布于吉林南部清河、财源一带，向西延入辽宁省。由古元古代条痕状(钾长)花岗岩岩石构造组合构成。

(4)赤柏松非造山岩浆岩(Ⅱ-1-4-4)。

分布于吉林南部通化以西大泉源一带。呈北东向条带状。由古元古代变质辉长岩-变质辉绿岩岩石构造组合构成。

5)太子河-浑江陆表海盆地(Ⅱ-1-5)

分布于吉林南部红土崖、样子哨、浑江一带,向西延入辽宁省。由抚民陆源碎屑陆表海(Ⅱ-1-5-1)、红土崖陆源碎屑陆表海(Ⅱ-1-5-2)、三道沟陆源碎屑陆表海(Ⅱ-1-5-3)、罗通山碳酸盐陆表海(Ⅱ-1-5-4)、大阳岔碳酸盐陆表海(Ⅱ-1-5-5)、六道江碳酸盐陆表海(Ⅱ-1-5-6)、长白碳酸盐陆表海(Ⅱ-1-5-7)、松树镇海陆交互陆表海(Ⅱ-1-5-8)构成。该单元是在新太古代—古元古代形成的渤海东陆块之上形成的坳陷陆表海盆地。南华纪形成陆源碎屑陆表海,以南华系细河群陆表海砂泥岩岩石构造组合、陆表海砂岩岩石构造组合为主。震旦纪主要形成碳酸盐陆表海,以震旦系浑江群陆表海灰岩岩石构造组合:寒武系—奥陶系碱厂组、馒头组、张夏组、崮山组、炒米店组、冶里组、亮甲山组陆表海灰岩岩石构造组合为主。石炭纪—二叠纪形成海陆交互陆表海,由石炭系—二叠系本溪组、太原组、山西组、石盒子组、孙家沟组陆表海砂泥岩夹砾岩含煤碎屑岩岩石构造组合构成。

6)夹皮沟-古洞河裂谷盆地(Ⅱ-1-6)

位于龙岗地块、和龙地块北缘,夹皮沟以北至青龙村一带。由色洛河陆缘裂谷(Ⅱ-1-6-1)、金银别-海沟陆缘裂谷(Ⅱ-1-6-2)、新东村-长仁陆缘裂谷(Ⅱ-1-6-3)、万宝陆缘裂谷(Ⅱ-1-6-4)、黄莺屯陆缘裂谷(Ⅱ-1-6-5)、小三个顶子陆缘裂谷(Ⅱ-1-6-6)构成。

(1)色洛河陆缘裂谷(Ⅱ-1-6-1)。

位于夹皮沟北西,由新元古代色洛河群变质砂岩-结晶灰岩夹变质凝灰岩岩石构造组合构成。

(2)金银别-海沟陆缘裂谷(Ⅱ-1-6-2)。

位于金银别、海沟一带。由新元古代张三沟岩组变质砾岩-斜长角闪岩-变粒岩岩石构造组合、金银别岩组绿片岩-钠长绢云石英片岩岩石构造组合、东方红岩组变英安岩-流纹岩夹凝灰质砂岩岩石构造组合、团结沟岩组变质砂岩-结晶灰岩夹变质凝灰岩岩石构造组合构成。

(3)新东村-长仁陆缘裂谷(Ⅱ-1-6-3)。

位于和龙以北新东村、长仁一带。由新元古代新东村岩组斜长角闪岩-黑云斜长变粒岩岩石构造组合、长仁厚层大理岩岩石构造组合构成。

(4)万宝陆缘裂谷(Ⅱ-1-6-4)。

位于安图万宝一带。由新元古代万宝岩组变质砂岩-结晶灰岩夹变质凝灰岩岩石构造组合构成。

(5)黄莺屯陆缘裂谷(Ⅱ-1-6-5)。

位于夹皮沟镇北西,由黄莺屯岩组斜长角闪岩-含夕线黑云母片麻岩-大理岩岩石构造组合构成。

(6)小三个顶子陆缘裂谷(Ⅱ-1-6-6)。

位于夹皮沟镇北西,由小三个顶子岩组厚层大理岩岩石构造组合构成。

二、晚三叠世以来大地构造单元划分

晚三叠世以来,包括吉林省在内的整个中国东部都卷入濒西太平洋叠加造山活动中,形成一系列北东走向的盆-岭构造。吉林省内主要有陆缘岩浆弧、弧后裂谷、陆缘裂谷、火山构造洼地及断陷盆地(图7-2-2),具体划分见表7-2-2。

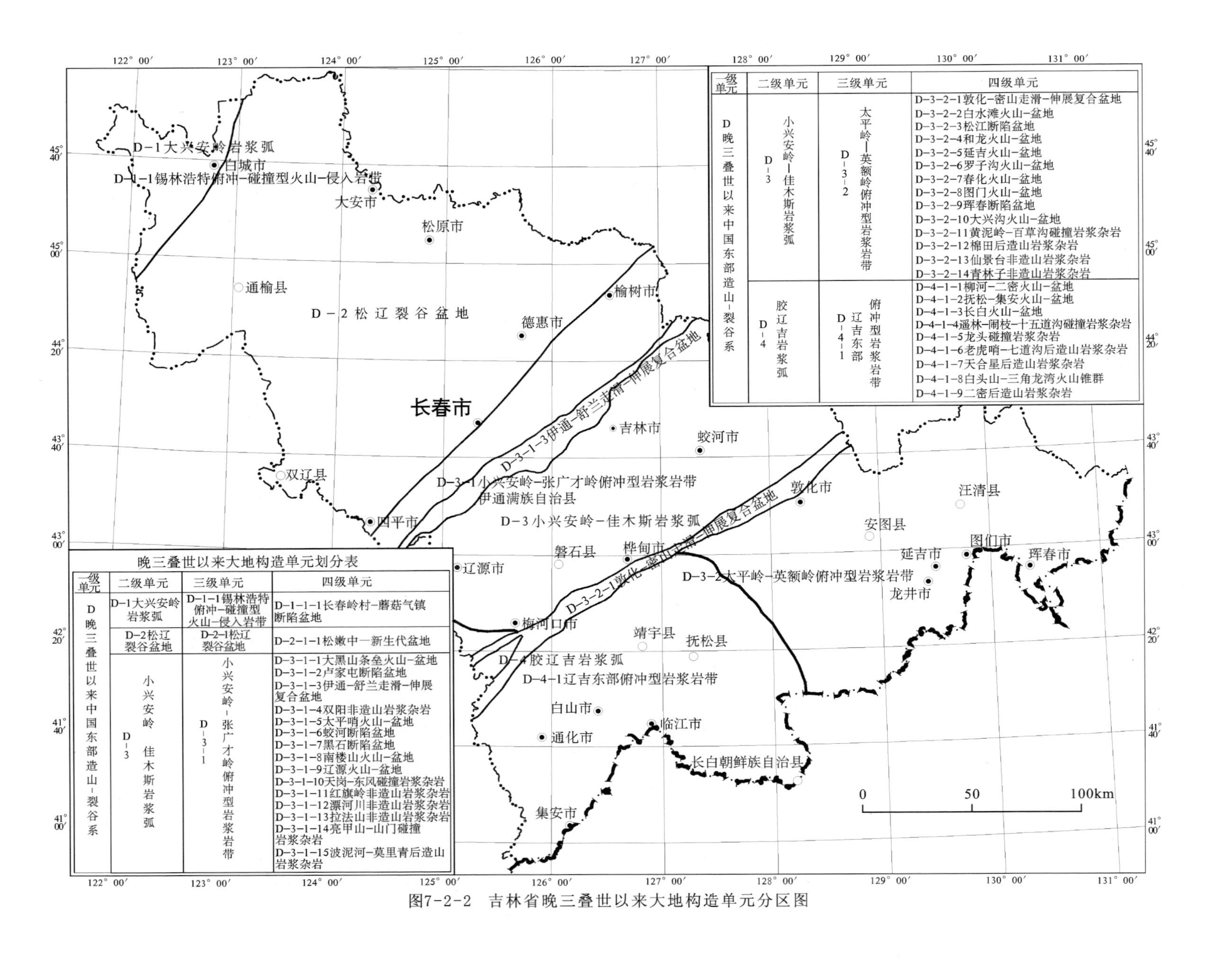

图7-2-2 吉林省晚三叠世以来大地构造单元分区图

表 7-2-2　晚三叠世以来大地构造单元划分表

一级构造单元	二级构造单元	三级构造单元	四级构造单元
D 晚三叠世以来中国东部造山-裂谷系	D-1 大兴安岭岩浆弧	D-1-1 锡林浩特俯冲-碰撞型火山-侵入岩带	D-1-1-1 长春岭村-蘑菇气镇断陷盆地
	D-2 松辽裂谷盆地	D-2-1 松辽裂谷盆地	D-2-1-1 松嫩中-新生代盆地
	D-3 小兴安岭-佳木斯岩浆弧	D-3-1 小兴安岭-张广才岭俯冲型岩浆岩带	D-3-1-1 大黑山条垒火山-盆地
			D-3-1-2 卢家屯断陷盆地
			D-3-1-3 伊通-舒兰走滑-伸展复合盆地
			D-3-1-4 双阳非造山岩浆杂岩
			D-3-1-5 太平哨火山-盆地
			D-3-1-6 蛟河断陷盆地
			D-3-1-7 黑石断陷盆地
			D-3-1-8 南楼山火山-盆地
			D-3-1-9 辽源火山-盆地
			D-3-1-10 天岗-东风碰撞岩浆杂岩
			D-3-1-11 红旗岭非造山岩浆杂岩
			D-3-1-12 漂河川非造山岩浆杂岩
			D-3-1-13 拉法山非造山岩浆杂岩
			D-3-1-14 亮甲山-山门碰撞岩浆杂岩
			D-3-1-15 波泥河-莫里青后造山岩浆杂岩
		D-3-2 太平岭-英额岭俯冲型岩浆岩带	D-3-2-1 敦化-密山走滑-伸展复合盆地
			D-3-2-2 白水滩火山-盆地
			D-3-2-3 松江断陷盆地
			D-3-2-4 和龙火山-盆地
			D-3-2-5 延吉火山-盆地
			D-3-2-6 罗子沟火山-盆地
			D-3-2-7 春化火山-盆地
			D-3-2-8 图门火山-盆地
			D-3-2-9 珲春断陷盆地
			D-3-2-10 大兴沟火山-盆地
			D-3-2-11 黄泥岭-百草沟碰撞岩浆杂岩
			D-3-2-12 棉田后造山岩浆杂岩
			D-3-2-13 仙景台非造山岩浆杂岩
			D-3-2-14 青林子非造山岩浆杂岩

续表 7-2-2

一级构造单元	二级构造单元	三级构造单元	四级构造单元
D 晚三叠世以来中国东部造山-裂谷系	D-4 胶辽吉岩浆弧	D-4-1 辽吉东部俯冲型岩浆岩带	D-4-1-1 柳河-二密火山-盆地
			D-4-1-2 抚松-集安火山-盆地
			D-4-1-3 长白火山-盆地
			D-4-1-4 遥林-闹枝-十五道沟碰撞岩浆杂岩
			D-4-1-5 龙头碰撞岩浆杂岩
			D-4-1-6 老虎哨-七道沟后造山岩浆杂岩
			D-4-1-7 天合星后造山岩浆杂岩
			D-4-1-8 白头山-三角龙湾火山锥群
			D-4-1-9 二密后造山岩浆杂岩

（一）晚三叠世以来中国东部造山-裂谷系（D）

区域上呈北东向展布于东南沿海、华北、东北一带，隶属环太平洋构造域。主要由陆缘岩浆弧、弧后裂谷盆地及陆缘裂谷组成。该构造单元由大兴安岭岩浆弧（D-1）、松辽裂谷盆地（D-2）、小兴安岭-佳木斯岩浆弧（D-3）、胶辽吉岩浆弧（D-4）构成。

1. 大兴安岭岩浆弧（D-1）

位于吉林省西部白城地区，向东北、西南、西北皆延入内蒙古自治区，向东南与松辽裂谷盆地相相接。根据其岩石-构造组合特征，吉林省内只有锡林浩特俯冲-碰撞型火山-侵入岩带（D-1-1），由长春岭村-蘑菇气镇断陷盆地（D-1-1-1）构成。

长春岭村-蘑菇气镇断陷盆地（D-1-1-1）。

位于白城西北一带，由下侏罗统红旗组、万宝组河湖相含煤碎屑岩岩石构造组合，付家洼子组、宝石组、平山组安山岩夹安山质火山碎屑岩岩石构造组合构成。

2. 松辽裂谷盆地（D-2）

松辽裂谷盆地为一弧后裂谷盆地，分布范围广，主要分布在吉林省中西部，向北东延入黑龙江省，向西南延入辽宁省及内蒙古自治区。北西界以裂谷盆地西支断裂与锡林浩特俯冲-碰撞型火山-侵入岩带（相）分界，东界以裂谷盆地东支断裂（四平-昌图断裂）与小兴安岭-佳木斯岩浆弧大相分界。松辽裂谷盆地以大面积全新统、更新统河湖相碎屑沉积为主，在隆起区有白垩系碎屑岩出露。据地质钻孔（石油、水文）资料，其基底为古生代变质岩系，中-新生代盖层随基底的起伏而形成隆凹构造格局。其沉积厚度达数十米至百余米，以河湖相碎屑岩夹火山岩为主。沿东支断裂有古近纪和新近纪基性火山岩喷发，反映大陆裂谷背景。

3. 小兴安岭-佳木斯岩浆弧（D-3）

属欧亚板块陆缘构造环境，分布于吉林省中东部和北部。南部以铁岭-开原大断裂、夹皮沟大断裂、古洞河大断裂与华北陆块为界，北部延入黑龙江省，西北部与松辽裂谷盆地接壤。由小兴安岭-张广才岭俯冲型岩浆岩带（D-3-1）和太平岭-英额岭俯冲型岩浆岩带（D-3-2）构成。

1)小兴安岭-张广才岭俯冲型岩浆岩带(D-3-1)

地理上分布于张广才岭、哈达岭、大黑山条垒,其东界以敦(化)-密(山)大断裂与太平岭-英额岭碰撞岩浆岩带(相)分界。该单元由大黑山条垒火山-盆地(D-3-1-1)、卢家屯断陷盆地(D-3-1-2)、伊通-舒兰走滑-伸展复合盆地(D-3-1-3)、双阳非造山岩浆杂岩(D-3-1-4)、太平哨火山-盆地(D-3-1-5)、蛟河断陷盆地(D-3-1-6)、黑石断陷盆地(D-3-1-7)、南楼山火山-盆地(D-3-1-8)、辽源火山-盆地(D-3-1-9)、天岗-东风碰撞岩浆杂岩(D-3-1-10)、红旗岭非造山岩浆杂岩(D-3-1-11)、漂河川非造山岩浆杂岩(D-3-1-12)、拉法山非造山岩浆杂岩(D-3-1-13)、亮甲山-山门碰撞岩浆杂岩(D-3-1-14)、波泥河-莫里青后造山岩浆杂岩(D-3-1-15)构成。

(1)大黑山条垒火山-盆地(D-3-1-1)。

位于大黑山条垒上,由上白垩统火石岭组安山岩夹安山质火山碎屑岩岩石构造组合、营城组安山岩-流纹岩及流纹质火山碎屑岩夹含煤碎屑岩岩石构造组合组成。该单元是弧后火山活动形成的火山构造洼地。

(2)卢家屯断陷盆地(D-3-1-2)。

位于大黑山条垒上。由下三叠统卢家屯组河湖相碎屑岩岩石构造组合构成。

(3)伊通-舒兰走滑-伸展复合盆地(D-3-1-3)。

位于大黑山条垒以西,由伊通、马鞍山、万昌到舒兰组成的北东向狭长地带,向北东延入黑龙江省,向南西延入辽宁省。该盆地亚相以东、西二支断裂与其他单元为界。盆地内有下白垩统泉头组、登楼库组河流砂砾岩-粉砂岩泥岩岩石构造组合,古近系岗窑组、吉舒组河湖相含煤碎屑岩岩石构造组合及新近系裂谷玄武岩岩石构造组合。

(4)双阳非造山岩浆杂岩(D-3-1-4)。

分布伊-舒地堑以东,由早白垩世花岗斑岩岩石构造组合构成。

(5)太平哨火山-盆地(D-3-1-5)。

位于长春双阳以南。由上白垩统金家屯组安山岩夹安山质火山碎屑岩岩石构造组合、泉头组河湖相碎屑岩岩石构造组合构成。

(6)蛟河断陷盆地(D-3-1-6)。

分布在吉林中部蛟河一带,受北东向蛟河大断裂影响发育而成的断陷盆地。由下白垩统长财组、大拉子组构成,岩石构造组合为河湖相含煤碎屑岩-河湖相碎屑岩构成。

(7)黑石断陷盆地(D-3-1-7)。

位于敦-密断裂以西,吉林东北部,受北东向敦-密大断裂影响发育而成的上叠断陷盆地。由中新统土门子组河湖相碎屑岩岩石构造组合构成。

(8)南楼山火山-盆地(D-3-1-8)。

位于吉林中部永吉、五里河一带。由上三叠统四合屯组安山岩夹安山质火山碎屑岩岩石建造组合,下侏罗统玉兴屯组流纹质-安山质火山碎屑岩岩石构造组合、河湖相碎屑岩岩石构造组合及南楼山组安山岩及安山质、英安质火山碎屑岩岩石构造组合构成。该单元是弧后火山活动形成的火山构造洼地。

(9)辽源火山-盆地(D-3-1-9)。

位于吉林省东南部辽源、东辽一带,向南东延入辽宁省。总体可分成安山岩夹安山质火山碎屑岩组合和河湖相含煤碎屑岩组合,具体为侏罗系—白垩系德仁组安山岩夹安山质火山碎屑岩、安民组安山岩岩石构造组合、久大组河湖相含煤碎屑岩、长安组河湖相含煤碎屑岩、登楼库组河流砂砾岩-粉砂岩和泥岩岩石构造组合构成。该单元是弧后火山活动形成的火山构造洼地。

(10)天岗-东风碰撞岩浆杂岩(D-3-1-10)。

位于吉林中部天岗、江密峰、盘石一带,南东延入辽宁省,北东延入黑龙江省,北西以伊-舒地堑为界,南东以敦-密断裂为界。由早侏罗世—中侏罗世闪长岩-石英闪长岩-花岗闪长岩-二长花岗岩-碱长花岗岩-正长花岗岩(GG组合)岩石构造组合构成。

(11)红旗岭非造山岩浆杂岩(D-3-1-11)。

位于吉林中部红旗岭一带,呈北西向条带状展布。由晚三叠世橄榄岩-辉石橄榄岩-辉长岩岩石构造组合构成。

(12)漂河川非造山岩浆杂岩(D-3-1-12)。

位于吉林中部漂河川一带,呈北西向条带状展布。由晚三叠世橄榄岩-辉石橄榄岩-辉长岩岩石构造组合构成。

(13)拉法山非造山岩浆杂岩(D-3-1-13)。

位于吉林中部蛟河以北拉法山一带,呈东西向条带状展布。由早白垩世晶洞碱长花岗岩、花岗斑岩(花岗岩组合)岩石构造组合构成。

(14)亮甲山-山门碰撞岩浆杂岩(D-3-1-14)。

分布在大黑山条垒亮甲山、山门一带,由早-晚侏罗世闪长岩-花岗闪长岩-二长花岗岩-正长花岗岩(GG组合)岩石构造组合构成。

(15)波泥河-莫里青后造山岩浆杂岩(D-3-1-15)。

分布在大黑山条垒波泥河、莫里青一带,由早白垩世花岗斑岩岩石构造组合构成。

2)太平岭-英额岭俯冲型岩浆岩带(D-3-2)

地理上位于吉林省中东部,北西以敦-密断裂为界,向东、向北延入黑龙江省,南界以夹皮沟大断裂、古洞河大断裂与华北陆块为界。该单元由敦化-密山走滑-伸展复合盆地(D-3-2-1)、白水滩火山-盆地(D-3-2-2)、松江断陷盆地(D-3-2-3)、和龙火山-盆地(D-3-2-4)、延吉火山-盆地(D-3-2-5)、罗子沟火山-盆地(D-3-2-6)、春化火山-盆地(D-3-2-7)、图门火山-盆地(D-3-2-8)、珲春断陷盆地(D-3-2-9)、大兴沟火山-盆地(D-3-2-10)、黄泥岭-百草沟碰撞岩浆杂岩(D-3-2-11)、棉田后造山岩浆杂岩(D-3-2-12)、仙景台非造山岩浆杂岩(D-3-2-13)、青林子非造山岩浆杂岩(D-3-2-14)构成。

(1)敦化-密山走滑-伸展复合盆地(D-3-2-1)。

位于吉林中部桦甸、敦化一带,呈北东向狭长条带状展布。向北延入黑龙江省,向南延入辽宁省。该盆地由东、西二支断裂控制。盆地内由中侏罗统小东沟组河湖相碎屑岩岩石构造组合,上侏罗统大沙滩组河流砂砾岩-粉砂岩泥岩组合,下白垩统亨通山组河湖相含煤碎屑岩组合、小南沟组河湖相碎屑岩组合,安民组-金家屯组玄武岩-安山岩岩石构造组合,中新统土门子组河湖相碎屑岩岩石构造组合,早白垩世碱长花岗岩-晶洞花岗岩岩石构造组合,古近纪霓霞正长斑岩,新近纪辉绿玢岩,中新世—上新世碱性玄武岩岩石构造组合构成。

(2)白水滩火山-盆地(D-3-2-2)。

位于吉林中南部沿江、白水滩一带,呈北西向狭长条带状展布。该盆地处于夹皮沟北西向断裂带上,并受其控制。盆地内由上三叠统托盘沟组安山岩夹安山质火山碎屑岩、流纹岩及流纹质火山碎屑岩岩石构造建造,小河口组河湖相含煤碎屑岩岩石构造组合;下白垩统大拉子组河流砂砾岩-粉砂岩泥岩岩石构造组合;上白垩统龙井组湖泊砂岩-粉砂岩岩石构造组合构成。该单元是弧后火山活动形成的火山构造洼地。

(3)松江断陷盆地(D-3-2-3)。

位于吉林中东部永庆、松江一带,龙岗地块北缘,受夹皮沟北西向断裂带和龙岗地块东支断裂控制。盆地内由下白垩统长财组河湖相含煤碎屑岩岩石构造组合、大拉子组河流砂砾岩-粉砂岩泥岩岩石构造组合构成。

(4)和龙火山-盆地(D-3-2-4)。

位于吉林东部泉水村、和龙一带,呈南北向狭长条带状展布。盆地内由下白垩统长财组河湖相含煤碎屑岩岩石构造组合、金沟岭组安山岩夹安山质火山碎屑岩岩石构造组合、大拉子组河流砂砾岩-粉砂岩泥岩岩石构造组合、龙井组湖泊砂岩-粉砂岩组合构成。该单元是弧后火山活动形成的火山构造洼地。

(5)延吉火山-盆地(D-3-2-5)。

位于吉林东部龙井、延吉一带。盆地内由下白垩统长财组河湖相含煤碎屑岩岩石构造组合、金沟岭组安山岩夹安山质火山碎屑岩岩石构造组合、大拉子组河流砂砾岩-粉砂岩泥岩岩石构造组合,上白垩统龙井组湖泊砂岩-粉砂岩岩石构造组合,古近纪次安山岩岩石构造组合构成。该单元是弧后火山活动形成的火山构造洼地。

(6)罗子沟火山-盆地(D-3-2-6)。

位于吉林东北部汪清以北罗子沟一带,向北延入黑龙江省。盆地内由下白垩统大拉子组河流砂砾岩-粉砂岩泥岩岩石构造组合、上白垩统罗子沟组安山岩-流纹岩岩石构造组合构成。该单元是弧后火山活动形成的火山构造洼地。

(7)春化火山-盆地(D-3-2-7)。

位于吉林东部春化一带。盆地内由中新统土门子组河湖相碎屑岩岩石构造组合,中新世—上新世碱性玄武岩岩石构造组合构成。

(8)图门火山-盆地(D-3-2-8)。

位于吉林东部图门一带,向东延入朝鲜。盆地内由下白垩统金沟岭组安山岩夹安山质火山碎屑岩岩石构造组合、大拉子组河流砂砾岩-粉砂岩泥岩岩石构造组合构成。该单元是弧后火山活动形成的火山构造洼地。

(9)珲春断陷盆地(D-3-2-9)。

位于吉林东部珲春一带。盆地内由下白垩统金沟岭组安山岩夹安山质火山碎屑岩岩石构造组合,古近系珲春组河湖相含煤碎屑岩岩石构造组合构成。该单元是弧后火山活动形成的火山构造洼地。

(10)大兴沟火山-盆地(D-3-2-10)。

位于吉林东北部汪清以北百草沟、大兴沟一带。盆地内由上三叠统托盘沟组安山岩夹安山质火山碎屑岩、流纹岩及流纹质火山碎屑岩岩石构造组合,马鹿沟组湖泊砂岩-粉砂岩岩石构造组合,天桥岭组流纹岩岩石构造组合;上侏罗统屯田营组安山岩及安山质火山碎屑岩岩石构造组合;下白垩统长财组河湖相含煤碎屑岩岩石构造组合,刺猬沟组、金沟岭组安山岩夹安山质火山碎屑岩岩石构造组合,大拉子组河流砂砾岩—粉砂岩泥岩岩石构造组合构成。该单元是弧后火山活动形成的火山构造洼地。

(11)黄泥岭-百草沟碰撞岩浆杂岩(D-3-2-11)。

位于吉林东北部大蒲柴河、百草沟、吉林东部复兴一带,向东、向北延入黑龙江省,呈北东向展布。由晚三叠世花岗闪长岩—二长花岗岩岩石构造组合(GG组合)、早侏罗世石英闪长岩-花岗闪长岩-二长花岗岩-正长花岗岩-碱长花岗岩岩石构造组合、中侏罗世二云母二长花岗岩-正长花岗岩构造组合构成。

(12)棉田后造山岩浆杂岩(D-3-2-12)。

位于吉林东北部汪清以南棉田一带。由早白垩世石英闪长岩-花岗闪长岩岩石构造组合构成。

(13)仙景台非造山岩浆杂岩(D-3-2-13)。

位于吉林东南部和龙以南仙景台一带,受北东向图门江大断裂控制。由早白垩世二长花岗岩、晶洞碱长花岗岩岩石构造组合(花岗岩组合)构成。

(14)青林子非造山岩浆杂岩(D-3-2-14)。

位于吉林中东部敦化以东青林子一带,呈北东向条带状展布。由晚三叠世碱性辉长岩-碱长正长岩-石英碱长正长岩岩石构造组合构成。

4. 胶辽吉岩浆弧(D-4)

位于吉林南部，是渤海东陆块受滨西太平洋构造域叠加活动影响而形成的陆缘岩浆弧。在吉林省由辽吉东部俯冲型岩浆岩带(D-4-1)构成。

辽吉东部俯冲型岩浆岩带(D-4-1)

该岩浆岩带东部以敦-密断裂为界，北部以夹皮沟大断裂、古洞河大断裂为界，东南延入朝鲜，区域上呈北东向展布。由柳河-二密火山-盆地(D-4-1-1)、抚松-集安火山-盆地(D-4-1-2)、长白火山-盆地(D-4-1-3)、遥林-闹枝-十五道沟碰撞岩浆杂岩(D-4-1-4)、龙头碰撞岩浆杂岩(D-4-1-5)、老虎哨-七道沟后造山岩浆杂岩(D-4-1-6)、天合星后造山岩浆杂岩(D-4-1-7)、白头山-三角龙湾火山锥群(D-4-1-8)、二密后造山岩浆杂岩(D-4-1-9)构成。

(1)柳河-二密火山-盆地(D-4-1-1)。

位于吉林西南部英额布、马当一带，向西延入辽宁省。盆地内由中侏罗统小东沟组河湖相碎屑岩岩石建造组合，中-上侏罗统果松组安山岩及安山质火山碎屑岩岩石构造组合，上侏罗统鹰嘴砬子组河湖相含煤碎屑岩组合、大沙滩组河湖相碎屑岩岩石建造组合、林子头组流纹质火山碎屑岩夹流纹岩岩石构造组合和河湖相碎屑岩岩石构造组合，下白垩统亨通山组河湖相含煤碎屑岩岩石构造组合、三棵榆树组碱性火山岩岩石构造组合构成。该单元是弧后火山活动形成的火山构造洼地。

(2)抚松-集安火山-盆地(D-4-1-2)。

位于吉林东南部集安、七道沟、抚松一带，呈北东向展布，南部延入朝鲜。盆地内由中-上侏罗统果松组安山岩及安山质火山碎屑岩岩石构造组合，上侏罗统鹰嘴砬子组河湖相含煤碎屑岩组合、林子头组流纹质火山碎屑岩夹流纹岩岩石构造组合和河湖相碎屑岩岩石构造组合，下白垩统石人组河湖相含煤碎屑岩岩石构造组合构成。该单元是弧后火山活动形成的火山构造洼地。

(3)长白火山-盆地(D-4-1-3)。

位于吉林东南部露水河、长白县一带，呈东西向展布，南部延入朝鲜。盆地内由上三叠统长白组安山岩-英安岩-流纹岩及其集块岩-角砾岩和火山碎屑岩岩石构造组合、中-上侏罗统果松组安山岩及安山质火山碎屑岩岩石构造组合、上侏罗统林子头组流纹质火山碎屑岩夹流纹岩岩石构造组合和河湖相碎屑岩岩石构造组合。该单元是弧后火山活动形成的火山构造洼地。

(4)遥林-闹枝-十五道沟碰撞岩浆杂岩(D-4-1-4)。

位于吉林东南部遥林、闹枝一带。由中侏罗世二长花岗岩岩石构造组合、二云母二长花岗岩岩石构造组合构成。

(5)龙头碰撞岩浆杂岩(D-4-1-5)。

位于吉林南部头道镇一带。由晚三叠世花岗闪长岩-二长花岗岩岩石构造组合(GG 组合)构成。

(6)老虎哨-七道沟后造山岩浆杂岩(D-4-1-6)。

位于吉林西南部老虎哨、五女峰一带，沿鸭绿江大断裂展布。由早白垩世碱长花岗岩-晶洞花岗岩岩石构造组合(花岗岩组合)构成。

(7)天合星后造山岩浆杂岩(D-4-1-7)。

位于吉林南部天合星一带。由早白垩世花岗斑岩岩石构造组合(花岗岩组合)构成。

(8)白头山-三角龙湾火山锥群(D-4-1-8)。

位于吉林东南部白头山、辉南三角龙湾一带。由上新世碱性玄武岩岩石构造组合，全新世火山碎屑岩岩石构造组合、粗面岩岩石构造组合、碱流岩岩石构造组合构成。

(9)二密后造山岩浆杂岩(D-4-1-9)。

位于吉林南部二密北部。由石英二长闪长岩-石英闪长岩岩石构造组合构成。该亚相含铜矿产资源。

第三节　大地构造相特征

一、晚三叠世以来中国东部造山-裂谷系相系

区域上呈北东向展布于东南沿海、华北、东北一带，隶属环太平洋构造域。该相系由大兴安岭岩浆弧大相、松辽裂谷盆地大相、小兴安岭-佳木斯岩浆弧大相、胶辽吉岩浆弧大相构成。

（一）大兴安岭岩浆弧大相

属欧亚板块东部陆缘环境，位于吉林省西部白城地区，向东北、西南、西北皆延入内蒙古自治区，向东南与松辽裂谷盆地相相接。根据其岩石-构造组合特征，吉林省内只有锡林浩特俯冲-碰撞型火山-侵入岩带（J—K）（相），由长春岭村-蘑菇气镇断陷盆地亚相（J—K）构成。

长春岭村-蘑菇气镇断陷盆地亚相（J—K）。

位于白城西北一带，由下侏罗统红旗组、万宝组河湖相含煤碎屑岩岩石构造组合、付家洼子组、宝石组、平山组安山岩夹安山质火山碎屑岩岩石构造组合构成。该亚相内含煤矿产资源。

（二）松辽裂谷盆地大相

松辽裂谷盆地为一弧后裂谷盆地，分布范围广，主要分布在吉林省中西部，向北东延入黑龙江省，向西南延入辽宁省及内蒙古自治区。北西界以裂谷盆地西支断裂与锡林浩特俯冲-碰撞型火山-侵入岩带（相）分界，东界以裂谷盆地东支断裂（四平-昌图断裂）与小兴安岭-佳木斯岩浆弧大相分界。松辽裂谷盆地相以大面积全新统、更新统河湖相碎屑沉积为主，在隆起区有白垩系碎屑岩出露。沿东支断裂有古近纪和新近纪玄武岩喷溢，反映大陆裂谷背景。

（三）小兴安岭-佳木斯岩浆弧大相

属欧亚板块陆缘构造环境。分布于吉林省中东部和北部。南部以铁岭-开原大断裂、夹皮沟大断裂、古洞河大断裂与华北陆块为界，北部延入黑龙江省，西北部与松辽裂谷盆地接壤。该大相活动时限为晚三叠世—全新世。由小兴安岭-张广才岭碰撞岩浆岩带（相）和太平岭-英额岭碰撞岩浆岩带（相）构成。

1. 小兴安岭-张广才岭碰撞岩浆岩带（相）

地理上分布于张广才岭、哈达岭、大黑山条垒，其东界以敦（化）-密（山）大断裂与太平岭-英额岭碰撞岩浆岩带（相）分界。该相由大黑山条垒火山-盆地亚相（T_3—K）、卢家屯断陷盆地亚相（T_1）、伊通-舒兰走滑-伸展复合盆地亚相（K—N）、双阳非造山岩浆杂岩亚相（K_1）、太平哨火山-盆地亚相（K_1）、蛟河断陷盆地亚相（K）、黑石断陷盆地亚相（N）、南楼山火山-盆地亚相（T—K）、辽源火山-盆地亚相（T—K）、天岗-东风碰撞岩浆杂岩亚相（J）、红旗岭非造山岩浆杂岩亚相（T_3）、漂河川非造山岩浆杂岩亚相（T_3）、拉法山非造山岩浆杂岩亚相（K）、亮甲山-山门碰撞岩浆杂岩亚相（J）、波泥河-莫里青后造山岩浆杂岩亚相（K）构成。

（1）大黑山条垒火山-盆地亚相（T_3—K）。

位于大黑山条垒上，由上白垩统火石岭组安山岩夹安山质火山碎屑岩岩石构造组合、营城组安山岩-

流纹岩及流纹质火山碎屑岩夹含煤碎屑岩岩石构造组合组成。该单元是弧后火山活动形成的火山构造洼地。该亚相有煤矿产资源。

(2)卢家屯断陷盆地亚相(T_1)。

位于大黑山条垒上。由下三叠统卢家屯组河湖相碎屑岩岩石构造组合构成。

(3)伊通-舒兰走滑-伸展复合盆地亚相(K—N)。

位于大黑山条垒以西,由伊通、马鞍山、万昌到舒兰组成的北东向狭长地带,向北东延入黑龙江省,向南西延入辽宁省。该盆地亚相以东、西二支断裂与其他单元为界。盆地内有下白垩统泉头组、登楼库组河流砂砾岩-粉砂岩泥岩岩石构造组合,古近系岗窑组、吉舒组河湖相含煤碎屑岩岩石构造组合及新近系裂谷玄武岩岩石构造组合。该亚相有煤矿产资源。

(4)双阳非造山岩浆杂岩亚相(K_1)。

分布伊-舒地堑以东,由早白垩世花岗斑岩岩石构造组合构成。

(5)太平哨火山-盆地亚相(K_1)。

位于长春双阳以南。由上白垩统金家屯组安山岩夹安山质火山碎屑岩岩石构造组合、泉头组河湖相碎屑岩岩石构造组合构成。

(6)蛟河断陷盆地亚相(K)。

分布在吉林中部蛟河一带,受北东向蛟河大断裂影响发育而成的断陷盆地。由下白垩统长财组、大拉子组构成,岩石构造组合为河湖相含煤碎屑岩一河湖相碎屑岩构成。该亚相含有煤矿产资源。

(7)黑石断陷盆地亚相(N)。

位于敦-密断裂以西,吉林东北部。受北东向敦-密大断裂影响发育而成的上叠断陷盆地。由中新统土门子组河湖相碎屑岩岩石构造组合构成。

(8)南楼山火山-盆地亚相(T—J)。

位于吉林中部永吉、五里河一带。由上三叠统四合屯组安山岩夹安山质火山碎屑岩岩石建造组合、下侏罗统玉兴屯组流纹质-安山质火山碎屑岩岩石构造组合、河湖相碎屑岩岩石构造组合及南楼山组安山岩及安山质、英安质火山碎屑岩岩石构造组合构成。该亚相是弧后火山活动形成的火山构造洼地。

(9)辽源火山-盆地亚相(J—K)。

位于吉林省东南部辽源、东辽一带,向南东延入辽宁省。总体可分成安山岩夹安山质火山碎屑岩组合和河湖相含煤碎屑岩组合,具体为侏罗系—白垩系德仁组安山岩夹安山质火山碎屑岩、安民组安山岩岩石构造组合、久大组河湖相含煤碎屑岩、长安组河湖相含煤碎屑岩、登楼库组河流砂砾岩-粉砂岩、泥岩岩石构造组合构成。该亚相是弧后火山活动形成的火山构造洼地。该亚相有煤矿产资源。

(10)天岗-东风碰撞岩浆杂岩亚相(J)。

位于吉林中部天岗、江密峰、盘石一带,南东延入辽宁省,北东延入黑龙江省,北西以伊-舒地堑为界,南东以敦-密断裂为界。由早侏罗世闪长岩-花岗闪长岩-二长花岗岩-正长花岗岩(GG组合)岩石构造组合、中侏罗世石英闪长岩-花岗闪长岩-二长花岗岩-正长花岗岩-碱长花岗岩(GG组合)岩石构造组合构成。该亚相含金、铅、锌等矿产资源。

(11)红旗岭非造山岩浆杂岩亚相(T_3)。

位于吉林中部红旗岭一带,呈北西向条带状展布。由晚三叠世橄榄岩-辉石橄榄岩-辉长岩岩石构造组合构成。该亚相含铜、镍矿产资源。

(12)漂河川非造山岩浆杂岩亚相(T_3)。

位于吉林中部漂河川一带,呈北西向条带状展布。由晚三叠世橄榄岩-辉石橄榄岩-辉长岩岩石构造组合构成。

(13)拉法山非造山岩浆杂岩亚相(J)。

位于吉林中部蛟河以北拉法山一带,呈东西向条带状展布。由早白垩世晶洞碱长花岗岩、花岗斑岩

(花岗岩组合)岩石构造组合构成。该亚相含金矿产资源。

(14)亮甲山-山门碰撞岩浆杂岩亚相(J)。

分布在大黑山条垒亮甲山、山门一带,由早-晚侏罗世闪长岩-花岗闪长岩-二长花岗岩-正长花岗岩(GG组合)岩石构造组合构成。该亚相含银矿产资源。

(15)波泥河-莫里青后造山岩浆杂岩亚相(K)。

分布在大黑山条垒波泥河、莫里青一带,由早白垩世花岗斑岩岩石构造组合构成。

2. 太平岭-英额岭俯冲型岩浆岩带(相)

地理上位于吉林省中东部,北西以敦-密断裂为界,向东、向北延入黑龙江省,南界以夹皮沟大断裂、古洞河大断裂与华北陆块为界。该相由敦化-密山走滑-伸展复合盆地亚相(J—N)、白水滩火山-盆地亚相(T_3—K)、松江断陷盆地亚相(K_1)、和龙火山-盆地亚相(K—E)、延吉火山-盆地亚相(K—E)、罗子沟火山-盆地亚相(K)、春化火山-盆地亚相(N)、图门火山-盆地亚相(T_3—K)、珲春断陷盆地亚相(K—N)、大兴沟火山-盆地亚相(T_3—K)、黄泥岭-百草沟碰撞岩浆杂岩亚相(T_3—J)、棉田后造山岩浆杂岩亚相(K)、仙景台非造山岩浆杂岩亚相(K)、青林子非造山岩浆杂岩亚相(T_3)构成。

(1)敦化-密山走滑-伸展复合盆地亚相(J—N)。

位于吉林中部桦甸、敦化一带,呈北东向狭长条带状展布。向北延入黑龙江省,向南延入辽宁省。该盆地由东、西二支断裂控制。盆地内由中侏罗统小东沟组河湖相碎屑岩岩石构造组合,上侏罗统大沙滩组河流砂砾岩-粉砂岩泥岩组合,下白垩统亨通山组河湖相含煤碎屑岩组合、小南沟组河湖相碎屑岩组合、安民组-金家屯组玄武岩-安山岩岩石构造组合,中新统土门子组河湖相碎屑岩岩石构造组合,早白垩世碱长花岗岩-晶洞花岗岩岩石构造组合,古近纪霓霞正长斑岩、新近纪辉绿玢岩,中新世—上新世碱性玄武岩岩石构造组合构成。该亚相内含煤矿产资源。

(2)白水滩火山-盆地亚相(T_3—K)。

位于吉林中南部沿江、白水滩一带,呈北西向狭长条带状展布。该盆地处于夹皮沟北西向断裂带上,并受其控制。盆地内由上三叠统托盘沟组安山岩夹安山质火山碎屑岩、流纹岩及流纹质火山碎屑岩岩石构造建造、小河口组河湖相含煤碎屑岩岩石构造组合、下白垩统大拉子组河流砂砾岩-粉砂岩泥岩岩石构造组合、上白垩统龙井组湖泊砂岩-粉砂岩岩石构造组合构成。该亚相是弧后火山活动形成的火山构造洼地。该亚相内含煤矿产资源。

(3)松江断陷盆地亚相(K_1)。

位于吉林中东部永庆、松江一带,龙岗地块北缘,受夹皮沟北西向断裂带和龙岗地块东支断裂控制。盆地内由下白垩统长财组河湖相含煤碎屑岩岩石构造组合、大拉子组河流砂砾岩-粉砂岩泥岩岩石构造组合构成。该亚相内含煤矿产资源。

(4)和龙火山-盆地亚相(K—E)。

位于吉林东部泉水村、和龙一带,呈南北向狭长条带状展布。盆地内由下白垩统长财组河湖相含煤碎屑岩岩石构造组合、金沟岭组安山岩夹安山质火山碎屑岩岩石构造组合、大拉子组河流砂砾岩-粉砂岩泥岩岩石构造组合、龙井组湖泊砂岩-粉砂岩组合构成。该亚相是弧后火山活动形成的火山构造洼地。该亚相内含煤矿产资源。

(5)延吉火山-盆地亚相(K—E)。

位于吉林东部龙井、延吉一带。盆地内由下白垩统长财组河湖相含煤碎屑岩岩石构造组合、金沟岭组安山岩夹安山质火山碎屑岩岩石构造组合、大拉子组河流砂砾岩-粉砂岩泥岩岩石构造组合,上白垩统龙井组湖泊砂岩-粉砂岩岩石构造组合,古近纪次安山岩岩石构造组合构成。该亚相是弧后火山活动形成的火山构造洼地。该亚相内含煤矿产资源。

(6)罗子沟火山-盆地亚相(K)。

位于吉林东北部汪清以北罗子沟一带,向北延入黑龙江省。盆地内由下白垩统大拉子组河流砂砾岩-粉砂岩泥岩岩石构造组合、上白垩统罗子沟组安山岩-流纹岩岩石构造组合构成。该亚相是弧后火山活动形成的火山构造洼地。该亚相内含油页岩矿产资源。

(7)春化火山-盆地亚相(N)。

位于吉林东部春化一带。盆地内由中新统土门子组河湖相碎屑岩岩石构造组合、中新世—上新世碱性玄武岩岩石构造组合构成。

(8)图门火山-盆地亚相(T_3—K)。

位于吉林东部图门一带,向东延入朝鲜。盆地内由下白垩统金沟岭组安山岩夹安山质火山碎屑岩岩石构造组合、大拉子组河流砂砾岩-粉砂岩泥岩岩石构造组合构成。该亚相是弧后火山活动形成的火山构造洼地。

(9)珲春断陷盆地亚相(K—N)。

位于吉林东部珲春一带。盆地内由下白垩统金沟岭组安山岩夹安山质火山碎屑岩岩石构造组合、古近系珲春组河湖相含煤碎屑岩岩石构造组合构成。该亚相是弧后火山活动形成的火山构造洼地。该亚相内含煤矿产资源。

(10)大兴沟火山-盆地亚相(T_3—K)。

位于吉林东北部汪清以北百草沟、大兴沟一带。盆地内由上三叠统托盘沟组安山岩夹安山质火山碎屑岩、流纹岩及流纹质火山碎屑岩岩石构造组合,马鹿沟组湖泊砂岩—粉砂岩岩石构造组合、天桥岭组安山岩—流纹岩岩石构造组合;上侏罗统屯田营组安山岩及安山质火山碎屑岩岩石构造组合;下白垩统长财组河湖相含煤碎屑岩岩石构造组合,刺猬沟组和金沟岭组安山岩夹安山质火山碎屑岩岩石构造组合构成、大拉子组河流砂砾岩-粉砂岩泥岩岩石构造组合构成。该亚相是弧后火山活动形成的火山构造洼地。该亚相内含煤矿产资源。

(11)黄泥岭-百草沟碰撞岩浆杂岩亚相(T_3—J)。

位于吉林东北部大蒲柴河、百草沟、吉林东部复兴一带,向东、向北延入黑龙江省,呈北东向展布。由晚三叠世花岗闪长岩—二长花岗岩岩石构造组合(GG组合)、早侏罗世石英闪长岩-花岗闪长岩-二长花岗岩-正长花岗岩-碱长花岗岩岩石构造组合、中侏罗世二云母二长花岗岩-正长花岗岩构造组合构成。该杂岩亚相有金及铅、锌、钼等贵金属及多金属矿产资源。

(12)棉田后造山岩浆杂岩亚相(K)。

位于吉林东北部汪清以南棉田一带。由早白垩世石英闪长岩—花岗岩闪长岩岩石构造组合构成。该杂岩亚相有金、银等贵金属矿产资源。

(13)仙景台非造山岩浆杂岩亚相(K)。

位于吉林东南部和龙以南仙景台一带,受北东向图门江大断裂控制。由早白垩世二长花岗岩-晶洞碱长花岗岩岩石构造组合(花岗岩组合)构成。

(14)青林子非造山岩浆杂岩亚相(T_3)。

位于吉林中东部敦化以东青林子一带,呈北东向条带状展布。由晚三叠世碱性辉长岩—碱长正长岩—石英碱长正长岩岩石构造组合构成。

(四)胶辽吉岩浆弧大相

位于吉林南部,是渤海东陆块受滨西太平洋构造域叠加活动影响而形成的陆缘岩浆弧。在吉林省由辽吉东部俯冲型岩浆岩带(相)构成。

辽吉东部俯冲型岩浆岩带(相)

该岩浆岩带东部以敦-密断裂为界,北部以夹皮沟大断裂、古洞河大断裂为界,东南延入朝鲜,区域上呈北东向展布。由柳河-二密火山-盆地亚相(J-K)、抚松-集安火山-盆地亚相(J-K)、长白火山-盆地亚相(T_3)、遥林-闹枝-十五道沟碰撞岩浆杂岩亚相(J)、龙头碰撞岩浆杂岩亚相(T_3)、老虎哨-七道沟后造山岩浆杂岩亚相(K)、天合星后造山岩浆杂岩亚相(K)、白头山-三角龙湾火山锥群亚相(N-Q)、二密后造山岩浆杂岩亚相(K)构成。

(1)柳河-二密火山-盆地亚相(J—K)。

位于吉林西南部英额布、马当一带,向西延入辽宁省。盆地内由中侏罗统小东沟组河湖相碎屑岩岩石建造组合,中-上侏罗统果松组安山岩及安山质火山碎屑岩岩石构造组合,上侏罗统鹰嘴砬子组河湖相含煤碎屑岩组合、大沙滩组河湖相碎屑岩岩石建造组合、林子头组流纹质火山碎屑岩夹流纹岩岩石构造组合和河湖相碎屑岩岩石构造组合,下白垩统亨通山组河湖相含煤碎屑岩岩石构造组合、三棵榆树组碱性火山岩岩石构造组合构成。该亚相是弧后火山活动形成的火山构造洼地。该亚相内含煤及铅、锌矿产资源。

(2)抚松-集安火山-盆地亚相(J—K)。

位于吉林东南部集安、七道沟、抚松一带,呈北东向展布,南部延入朝鲜。盆地内由中-上侏罗统果松组安山岩及安山质火山碎屑岩岩石构造组合,上侏罗统鹰嘴砬子组河湖相含煤碎屑岩组合、林子头组流纹质火山碎屑岩夹流纹岩岩石构造组合和河湖相碎屑岩岩石构造组合,下白垩统石人组河湖相含煤碎屑岩岩石构造组合构成。该亚相是弧后火山活动形成的火山构造洼地。该亚相内含煤及铅、锌矿产资源。

(3)长白火山-盆地亚相(T_3—J)。

位于吉林东南部露水河、长白县一带,呈东西向展布,南部延入朝鲜。盆地内由上三叠统长白组安山岩-英安岩-流纹岩及其集块岩-角砾岩和火山碎屑岩岩石构造组合、中-上侏罗统果松组安山岩及安山质火山碎屑岩岩石构造组合、上侏罗统林子头组流纹质火山碎屑岩夹流纹岩岩石构造组合和河湖相碎屑岩岩石构造组合。该亚相是弧后火山活动形成的火山构造洼地。该亚相内有金、银及铅、锌矿产资源。

(4)遥林-闹枝-十五道沟碰撞岩浆杂岩亚相(J)。

位于吉林东南部露遥林、闹枝一带。由中侏罗世二长花岗岩岩石构造组合、二云母二长花岗岩岩石构造组合构成。该亚相含金矿产资源。

(5)龙头碰撞岩浆杂岩亚相(T_3)。

位于吉林南部头道镇一带。由晚三叠世花岗闪长岩-二长花岗岩岩石构造组合(GG组合)构成。

(6)老虎哨-七道沟后造山岩浆杂岩亚相(K)。

位于吉林西南部老虎哨、五女峰一带,沿鸭绿江大断裂展布。由早白垩世碱长花岗岩-晶洞花岗岩岩石构造组合(花岗岩组合)构成。

(7)天合星后造山岩浆杂岩亚相(K)。

位于吉林南部天合星一带。由早白垩世花岗斑岩岩石构造组合(花岗岩组合)构成。该亚相含铜矿产资源。

(8)白头山-三角龙湾火山锥群亚相(N—Q)。

位于吉林东南部白头山、辉南三角龙湾一带。由上新世碱性玄武岩岩石构造组合,全新纪火山碎屑岩岩石构造组合、粗面岩岩石构造组合、碱流岩岩石构造组合构成。该亚相含铌、钽矿产资源。

(9)二密后造山岩浆杂岩亚相(K)。

位于吉林南部二密北部。由石英二长闪长岩—石英闪长岩岩石构造组合构成。该亚相含铜矿产资源。

二、天山-兴蒙造山系相系

天山-兴蒙造山系近东西向展布于天山—兴蒙一线，隶属古亚洲洋构造域，历经兴凯运动构造旋回、加里东运动构造旋回、海西运动构造旋回等复杂的洋陆转换过程。各构造运动旋回发生了不同的变质变形作用及成矿作用。该相系由大兴安岭弧盆系大相(Pz_2)、小兴安岭-张广才岭弧盆大相(Pz_2)、佳木斯-兴凯地块大相(Pt_3—Pz_1)、索伦山-西拉木伦结合带大相(Pz_2)、包尔汉图-温都尔庙弧盆大相(Pz)构成。

(一)大兴安岭弧盆系大相(Pz_2)

位于吉林省西部白城地区，向北、向西、向西南延入内蒙古自治区，南东被中生代以来松辽裂谷盆地掩盖。吉林省内划分出锡林浩特岩浆弧相，由扎兰屯-长春岭后碰撞岩浆杂岩亚相(P_3)、巴彦查干苏木-红彦镇弧背盆地亚相(P_2)构成。

(1)扎兰屯-长春岭后碰撞岩浆杂岩亚相(P_3)。

位于吉林西部瓦房镇、岭下镇一带，呈北东条带状展布，向北、向南延入内蒙古自治区。由晚二叠世花岗闪长岩-二长花岗岩岩石构造组合(GG组合)、石英闪长岩-花岗闪长岩-石英二长岩岩石构造组合构成。该亚相由铅、锌等多金属矿产资源。

(2)巴彦查干苏木-红彦镇弧背盆地亚相(P_2)。

位于吉林西部那金镇、野马乡一带，向北、向南延入内蒙古自治区。由中二叠统万宝组粉砂岩、粉砂质板岩、泥质板岩等较深水砂泥岩岩石构造组合构成。

(二)小兴安岭-张广才岭弧盆大相(Pz_2)

分布于吉林中部、北部、东部等地区。西部被中生代以来松辽裂谷盆地掩盖，北部延入黑龙江省，南部以机房沟、头道沟、采秀洞一带(北西向)蛇绿构造混杂岩带为界。吉林省内划分张广才岭岩浆弧相，由小西南岔碰撞岩浆杂岩亚相(P_2)、大兴沟碰撞岩浆杂岩亚相($P_{2\text{-}3}$)、亮兵碰撞岩浆杂岩亚相(P_3)、大玉山碰撞岩浆杂岩亚相(P_3)、吉林-蛟河弧背盆地亚相(C—P)、庙岭-哈达门弧背盆地亚相(P)构成。

(1)小西南岔碰撞岩浆杂岩亚相(P_2)。

位于吉林东部小西南岔、春化一带，呈近南北向条带状展布。由辉长岩-闪长岩岩石构造组合、花岗闪长岩岩石构造组合构成。该杂岩亚相有金、铜矿产资源。

(2)大兴沟碰撞岩浆杂岩亚相($P_{2\text{-}3}$)。

位于吉林东北部汪清以北大兴沟一带，呈近东西偏北条带状展布。由中二叠世片麻状英云闪长岩岩石构造组合(TTG组合)及晚二叠世二长花岗岩岩石构造组合(GG组合)构成。

(3)亮兵碰撞岩浆杂岩亚相(P_3)。

位于吉林中北部亮兵一带，呈近东西向展布。由晚二叠世二长花岗岩岩石构造组合(GG组合)构成。

(4)大玉山碰撞岩浆杂岩亚相(P_3)。

位于吉林中部榆木桥子一带。由晚二叠世花岗闪长岩—二长花岗岩岩石构造组合(GG组合)构成。

(5)吉林-蛟河弧背盆地亚相(C—P)。

分布于吉林中部吉林市、蛟河一带。北西以机房沟、头道沟(北西向)蛇绿构造混杂岩带为界，向北延入黑龙江省。由上石炭统四道砾岩水下扇砾岩夹砂岩岩石构造组合，中二叠统寿山沟组较深水砂泥岩岩石构造组合、大河深组火山碎屑浊积岩岩石构造组合，上二叠统范家屯组、红山组较深水砂泥岩岩石构造组合构成。该亚相含金、铅、锌等矿产资源。

(6)庙岭-哈达门弧背盆地亚相(P)。

位于吉林东部延边地区。由中二叠统亮子川组较深水砂泥岩组合、关门嘴子组火山碎屑岩岩石构造组合、庙岭组碳酸盐岩浊积岩岩石构造组合、解放村组浊积岩(砂板岩)－滑混岩岩石构造组合、上二叠统开山屯组水下扇砾岩夹砂岩岩石构造组合构成。该亚相含金、铅、锌、钨等矿产资源。

(三)佳木斯-兴凯地块大相(Pt_3—Pz_1)

位于吉林东北部，向北延入黑龙江省。吉林省内以佳木斯-兴凯地块南缘活动带为主，划分塔东-五道沟古弧盆系相(Pt_3—Pz_1)，由五道沟古岩浆弧亚相(构造残片)(∈—O)、塔东古岩浆弧亚相(构造残片)(Pt_3)、尔站-罗子沟古岩浆弧亚相(构造残片)(Pt_3)构成。

(1)五道沟古岩浆弧亚相(构造残片)(∈—O)。

分布于吉林东南部五道沟、小西南岔一带。由马滴达岩组变质砂岩-结晶灰岩夹变质凝灰岩岩石构造组合、杨金沟岩组绿片岩-石英片岩-大理岩岩石构造组合、香房子岩组绢云石英片岩-绿片岩岩石构造组合构成。该亚相含金、钨等矿产资源。

(2)塔东古岩浆弧亚相(构造残片)(Pt_3)。

位于吉林东北部塔东一带。由新元古代塔东岩群斜长角闪岩-变粒岩-大理岩岩石构造及花岗闪长质片麻岩岩石构造组合构成。该亚相含铁矿产资源。

(3)尔站-罗子沟古岩浆弧亚相(构造残片)(Pt_3)。

位于吉林东北部尔站、罗子沟一带，向北延入黑龙江省。由新元古代杨木岩组角闪钠长片岩-云母石英片岩-钠长浅粒岩-大理岩岩石构造组合构成。

(四)索伦山—西拉木伦结合带大相(Pz_2)

位于吉林中东部，横贯东部山区，经松辽裂谷盆地延入内蒙古自治区。被中生代以来发育的敦-密断裂、伊-舒断裂切错，并被中生代以来发育的陆缘岩浆弧改造、破坏。吉林省内由机房沟蛇绿构造混杂岩、头道沟蛇绿构造混杂岩、采秀洞蛇绿构造混杂岩构成。

(1)机房沟蛇绿构造混杂岩。

位于长春以北九台机房沟一带。大部分被中生代形成的断陷盆地所覆盖，并被中生代形成的花岗岩侵入。由中泥盆统机房沟组绿泥片岩、石英片岩、阳起石片岩，早石炭世碱长花岗岩、蛇纹岩-蛇纹石化橄榄岩-辉长岩构成。该构造混杂岩中含金、铁等矿产资源。

(2)头道沟蛇绿构造混杂岩。

位于吉林中部永吉以南头道沟一带。大部分被中生代形成的花岗岩侵入。由头道岩组斜长阳起片岩、变质砂岩、粉砂岩板岩，晚三叠世蛇纹岩-蛇纹石化橄榄岩－辉长岩构成。该亚相含铬铁矿、黄铁矿产资源。

(3)采秀洞蛇绿构造混杂岩。

位于延边地区东南部开山屯一带，西部、北部被中生代上叠盆地掩盖，南部被中生代花岗岩侵入，东部延入朝鲜。由新元古代江域岩组浅粒岩、变粒岩、绢云片岩，上石炭统山秀岭组生物碎屑灰岩，下二叠统大蒜沟组水下扇砾岩夹砂岩组合，中二叠统庙岭组碳酸盐岩浊积岩组合，晚二叠世蛇纹岩-蛇纹石化橄榄岩-辉长岩构成。蛇纹石化橄榄岩中含铬铁矿。

(五)包尔汉图-温都尔庙弧盆大相(Pz)

延入吉林省位于吉林中部、东南部，北以机房沟—头道沟—采秀洞一带蛇绿构造混杂岩为界，由朝阳山-百里坪岩浆弧相(Pz_2)、下二台-呼兰岩浆弧相(Pz)构成。

1. 朝阳山-百里坪岩浆弧相(Pz_2)

位于吉林中部盘石朝阳山到延边和龙百里坪一带,呈近东西向展布。由盘石-石嘴子弧背盆地亚相(C—P)、安图-头道弧背盆地亚相(C)、百里坪碰撞岩浆杂岩亚相(P)、大炕山后碰撞岩浆杂岩亚相(P)、机水洞俯冲期岩浆杂岩亚相(P_1)构成。

(1)盘石-石嘴子弧背盆地亚相(C—P)。

位于吉林中部盘石、石嘴子一带。由下石炭统鹿圈屯组较深水砂泥岩岩石构造组合、余富屯组细碧角斑岩岩石构造组合,石炭系磨盘山组浅海生物碎屑灰岩岩石构造组合,上石炭统—下二叠统石嘴子组较深水砂泥岩岩石构造组合、窝瓜地组火山碎屑浊积岩岩石构造组合构成。该亚相含银、铜、铅、锌矿产资源。

(2)安图-头道弧背盆地亚相(C)。

位于延边地区安图一带,由上石炭统天宝山组碳酸盐岩岩石构造组合构成。

(3)百里坪碰撞岩浆杂岩亚相(P)。

分布于延边地区和龙百里坪一带,向东南延入朝鲜。由晚二叠世闪长岩-石英闪长岩岩石构造组合、花岗闪长岩-二长花岗岩岩石构造组合(GG组合)构成。该杂岩亚相含银、钼矿产资源。

(4)大炕山后碰撞岩浆杂岩亚相(P)。

分布于吉林中部盘石三棚乡一带。由中二叠世霓辉正长岩-含角闪石英正长岩-石英正长岩岩石构造组合及碱长花岗岩岩石构造组合构成。

(5)机水洞俯冲期岩浆杂岩亚相(P_1)。

位于延边地区和龙以西机水洞一带。由早二叠世英云闪长岩(TTG组合)构成。

2. 下二台—呼兰岩浆弧相(Pz)

位于吉林西南部辽源、营城子一带,向西延入辽宁省。由景台镇弧背盆地亚相(O—S)、马鞍山弧背盆地亚相(S)、张家屯弧背盆地亚相(S—D)、山门镇-山城镇碰撞岩浆杂岩亚相(S)构成。

(1)景台镇弧背盆地亚相(O—S)。

位于大黑山条垒西南部,向南延入辽宁省。由奥陶系放牛沟组流纹岩-安山岩夹结晶灰岩岩石构造组合、黄顶子岩组变质砂岩-结晶灰岩、烧锅屯岩组斜长角闪岩-变粒岩组合,志留系桃山组较深水砂泥岩岩石构造组合、弯月组流纹岩-安山岩夹结晶灰岩岩石构造组合、石缝组和椅山组变质砂岩-结晶灰岩构造组合构成。该亚相含铜、铅、锌矿产资源。

(2)马鞍山弧背盆地亚相(S)。

分布于吉林西南部马鞍山、三棚一带。由志留系石缝组变质砂岩-结晶灰岩岩石构造组合构成。

(3)张家屯弧背盆地亚相(S—D)。

位于吉林中部大绥河、春登乡一带。由志留系—泥盆系西别河组张家屯段水下扇砾岩夹砂岩组合、二道沟段较深水砂泥岩组合岩石构造组合构成。

(4)山门镇-山城镇碰撞岩浆杂岩亚相(S)。

分布于吉林西南部山门镇、山城镇一带。由志留纪石英闪长岩-花岗闪长岩岩石构造组合构成。

三、华北陆块区相系

分布于中国华北、东北地区,吉林省属于华北陆块区北缘东段,隶属于渤海东陆块大相。

(一)华北东陆块(Ar_{0-3}-Pt_1)大相

该陆块由龙岗古岩浆弧相(Ar_3)、和龙古岩浆弧(Ar_3)、光华古裂谷相(Pt_1)、胶-辽-吉陆缘裂谷盆地相(Pt_{1-2})、太子河-浑江陆表海盆地相(Pt_3^1—Pz_2)、夹皮沟-古洞河裂谷盆地相(Pt_3)构成。新太古代以金、铁为主,古元古代以金、铅、锌、铜、钴、铁为主,南华纪以金、铁为主。

1. 龙岗古岩浆弧相(Ar_3)

分布于吉南那尔轰、板石、辉南一带,向南延入辽宁省。由板石岩浆弧亚相(Ar_3)、老牛沟-杨家店古弧盆亚相(Ar_3)构成,组成龙岗新太古代地块。

(1)板石岩浆弧亚相(Ar_3)。

位于吉南白山、板石、辉南一带。由新太古代紫苏花岗岩构造岩石构造组合、石英二长质-花岗质片麻岩岩石构造组合、英云闪长质-奥长花岗质-花岗闪长质片麻岩岩石构造组合(TTG组合)构成。该亚相是吉林省主要的含金单元。

(2)老牛沟-杨家店古弧盆亚相(Ar_3)。

位于吉南四方山、那尔轰一带。由新太古代夹皮沟岩群浅粒岩-黑云母变粒岩-斜长角闪岩-磁铁石英岩岩石构造组合构成。该亚相变质变形程度高,中—高压相系麻粒岩—高角闪岩相,三期以上变形,是吉林省主要的含铁单元。

2. 和龙古岩浆弧(Ar_3)

位于吉林东南和龙、金城洞一带。由鸡南古弧盆系亚相(Ar_3)、卧龙岩浆弧亚相(Ar_3)构成,组成和龙新太古代地块。

(1)鸡南古弧盆系亚相(Ar_3)。

位于吉林东南部鸡南、官地一带。由新太古代鸡南岩组斜长角闪岩-变粒岩-磁铁石英岩岩石构造组合、官地岩组浅粒岩-黑云变粒岩-磁铁石英岩岩石构造組合构成。该亚相变质变形程度较高,属火山岩-硅铁质岩建造,变质相系为中—压相系角闪岩相,二期以上变形,是吉林省主要的含铁单元。

(2)卧龙岩浆弧亚相(Ar_3)。

位于吉林东南部卧龙一带。由新太古代英云闪长质-奥长花岗质-花岗闪长质片麻岩岩石构造组合(TTG组合)构成。该亚相含金矿产资源。

3. 光华古裂谷相(Pt_1)

位于吉南通化地区光华以北,由古元古代光华岩群富铝片麻岩岩石构造组合(孔兹岩系)、斜长角闪岩-角闪质岩岩石构造组合构成。

4. 胶-辽-吉陆缘裂谷盆地相(Pt_{1-2})

由辽宁省向北延入吉林省,位于吉林南部通化、浑江、临江、长白、松江一带,向南延入朝鲜,呈北东向展布。由漫江-十一道沟碰撞岩浆杂岩亚相(Pt_1)、临江-松江古弧盆亚相(Pt_1)、二棚甸子非造山岩浆杂岩亚相(Pt_1)、赤柏松非造山岩浆亚相(Pt_1)构成。

(1)漫江-十一道沟碰撞岩浆杂岩亚相(Pt_1)。

分布于吉林南部大阳岔、台上、漫江、十一道沟一带,呈近东西向展布,向西延入辽宁省。由古元古代环斑状花岗岩(巨斑花岗岩)岩石构造组合构成。

(2)临江-松江古弧盆亚相(Pt_1)。

分布于吉林南部集安、通化、浑江、临江、长白、松江一带，呈北东向展布。由古元古代集安岩群斜长角闪岩-变粒岩-大理岩岩石构造组合、富铝片麻岩岩石构造组合(孔兹岩系)，老岭岩群片状砾岩-石英岩岩石构造组合、厚层大理岩岩石构造组合、片岩夹大理岩岩石构造组合、二云片岩夹长石石英岩及大理岩岩石构造组合、千枚岩夹大理岩及石英岩岩石构造组合构成。该亚相是吉林省重要的含矿单元，主要有金、铅、锌、铜、钴、铁等矿产资源。

(3)二棚甸子非造山岩浆杂岩亚相(Pt_1)。

分布于吉林南部清河、财源一带，向西延入辽宁省。由古元古代条痕状(钾长)花岗岩岩石构造组合构成。

(4)赤柏松非造山岩浆亚相(Pt_1)。

分布于吉林南部通化以西大泉源一带。呈北东向条带状。由古元古代变质辉长岩—变质辉绿岩岩石构造组合构成。该亚相有铜矿产资源。

5. 太子河-浑江陆表海盆地相(Pt_3^1—Pz_2)

分布于吉林南部红土崖、样子哨、浑江一带，向西延入辽宁省。由抚民陆源碎屑陆表海亚相(Nh)、红土崖陆源碎屑陆表海亚相(Nh)、三道沟陆源碎屑陆表海亚相(Nh)、罗通山碳酸盐陆表海亚相(Z—∈—O)、大阳岔碳酸盐陆表海亚相(Z—∈—O)、六道江碳酸盐陆表海亚相(Z—∈—O)、长白碳酸盐陆表海亚相(Z—∈—O)、松树镇海陆交互陆表海亚相(C—P_1)构成。该相是在新太古代—古元古代形成的渤海东陆块之上形成的坳陷陆表海盆地。南华纪形成陆源碎屑陆表海亚相，以南华系细河群陆表海砂泥岩岩石构造组合、陆表海砂岩岩石构造组合为主；震旦纪主要形成碳酸盐陆表海亚相，以震旦系浑江群陆表海灰岩岩石构造组合、寒武系—奥陶系碱厂组、馒头组、张夏组、崮山组、炒米店组、冶里组、亮甲山组陆表海灰岩岩石构造组合；石炭纪—二叠纪形成海陆交互陆表海亚相，以石炭系—二叠系本溪组、太原组、山西组、石盒子组、孙家沟组陆表海砂泥岩夹砾岩含煤碎屑岩岩石构造组合构成。该相南华系细河群含金、铁矿产资源，石炭系—二叠系海陆交互陆地层是主要含煤单元。

6. 夹皮沟-古洞河裂谷盆地相(Pt_3)

位于龙岗地块、和龙地块北缘，夹皮沟以北至青龙村一带。由色洛河陆缘裂谷亚相(Pt_3)、金银别-海沟陆缘裂谷亚相(Pt_3)、新东村-长仁陆缘裂谷亚相(Pt_3)、万宝陆缘裂谷亚相(Pt_3)、黄莺屯陆缘裂谷亚相(∈—O)、小三个顶子陆缘裂谷亚相(∈—O)构成。

(1)色洛河陆缘裂谷亚相(Pt_3)。

位于夹皮沟北西，由新元古代色洛河群变质砂岩-结晶灰岩夹变质凝灰岩岩石构造组合构成。

(2)金银别-海沟陆缘裂谷亚相(Pt_3)。

位于金银别、海沟一带。由新元古代张三沟岩组变质砾岩-斜长角闪岩-变粒岩岩石构造、金银别岩组绿片岩-钠长绢云石英片岩岩石构造组合、东方红岩组变英安岩-流纹岩夹凝灰质砂岩岩石构造组合、团结沟岩组变质砂岩-结晶灰岩夹变质凝灰岩岩石构造组合构成。该亚相含金矿产资源。

(3)新东村-长仁陆缘裂谷亚相(Pt_3)。

位于和龙以北新东村、长仁一带。由新元古代新东村岩组斜长角闪岩-黑云斜长变粒岩岩石构造组合、长仁厚层大理岩岩石构造组合构成。

(4)万宝陆缘裂谷亚相(Pt_3)。

位于安图万宝一带。由新元古代万宝岩组变质砂岩-结晶灰岩夹变质凝灰岩岩石构造组合构成。

(5)黄莺屯陆缘裂谷亚相(∈—O)。

位于夹皮沟镇北西，由黄莺屯岩组斜长角闪岩-含夕线黑云母片麻岩-大理岩岩石构造组合构成。

(6)小三个顶子陆缘裂谷亚相(∈—O)。

位于夹皮沟镇北西，由小三个顶子岩组厚层大理岩岩石构造组合构成。

第四节　大地构造演化与成矿

吉林省大地构造阶段可以划分为新太古代—南华纪华北(渤海)东陆块固结阶段、南华纪—中三叠世古亚洲构造域演化阶段和晚三叠世以来滨太平洋构造域叠加改造阶段3个大的构造演化阶段。新太古代—南华纪华北(渤海)东陆块可以进一步划分为龙岗-和龙地块太古宙基底形成演化阶段、古元古代早期裂谷演化阶段、古元古代晚期裂谷演化阶段、新元古代—晚古生代克拉通盆地演化阶段4个构造演化阶段;南华纪—中三叠世古亚洲构造域演化阶段可以进一步划分新元古代晚期—早古生代大陆边缘裂谷形成阶段、早古生代岛弧-碰撞拼合构造演化阶段、晚古生代岛弧-碰撞拼合演化阶段3个构造演化阶段;晚三叠世以来滨太平洋构造域叠加改造阶段晚三叠世—中侏罗世陆缘岩浆弧演化阶段、中侏罗世晚期—早白垩世盆山构造演化阶段、早白垩世晚期—晚白垩世叠加坳陷盆地演化阶段和晚白垩世末—第四纪小型断陷-火山台地演化阶段4个构造演化阶段。

一、华北东陆块构造演化

(一)龙岗-和龙地块太古宙基底形成演化阶段

龙岗-和龙地块太古宙基底是龙岗岩浆弧的一部分，其最古老的变质岩层是龙岗岩群的一套含榴黑云变粒岩、夕线石榴变粒岩夹磁铁石英岩及含榴二云片岩，原岩为一套富铝质沉积岩(可能相当于孔兹岩系)夹基性火山岩，长期被认为是由中太古代变质高级区(吴家弘，1986;刘长安等，1983;《吉林省区域地质志》，1988)，但均没有取得可靠的年代学支持。根据其中斜长角闪岩的锆石^{207}U-^{206}U表面年龄(LA-ICP-MS)2525～2571Ma，显然为新太古代，其中伴有石英闪长质片麻岩、英云闪长质片麻岩、奥长花岗质片麻岩侵入。根据其原岩组合特征分析，构造环境为火山弧后盆地组合，可以确定为老牛沟-杨家店古弧盆亚相。龙岗岩浆弧内的龙岗岩群、夹皮沟岩群以产大型铁矿而著称，其中的火山岩地球化学特征属于岛弧拉斑玄武岩系列，表明当时的构造环境具有洋陆过渡地带由大洋岩石圈俯冲而形成的洋内弧性质，可以进一步划分为板石岩浆弧亚相、鸡南古弧盆系亚相和卧龙岩浆弧亚相。新太古代末期发生弧陆碰撞，大量富碱质岩浆侵入，其中白山镇、夹皮沟地区变质二长花岗岩-钾长花岗岩锆石U-Pb等时线年龄为(2505±14)Ma(李俊建等，1998)、紫苏花岗岩Sm-Nd等时线(2440±80)Ma、U-Pb等时线年龄(2492±0.92)Ma(葛文春等，1993)、柳河地区之麻粒岩锆石U-Pb不一致线年龄(2511.89±0.75)Ma(毕守业等，1990)和(2512±10)Ma(王永胜等，1998)。这一事件可视为龙岗地块克拉通化的一个标志。

(二)吉南裂谷古元古代裂谷演化阶段

吉南裂谷是胶-辽-吉陆缘裂谷盆地的一部分，密切相关的矿产资源主要是铁、铀、金、铜镍、磷、硼、石墨等。在经过中太古代、新太古代漫长的地质演化过程，吉南地区形成具有硅铝质陆壳性质的太古代结晶基底。古元古代早期胶-辽-吉南裂谷开始发育，裂谷早期拉开阶段(蚂蚁河期)，已形成的初始陆壳在水平拉张应力作用下，开始裂解，地壳快速沉降，火山物质大量涌出，其喷出物主要为一套基性火山岩并具有偏碱性的特点，从其岩石化学富碱、低镁的特征，判断其为大陆岩石圈减薄过程中的产物。孙敏等(1996)在详细研究相邻的辽宁宽甸地区相同地层后曾得出这样的结论，“宽甸杂岩的母岩浆来源于再循环地壳物质混染的地幔源”，其中“角闪质岩石的原岩成因类型为大陆溢流玄武岩，与冈瓦纳大陆裂开产生的 Karoo 和 Tasmania 等大陆溢流玄武岩相类似，具有 Dupal 异常特征，表明中朝克拉通东北部在古元古代（2.4～2.3Ga）曾存在过类似于南半球中生代的异常地幔”，并获得 2390Ma 的测年资料。由于裂谷早期地壳沉降速度较快，海平面上升速度较慢，裂谷盆地处于欠补偿沉积阶段，由于火山作用形成火山潟湖盆地，其中可见的非火山沉积物主要为少量硬砂岩及蒸发盐岩沉积，后者主要为一套富镁碳酸盐（普遍蛇纹石化）夹硼镁石岩及石膏，多数学者认为其属局限海内蒸发盐系。裂谷盆地发展中期（荒岔沟期），裂谷盆地已形成，地壳拉张作用逐渐减弱，海平面迅速上升，其堆积物除少量基性火山岩（斜长角闪岩）外，主要为一套欠补偿的硬砂岩-杂砂岩及深水碳酸盐岩，以含碳为特点，反映了深水滞留环境的沉积特点。裂谷发展后期（大东岔期），地壳拉张作用已经停止，裂谷盆地逐渐收缩，火山作用已经完全停止，沉积了一套相对较细的陆源碎屑岩，主要为泥质-粉砂质岩石，岩石以富铝为特征，其下部夹有大量杂砂岩（浅粒岩-变粒岩），从杂砂岩的岩石学特征来看，具变余粒序层理、平行层理以及可能的变形层理，在剖面序列上具有明显的鲍马序列的特点，具有海退早期浊积岩扇的层序特点，属于复理石建造。区域地壳应力迅速转化为挤压环境，海水迅速退出，已经形成在垂直于裂谷方向挤压应力作用下发生强烈褶皱，在褶皱造山过程，一系列同造山的钙碱性石英闪长岩-花岗闪长岩-二长花岗岩沿构造侵入，形成造山带。造山作用末期发生碱性花岗岩侵入，形成构造花岗岩穹隆，花岗岩具有高硅、富碱的地球化学特征，属后造山期 A 型花岗岩，以富钾质为特点，以其侵位为标志，代表这一地区出现了准成熟陆壳或成熟陆壳。

古元古代晚期以二棚甸子非造山岩浆杂岩（条痕状碱长花岗岩）和赤柏松非造山岩浆杂岩（变质辉长岩-变质辉绿岩组合）侵位为标志（前者同位素年龄为 2160Ma，路孝平，2004），在地壳伸展作用下，再次形成裂谷并叠加在古元古代早期裂谷北侧，但其较早期裂谷活动性明显较弱，表现在火山岩不发育、陆源碎屑岩明显具有非常高的成分成熟度。裂谷发育初期，海水进入盆地，早期沉积作用可划分为 3 个相区：①滨滩相区，主要沉积物为一套厚层（含砾）石英砂岩（林家沟岩组下部）；②砂坝相区，沉积厚层长石石英砂岩，岩石成分成熟度、结构成熟度均较高（达台山组）；③坝后潟湖相区，主要沉积物为粉砂岩-粉砂质泥岩夹碳酸盐岩（林家沟岩组中上部），粉砂岩及粉砂质板岩具明显水平层理、韵律层理（变余），反映了障壁环境下的低能沉积物的特点，其上部为一层厚薄不等的碳质板岩，代表了海侵事件达到高峰时期的堆积（相当于凝缩段），而后发育成为碳酸盐台地，沉积了一套巨厚的白云质大理岩（珍珠门岩组），大理岩 Pb-Pb 法模式年龄（13 件）为 1890～1800Ma。至花山期，拗陷作用相对较弱，由于拗陷带两侧地表已经夷为平面，沉积了一套具有泥坪环境的泥页岩-砂坝相厚层石英砂岩-潟湖相泥页岩夹碳酸盐岩建造。其中泥页岩 K_2O/Na_2O 较高，砂岩成分成熟度较高，反映其稳定的构造背景和沉积环境。至古元古代末期，发生吕梁运动，地壳发生双向挤压作用，裂谷内沉积物发生褶皱，在挤压作用下，深部的早期沉积集安岩群部分重熔，形成古元古代末期巨斑状花岗岩。

（三）新元古代—晚古生代克拉通盆地演化阶段

新元古代—晚古生代盖层沉积岩系除最底部和顶部少量陆相河流沉积外，均为陆表海环境沉积，属典型克拉通盆地型的稳定环境沉积。新元古代地层底部为一套河流的红色复陆屑（马达岭组）建造，其上为一套滨浅海砂岩-粉砂岩组合（白房子组），下部为一套滨滩相-砂坝相-坝后潟湖相的石英砂岩建造-页岩建造组合（细河群），已发现沉积型金、铁矿，上部为一套开阔台地相的台地碳酸盐建造-藻礁碳酸盐建造-礁后页岩建造组合（浑江群），早古生代地层为一套潮坪-开阔台地环境的页岩建造-台地碳酸盐建造序列，发育沉积磷矿、石膏矿。晚古生代地层下部为一套边缘海-三角洲-岸后沼泽环境的单陆屑含煤建造，上部为河流相红色复陆屑建造。就区域地层对比而言，新元古代地层与辽东地区永宁群、细河群、金县群对比（缺失五行山群）完全可以对比，与鲁东南、苏皖北部相应地层也基本相当，而古生代地层与整个华北大陆板块（地台）同时代地层完全相当，属其统一盖层的一部分。

二、天山-兴蒙造山系构造演化及成矿作用

(一)新元古代—早古生代活动大陆边缘裂谷阶段

西伯利亚板块与中朝板块在新元古代晚期开始裂解(王荃等,1991),沿中朝板块北部边缘出露以陆缘碎屑岩-碳酸盐岩及碱性火山岩建造,在吉林省中部地区称为西保安组。西保安组出露面积较小,层序不完整,主要岩性为斜长云母片岩、云母石英片岩、黑云斜长片麻岩、大理岩夹斜长角闪岩、锰磷磁铁矿,不同岩石类型呈大小不等的包体残存在晚古生代和中生代花岗岩中。向东至桦甸碳酸盐岩及基性火山岩地区为色洛河岩群、安图地区为海沟岩群、和龙地区为青龙村岩群,原岩均为一套陆源碎屑岩夹碳酸盐岩及基性火山岩,区域上可与内蒙古中部白云鄂博群对比,这套地层被认为是"可能的早期裂谷系和被动陆缘沉积"(王有勤等,1997)。至寒武纪沉积一套泥质碎屑岩-碳酸盐岩,即呼兰群。呼兰群可分为黄莺屯组和小三个顶子组。黄莺屯组由含电气石石榴石二云斜长片麻岩、黑云斜长变粒岩、角闪斜长变粒岩夹多层硅质条带大理岩和石墨大理岩组成,大理岩在南部较多。黄莺屯组的原岩自下而上为碎屑岩—粉砂岩—泥灰岩—碳酸盐岩—黏土质岩石,具陆表海沉积建造特点,其中有少量基性火山岩和中性火山岩,基性火山岩的 Rb-Sr 等时年龄值为(524±16)Ma。小三个顶子组由含燧石大理岩和白云质大理岩夹少量变粒岩组成。在佳木斯-兴凯地块同样发育有一套相应的陆缘沉积,吉林省称为塔东岩群。其下部岩性为透辉斜长变粒岩、角闪斜长片麻岩、斜长角闪岩夹大理岩及磁铁角闪岩,原岩为陆缘碎屑岩夹火山岩建造;上部为大理岩、二云石英片岩、红柱石石英片岩,原岩为泥岩-碳酸盐岩建造。区域上可以与黑龙江东北的张广才岭群、黄松群、马家街群对比。

(二)早古生代岛弧-碰撞拼合构造演化阶段

随着板块的扩张,区内自奥陶纪开始出现岛弧-弧后盆地系统,岛弧型火山沉积岩系主要出露在伊通放牛沟地区,被称为放牛沟火山岩,岩性为英安质角砾凝灰熔岩、英安质凝灰岩、流纹质凝灰岩、凝灰质砂岩等,全岩 Rb-Sr 等时线年龄(455±10)Ma。这一岛弧带向西延续经翁牛特旗—苏尼特旗白乃庙,一直到白云鄂博北部的巴特敖包一带,岩石地层属于巴尔汉图群。在岛弧火山岩与中朝板块之间发育有弧后盆地,弧后盆地出露在磐石—四平一线,沉积地质体为下二台群,出露于辽宁省昌图县和吉林省四平市之间,自上而下可划分为盘岭组、黄顶子组和烧锅屯组。盘岭组由下部灰白色-深灰色角闪变粒岩、黑云变粒岩和二云石英片岩,夹少量大理岩,原岩为砂岩、粉砂岩等碎屑岩组成;上部黑云石英片岩、阳起石英片岩局部夹石英钠长斑岩组成,原岩为变质中酸性火山岩夹泥质岩;黄顶子组由块状和条带状大理岩夹石英砂岩、碳质板岩和云母石英片岩薄层组成;烧锅屯组由黑云变粒岩、石英片岩、二云石英片岩、云母片岩组成,片岩中含石榴石、蓝晶石和十字石等中亚相系变质矿物,原岩为富铝的泥质岩。华北板块北缘加里东运动自志留纪开始,张允平等(1986)认为加里东旋回这一时期有一个均匀抬升阶段,这个时期的沉积物主要特征为以碎屑岩为主,总体上具有海退序列的沉积特点。这一时期奥陶纪岛弧已经停止发育,原岛弧区沉积了一套具有复理石建造特点的含笔石的细砂岩、粉砂岩、粉砂质板岩,偶夹含砾细砂岩(桃山组),时代为早志留世。而在弧后盆地区的磐石地区主要沉积了一套碳酸盐岩夹少量陆缘碎屑岩(北岔屯组),产珊瑚 *Thamnapora*, *Cladopora*,超覆在呼兰群之上;在辽源地区主要沉积一套砂岩、石英砂岩、结晶灰岩夹火山岩(辽源群),产珊瑚 *Thamnapora*, *Cladopora*, *Spongophyllumn*, *Circophyllum* 等以及腕足化石。晚志留世两大板块碰撞拼合,同时发育晚志留世—早泥盆世一套海相磨拉石建造,吉林中部地区称张家屯组、二道沟组。张家屯组下部为花岗质砾岩,上部为黄绿色、紫色砂岩、粉砂岩夹灰岩,不整合在加里东期花岗岩之上;二道沟组下部为一套黄绿色、浅黄色砂岩、粉砂岩、粉

砂质页岩夹灰岩，上部为厚层灰岩夹粉砂岩，标志着加里东运动基本结束。

西伯利亚板块南缘地质记录较少，仅见早古生代五道沟岩群。五道沟岩群分布于珲春小西南岔—五道沟地区，下部为一套变质杂砂岩、红柱石绢云母板岩夹变质中酸性火山岩；中部为绿泥角闪片岩、角闪石英片岩、黑云石英片岩夹少量变质砂岩及大理岩透镜体，变质火山岩原岩为玄武岩、流纹岩及少量安山岩；上部为黑云石英片岩、二云石英片岩、红柱石二云石英片岩及变质粉砂岩、黑色板岩，具复理石沉积的特点。

（三）晚古生代岛弧-碰撞拼合阶段

随着加里东运动结束，南北两大板块初步拼合在一起，至早泥盆世晚期再次发生裂解，表现为早期裂陷槽沉积，在永吉县黄榆出露的王家街组为一套长石砂岩、粉砂岩、灰岩夹火山碎屑岩，产珊瑚 *Dendrostella*，*Sociophyllum*，*Atelophyllum*，*Favosites*，*Roemerolites*，*Pachystellioporella* 等，时代为早泥盆世晚期—中泥盆世早期。中晚泥盆世—早石炭世裂解进一步加强，裂解中心区，火山活动强烈。其中，中-晚泥盆世机房沟组为一套变质中酸性火山岩（变质流纹岩同位素年龄（387±3）Ma、（388±4）Ma；早石炭世余富屯组一套海底火山岩建造，主要为细碧岩、细碧玢岩、角斑岩、石英角斑岩和细碧质凝灰岩，产珊瑚化石，伴有镁铁质-超镁铁质岩侵入，代表性岩体有小绥河岩体（同位素年龄为 360Ma）、机房沟岩体群等。华北板块北缘一侧沉积了一套海相砂板岩夹灰岩（通气沟组、鹿圈屯组），与火山岩互为相变接触。进入晚石炭世形成大面积的碳酸岩台地，沉积了磨盘山组、天宝山组、山秀岭组的一套台地碳盐酸岩建造和石嘴子组台地后缘的碎屑岩建造，它们构成了所谓的超补偿沉积。早-中二叠世开始出现双向俯冲，在两大板块的陆缘分别形成各自的弧盆系统。华北板块北缘出现盘石-石嘴子弧背盆地、安图-头道弧背盆地，其中岛弧火山岩岩石组合火山岩的岩石组合主要为安山岩-英安岩-流纹岩组合（大河深组），产 *Monodiexdina* 等化石，时代为早二叠世；弧背盆地沉积了一套砂岩、粉砂岩夹灰岩（寺洞沟组、寿山沟组），为一套滨浅海环境沉积，时代为早-中二叠世。西伯利亚南缘发育有庙岭-哈达门弧背盆地、吉林-蛟河弧背盆地，其中岛弧火山岩岩石组合火山岩的岩石组合主要为安山岩及其碎屑岩组合（大河深组），产 *Yabiina* 等化石，时代为中二叠世；弧背盆地沉积了一套砂岩、粉砂岩夹灰岩（庙岭组、解放村组），为一套滨浅海环境沉积，时代为早-中二叠世。晚二叠世开始发生碰撞造山，沉积了一套磨拉石建造（开山屯组、杨家沟组），同造山碰撞为石英闪长岩-花岗闪长岩-二长花岗岩组合，时限 262～242Ma。

三、滨太平洋大陆边缘构造演化

经晚海西期（早印支期）造山运动大变革后，Pangia 超大陆也已形成，吉林省的龙岗陆块区与其北部造山系已经完全拼合在一起，进入了统一的构造演化过程。自晚三叠世起，由于古太平洋板块的俯冲作用进入西滨太平洋构造域强烈陆内叠加造山发展时期，发生了由近东西向构造线方向转变为北东—北北东向构造线方向的重大转变。特别是晚三叠世—晚白垩世经历了多次不同类型的构造转换，构造岩浆极为发育，致使本区发生了强烈的陆内叠加造山运动，出现了陆内断（坳）陷盆地与岩浆弧新的构造格局，可称之为新吉黑造山阶段。

（一）晚三叠世—中侏罗世陆缘岩浆弧演化阶段

晚三叠世随着古太平洋板块开始向联合的欧亚板块发生俯冲，吉林省东部发生岩石圈拆沉，其代表性标志是敦化青林子-汪清南土城子镁铁质岩带的出现，带内有镁铁质岩体近 10 个，一般为碱性辉长岩，个别分异较强的岩体见有石英二长闪长岩、碱长花岗岩，岩石以含钒、钛、磷为特点，同位素年龄 224Ma，标志着濒太平洋构造域的开始。与此同时兴蒙造山系经过晚古生代末期—早三叠世硅铝壳造山使陆壳加厚，紧接着造山抬升上隆的过程中，发生垮塌作用，促使一次新的物质上涌，晚三叠世红旗岭—漂河川—獐项一带有大量镁铁-超镁铁岩侵入。这些岩体发生岩浆熔离作用形成铜镍矿床。镁铁质-超镁铁质岩成群或成带古生代地层之中，其产出形态非常类似于现在经常讨论的岩墙群，形成于215Ma左右（吴福元2004），时代为晚三叠世。由于地幔上隆、地壳拉分，形成一系列陆相断陷盆地，沉积了一套杂色复成分砾岩、含砾砂岩、黑色板岩的含煤碎屑岩建造。在吉林中部称大酱缸组，代表性盆地有双阳大酱缸盆地、东辽小四平盆地；在吉林南部地区为小河口组（北山组、小营子组），代表性盆地有白山石人盆地、扶松小营子组盆地、白水滩盆地等。

随着岩石圈拆沉加剧，地幔物质上涌，下部地壳重熔，混合岩浆大量上侵，形成了和龙-东宁、桦甸-张广才岭两条晚三叠世—中侏罗世火山侵入杂岩带。和龙-东宁火山侵入杂岩带的火山沉积岩系为托盘沟组、马鹿沟组和天桥岭组。托盘沟组下部以中性熔岩及其碎屑岩为主，上部以酸性熔岩为主，具多次火山喷发特点；马鹿沟组为一套灰黑色凝灰质砾岩、含砾粗砂岩、粗砂岩、细砂岩和少量板岩；天桥岭组则以溢流相流纹岩为主夹酸性凝灰岩，三组时代为晚三叠世，尚未发现确切的早侏罗世地层。而在刺猬沟获得安山岩Ar-Ar年龄176.3Ma，刺猬沟金矿Ⅰ号矿脉Ar-Ar年龄170Ma，结合屯田营组建组剖面中曾采得*Neocalamites*等化石，这个带上应该存在中侏罗世火山喷发事件。桦甸-张广才岭火山侵入杂岩带的晚三叠世的火山沉积岩系为小蜂蜜顶子组（四合屯组），主要为火山爆发相的深灰色安山质含角砾凝灰岩和火山角砾岩夹少量碎屑岩。早中侏罗世地层为玉兴屯组、南楼山组，前者为深灰色凝灰质砾岩和砂岩及火山爆发相的深灰色安山质含角砾凝灰岩和火山角砾岩；后者下部以中性熔岩及其碎屑岩为主，上部为以酸性熔岩为主的火山岩。火山侵入杂岩带的侵入岩主要为花岗岩，岩石组合为石英闪长岩-花岗闪长岩-二长花岗岩组合，以发育大量暗色包体（闪长质包体）为特征。具有浆混花岗岩的特点。少量镁铁质呈包体状残存在大面积花岗岩之中，属于浆混花岗岩的基性端元。

（二）中侏罗世晚期—早白垩世盆山构造演化阶段

中侏罗世开始由于太平洋板块俯冲方式的改变，吉林省东部开始出现盆山构造，柳河、三源浦、抚松等盆地已经形成，沉积了小东沟组（侯家屯组）的红杂色碎屑建造，角度不整合于老地层之上。侵入岩分布在辽源—吉林市一线，其他地区偶有出露，为一套花岗闪长岩-二长花岗岩组合。晚侏罗世—早白垩世早期盆山构造进一步发展，火山作用加剧，形成了盆地内火山岩与碎屑岩相间、盆地外火山岩遍布的格局，其中盆地内晚期发育有含煤碎屑岩建造。火山岩主要为玄武安山岩-安山岩-英安岩-流纹岩的岩石组合，晚期局部出现粗面玄武岩-玄武粗安岩-粗安岩-粗面岩-粗面英安岩-（碱性流纹岩）的岩石组合（营城组和三棵榆树组）。侵入岩主要为与前述火山岩相关的石英闪长岩-花岗闪长岩-二长花岗岩组合，一般呈小岩株出现，另有少量富碱质花岗岩侵入，如岗山岩体、五女峰岩体等。

（三）早白垩世晚期—晚白垩世叠加坳陷盆地演化阶段

早白垩世晚期—晚白垩世早期省内开始发育大型陆相上叠盆地，为坳陷型盆地，代表性盆地有延吉盆地、蛟河盆地、松辽盆地等，主要为一套含油碎屑岩建造。延吉盆地、罗子沟盆地及蛟河盆地早白垩世大拉子组下部为砾岩、砂岩，粉砂岩、泥岩、页岩建造组合；晚白垩世青山口组岩石组合为一套灰色-青灰色-灰黑色-黑色泥岩、页岩、砂质泥岩夹数层油页岩；晚白垩世嫩江组以灰黑色泥岩为主，夹灰白色、灰绿色细砂岩、粉砂岩及油页岩，上部夹有红色泥岩。三者是吉林省主要的油页岩矿含矿层位，代表性矿床有农安油页岩矿、罗子沟油页岩矿。

（四）晚白垩世末—第四纪小型断陷-火山台地演化阶段

开始除敦化、伊舒、梅河、珲春发育有小型断陷盆地，沉积了一套陆相含油、含煤碎屑岩建造外，其他地区火山活动较强烈，火山岩具有从拉斑玄武岩—碱性玄武岩—碱流岩演化的特点，沉积物主要为少量河流沉积物及沼泽沉积。

第八章　大地构造相与成矿

不同成矿作用及其形成的不同的矿产都是在大地构造演化过程中特定大地构造相环境下形成的特殊地质体，成矿作用过程与大地构造演化密切相关。成矿作用过程中特定成矿类型反映了大地构造相环境的时空专属性。不同级别大地构造相单元制约了相应级次的成矿区带，大地构造相(亚相)单元既是成矿系统、成矿作用的构造环境，也是成矿系统的载体。

研究各级大地构造相单元与成矿构造体系及成矿类型的关系，各类矿产资源成矿系统、成矿系列和成矿类型的相关大地构造相单元的时空结构、岩石-构造组合及其大地构造环境，总结其规律，建立大地构造相与成矿作用的时空关系，是此次大地构造相编图和成矿地质背景研究的方法创新与理论创新。

根据活动论的观点，吉林省的成矿地质构造环境与板块构造的发展演化息息相关。根据数十年地质地质研究成果资料分析，中新太古代—中三叠世为古亚洲构造域，在吉林省境内以头道沟-采秀洞蛇绿构造混杂岩带(索伦山—西拉木伦结合带的东延)为界，其北侧为小兴安岭-张广才岭弧盆系，南侧为华北板块及其陆缘活动带，这种古构造格局控制古生代前沉积—岩浆活动—变质作用—成矿作用。经晚海西—早印支运动至中三叠世末，西伯利亚板块与华北板块已经完全拼合在一起，形成近东西向的巨型造山带，古亚洲构造域结束。晚三叠世开始，由于古太平洋板块的俯冲作用，吉林省进入滨太平洋构造域叠加改造阶段，晚印支期—燕山期岩浆活动频繁，陆(缘)内前陆走滑推(滑)覆-伸展构造-岩浆岩带，为区内成岩成矿的主要时期，形成了丰富的有色、贵金属矿产，尤以钼、钨和贵金属等矿产驰名中外。根据大地构造演化过程中的成矿作用，吉林省初步厘定出与成矿有关的大地构造相、亚相和岩石构造组合，现以矿床成矿地质环境及演化为主线，以中新生代陆内叠加造山性质为基本阶段，对吉林省地质构造演化历史时期主要重大的成矿事件与成矿地质构造环境的时空结构、成生关系概述如下。

第一节　华北东部陆块大相与成矿事件

一、龙岗-和龙地块太古宙基底形成演化阶段

龙岗-和龙地块太古宙基底是龙岗岩浆弧的一部分，该演化阶段主要包括龙岗古岩浆弧相与和龙古岩浆岩弧相，其构造环境为火山弧后盆地组合，成矿系列主要为铁、金矿。

1. 新太古代活动陆缘火山弧盆铁矿

新太古代为活动陆缘并出现弧盆环境，古岛弧火山活动加剧，岛弧区以基性火山-硅铁质建造发育为特点，具有 BIF 型硅铁建造特征，形成多处大中型铁矿。代表性矿床有板石沟铁矿、老牛沟铁矿、鸡南铁矿等。

2. 新太古代活动陆缘火山弧盆铁矿

新太古代弧盆的北缘发育有夹皮沟金矿田、金城洞金矿等金矿，长期认为属于绿岩型金矿，矿源层为新太古代活动陆缘火山弧盆岩系无疑。但近年也有学者认为主成矿期为中生代构造事件叠加成矿。

二、吉南裂谷古元古代裂谷演化阶段

古元古代早期胶-辽-吉南裂谷开始发育，与成矿关系密切的为临江-松江古弧盆亚相和赤柏松非造山岩浆亚相，构造环境为胶-辽-吉陆缘裂谷。裂谷早期拉开阶段（蚂蚁河期），形成硼、石棉、玉石矿等，代表性矿床为高台沟硼矿。裂谷盆地发展中期（荒岔沟期），原岩主要为一套含碳硬砂岩-杂砂岩及深水碳酸盐岩，经低压高温变质作用形成石墨矿，代表性矿床有三半江石墨矿。裂谷发展后期（大东岔期），原岩主要为富铝质泥质-粉砂质岩石，形成金多金属矿矿源层，代表性矿床有古马岭金矿、南岔铅锌矿等。古元古代晚期以赤柏松非造山岩浆杂岩亚相（变质辉长岩-变质辉绿岩组合）侵位为标志，形成岩浆熔离型铜镍矿床，以赤柏松铜镍矿为代表。古元古代晚期裂谷发育晚期（大栗子期）形成一套坝后潟湖相泥页岩夹碳酸盐岩沉积，富含金、铁、铜钴矿等，代表性矿床如大栗子铁矿、大横路钴铜矿、荒沟山金矿、青沟子锑矿等。

三、新元古代—晚古生代克拉通盆地演化阶段

新元古代—晚古生代盖层沉积岩系属太子河-浑江陆表海盆地相，除最底部和顶部少量陆相河流沉积外，均为陆表海环境沉积，属典型克拉通盆地型的稳定环境沉积，主要形成沉积型铁矿、金矿、磷矿、石膏矿、煤矿、铝土矿等。南华纪钓鱼台组构成一个南华纪沉积铁-金成矿系列，发育在红土崖陆源碎屑陆表海亚相。代表性矿床为板庙子金矿、青沟子铁矿等。中寒武世陆表海沉积型磷矿发育在长白碳酸盐陆表海亚相和六道江碳酸盐陆表海亚相中，代表性矿床有通化水洞、长白半截沟两个矿床，因品位低无法开发利用。中寒武世陆表海沉积石膏矿主要发育在罗通山碳酸盐陆表海亚相、大阳岔碳酸盐陆表海亚相和六道江碳酸盐陆表海亚相中，代表性矿床有东热石膏矿、大阳岔石膏矿等。晚石炭世—早二叠世陆表海沉积煤、耐火黏土（铝土）矿属晚石炭世—早二叠世边缘海-三角洲-岸后沼泽环境的单陆屑含煤建造，构成煤—铝土矿成矿系列，代表性煤矿床为八道江煤矿、五道江煤矿等，是吉林省最重要的含煤层位。

第二节　天山-兴蒙造山系构造演化及成矿作用

一、新元古代—早古生代活动大陆边缘形成阶段

新元古代华北地台及其北缘主要为吉林中部夹皮沟-古洞河裂谷盆地相，从北向南有西宝安（岩）群、色洛河（岩）群、海沟岩群、青龙村（岩）群。特别是金银别-海沟陆缘裂谷亚相构成含金矿源层，代表性矿床有松江河金矿、海沟金矿等。随着板块的扩张，逐渐形成岛弧-弧后盆地系统，放牛沟火山岩构成

岛弧火山岩亚相，在岛弧火山岩与中朝板块之间发育有弧后盆地，弧后盆地出露在磐石—四平一线，物质组成主要为下二台群盘岭组、黄顶子组和烧锅屯组，部分地区形成早志留世桃山组、北岔屯组、辽源群等。主成矿元素为金、银多元素等。晚志留世两大板块碰撞拼合，伴有花岗岩侵入，同时发育晚志留世—早泥盆世吉林中部张家屯组、二道沟组海相磨拉石建造。

西伯利亚板块南缘地质记录较少，仅见新元古代塔东岩群和早古生代五道沟岩群。矿产主要为沉积变质铁矿，伴生钒、磷矿，以及区域变质作用形成的红柱石矿。

1. 新元古代陆缘裂谷系沉积变质铁矿

新元古代晚期陆缘裂谷系沉积建造为陆缘碎屑岩-碳酸盐岩及碱性火山岩建造，裂谷型碱性火山岩喷发强烈，产生与之有关的沉积变质铁-钒-磷成矿系列。但不同地块的陆缘活动带的含矿变质火山岩有用成矿元素组合亦不同，西伯利亚南缘为铁、钒、钴、磷组合，代表性矿床如塔东铁矿；华北板块北缘为铁、锰、磷组合，以西保安铁矿为代表的同类型矿产地已发现十数处，并伴有磷、锰矿化。

2. 奥陶纪岛弧型火山岩多金属矿（矿源层）

随着古亚洲洋的扩张，奥陶纪开始出现岛弧-弧后盆地系统，岛弧区钙碱性火山喷发强烈，岛弧型火山岩多金属矿发育，已发现放牛沟、新立屯等数处硫、多金属矿床，具有块状硫化物矿床成矿特征。弧后盆地区因火山活动减少，含矿性均不佳。但从椅山金矿方铅矿铅同位素数据“R—F—C”法计算出的年龄 410.23Ma 与辽源群确地质时代相吻合。故该地区多金属、重晶石成矿作用及相应的矿源层应和沉积盆地的火山沉积作用相关。

二、晚古生代活动大陆边缘形成阶段

随着加里东运动结束，南北两大板块初步拼合在一起，奥陶纪—志留纪形成铜、铅锌多金属矿产资源（景家镇弧背盆地亚相）；中晚泥盆世—早石炭世裂解进一步加强，伴有镁铁质-超镁铁质岩侵入，伴生金、铬铁矿（索伦山-西拉木伦结合带大相），早中二叠世开始出现双向俯冲，在两大板块的陆缘分别形成各自的弧盆系统。在扎兰屯-长春岭后碰撞岩浆杂岩亚相形成铅锌多金属矿，小西南岔碰撞岩浆杂岩亚相形成金铜矿，吉林-蛟河弧背盆地亚相形成金、铅锌矿，庙岭-哈达门弧背盆地亚相形成金、铅锌、钨矿，百里坪碰撞岩浆杂岩亚相形成银、钼矿产资源等。

1. 晚古生代蛇绿混杂岩带内镁铁-超镁铁岩铬矿

机房沟、头道沟-采秀洞蛇绿构造混杂岩带残留有数量较多的镁铁-超镁铁构造残留体，同位素年龄 360～250Ma，多个岩体具有岩浆融离的铬铁矿化，小绥河橄榄辉石岩也含有铬铁矿资源。

2. 早石炭世弧背盆地火山岩贵金属矿（矿源层）

早石炭世余富屯组细碧岩、细碧质糜棱岩 Au、Ag、Cu、As 等成矿元素均有较高含量，其中 Au 是该组中大理岩、凝灰岩含量的 180 倍；民主屯银矿不同类型的矿体，矿石与围岩有相似的稀土元素组成和形态相似的分布模式。表明成矿物质来源于围岩，即余富屯组为区域 Au、Ag、Cu、As 的矿源层之一，已发现头道川金矿、小风倒金矿、民主屯银矿等多处矿点。

3. 晚石炭世弧背盆地火山岩多金属矿

晚石炭世窝瓜地组为一套安山岩、流纹岩、凝灰岩，其与石咀子组碳酸盐岩沉积之间形成早期的一

套喷气岩。据李之彤等(1994)研究,石咀子铜矿即形成于喷气岩中。喷气岩的组合是由块状硅灰岩、条带状硅灰岩和电气石岩组成,特别是后者为喷气岩中的一种代表性岩石。

第三节 滨太平洋大陆边缘构造演化及成矿作用

一、晚三叠世构造域转化阶段

晚三叠世随着古太平洋板块开始向联合的欧亚板块发生俯冲,吉林省东部发生岩石圈拆沉,随着敦化青林子-汪清南土城子镁铁质岩带的出现,形成钒、钛、磷矿富集。至晚三叠世再次拉张,形红旗岭—漂河川—獐项含铜镁铁-超镁铁岩侵入。随着岩石圈拆沉加剧,中生代盆岭体系初现,形成了和龙—东宁、桦甸—张广才岭两条晚三叠世—中侏罗世火山侵入杂岩带。

1. 晚三叠世拆沉型碱性杂岩钒、铁、磷矿

晚三叠世敦化青林子—汪清南土城子碱性辉长岩-石英二长闪长岩-碱长花岗岩带的个别岩体发育岩浆熔离钒钛磁铁矿矿体,磷灰石含量较高,可以作为伴生矿产,代表性矿产地如青林子、南土城子铁钒矿点。

2. 晚三叠世崩塌型镁铁-超镁铁岩铜镍矿

晚三叠世后造山镁铁-超镁铁岩以富含铜镍为特点,岩浆结晶分异较好的岩体发生岩浆熔离作用,形成铜镍矿床。磐石市红旗岭是我国重要的铜镍资源基地;漂河川岩体群和獐项岩体群也都有铜镍矿床发现。代表性矿床有红旗岭镍矿、獐项镍矿等。

3. 晚三叠世断陷盆地煤矿

受晚三叠世后造山崩塌作用的控制,在崩塌带附近形成一系列陆相断陷盆地,沉积了一套含煤碎屑岩建造,矿床规模较小,代表性矿床如大酱缸煤矿。

二、晚三叠世—中侏罗世早期碰撞火山-侵入杂岩演化阶段

晚三叠世—中侏罗世早期碰撞火山-侵入杂岩矿产资源丰富,成因类型复杂,主要有火山岩型金矿(官马、刺猬沟\五风等)、隐爆角砾岩型铅锌矿(新兴、天宝山等)、火山热液型锑矿(三合),特别是斑岩型钼矿是吉林省最具资源潜力的矿产,目前已经发现有大黑山、季德屯、福安堡、大石河等大型-超大型钼矿近10处,找矿潜力巨大。其中官马金矿含矿火山岩Rb-Sr等时线年龄(222±10)Ma、矿石K-Ar稀释法定年193.6Ma,新兴铅锌矿隐爆角砾岩白云母K-Ar年龄224Ma,三合锑矿含矿火山岩全岩Rb-Sr等时线年龄(180.7±6.47)Ma,刺猬沟金矿矿体围岩安山岩Ar-Ar年龄176.3Ma、I号矿体Ar-Ar年龄170Ma,斑岩型钼矿分布在185~165之间,大黑山钼矿含矿斑岩锆石U-Pb(SHRIMP)年龄为175Ma,福安堡钼矿辉钼矿铼锇同位素测年为166Ma,大石河钼矿辉钼矿铼锇同位素测年为(180±47)Ma。

三、中侏罗世晚期—早白垩世盆山构造演化阶段

中侏罗世晚期—早白垩世是吉林省又一个重要的成矿时期，矿产资源同样丰富，主要有火山岩型金矿(五风、闹枝等)、隐爆角砾岩型金矿(香炉碗子等)、斑岩型铜矿(天合兴等)、火山热液型多金属(集安-临江多处多金属矿点)等。其中五风金矿矿体围岩安山岩 Rb-Sr 等时线年龄为(144±7)Ma，矿石年龄本区未测定，但在近邻闹枝金矿可能存在同一期金的成矿作用，其矿石 Pb-Pb 年龄为 140Ma，闹枝金矿次安山岩全岩 Rb-Sr 等时线年龄为(130±2)Ma、矿石石英包体 Ar-Ar 法中子活化年龄为 127.8Ma、香炉碗子金矿早期隐爆角砾岩 K-Ar 年龄为 161.49～171.11Ma、矿体蚀变围岩水云母 K-Ar 年龄为 157.29Ma，晚期霏细斑岩或流纹斑岩 K-Ar 年龄为 124Ma，并发现金矿化，应视为第二期金的成矿作用，二密铜矿隐爆角砾岩蚀变岩 K-Ar 年龄为 95Ma 等。

早白垩世盆山构造的盆地中外生矿产资源丰富，主要为煤炭资源，早白垩世长财组、石人组、沙河子组、长安组，岩性为砾岩-砂岩-粉砂岩-泥岩夹煤，具有工业煤层，形成矿床。代表性煤矿床为石人煤矿、营城子煤矿、辽源煤矿等。

四、早白垩世晚期-晚白垩世叠加坳陷盆地演化阶段

早白垩世晚期—晚白垩世早期省内开始发育大型陆相上叠盆地，盆地类型为坳陷型盆地，主要标志以富含油页岩为主要特征，代表性矿床农安油页岩矿、罗子沟油页岩矿。

五、晚白垩世-第四纪小型断陷-火山台地演化阶段

这一时期除敦化、伊舒、梅河、珲春发育有小型断陷盆地，沉积了一套陆相含油、含煤碎屑岩建造，其它地区火山活动较强烈，代表性煤矿床为梅河煤矿、珲春煤矿、舒兰煤矿等。而桦甸盆地桦甸组含油页岩，并形成工业矿床，代表性为矿床桦甸公郎头油页岩矿。新近纪土门子组砾岩、第四纪河流冲积砾石层局部地区发现有砂金矿床，如珲春金矿。

第四节　大地构造相图空间数据库

吉林省 1∶50 万大地构造相图包括图层文件有：大地构造相单元(面)，大地构造相单元边界(线)，沉积岩建造组合(面)，火山岩岩石构造组合(面)，侵入岩岩石构造组合(面)，变质岩岩石构造组合(面)，岩石构造组合边界(线)，大型变形构造(面)，大型变形构造(线)，大地构造相单元注记，同位素年龄及相关地理要素、整饰要素。

在大地构造相图编制过程中，全程应用 GIS 技术，按照“成矿地质背景数据模型”要求，填制数据表及数据项各项内容。

一、编图及建库工作流程

1. 资料收集

收集吉林省范围内的 27 幅 1∶25 万实际材料图和 27 幅 1∶25 万建造构造图。

2. 缩编和拼接建造构造图

将 27 幅 1∶25 万建造构造图进行拼贴并缩编，由高斯-克吕格坐标系投影到兰伯特坐标系，形成 1∶50 万建造构造图。用吉林省行政边界线进行裁剪，对裁剪后的 1∶50 万建造构造图进一步连图，取舍地质界线、断层，归并岩石构造组合，删除不具指相意义的小地质体，删除小于 2mm 宽的第四系。

3. 编制大地构造相专题工作底图

分别开展沉积岩、火山岩、侵入岩、变质岩、大型变形构造 5 个专业的专题研究工作，针对不同工作内容，充分利用物化遥资料推断地质构造内容，按全国统一标准，分别编制大地构造相专题工作底图。

4. 相单元的确定，编制大地构造相主图

在 5 个专业大地构造相专题工作底图的基础上，确定大地构造相的类型及其特征，厘定相单元、划分大地构造相。大地构造相图的基本编图单位为岩石构造组合。

在岩石构造组合的基础上，归并出亚相的分布范围；然后将相邻且有成生联系的亚相归并为相，形成吉林省大地构造相主图。

5. 进行大地构造相时空演化分析，编制大地构造相辅图

(1)进行综合研究，建立构造演化序列，确立优势大地构造相，研究其演化规律。按全国统一的构造单元划分方案，根据三级构造单元分别建立各构造带的大地构造相时空结构图。该图表达了不同亚相(相)之间的相互关系以及各亚相的岩石构造组合特征，并划分出不同构造演化阶段。

(2)通过建造分析(沉积建造地质构造环境分析、岩浆活动构造环境分析、变形变质构造组合分析、盆地构造分析)，进行大地构造相单元横向之间关系的研究，建立相模式。

(3)研究不同构造阶段的构造格架及其构造演化过程，建立综合演化模式图。

(4)研究大地构造相与成矿构造的关系，将其成果表示在图件上。

(5)编制形成其他大地构造相辅图。

6. 图面整饰

统一协调的图式、图例、符号、代号、图签。绘制辅图：①大地构造位置示意图；②大地构造相时空结构图；③大地构造相模式图；④大地构造相演化过程综合模式图；⑤其他辅助图件。

7. 属性采集

地质专家按成矿地质背景数据模型要求的数据结构，采集建造构造图点元、线元、面元特征属性，填写属性表格。

8. 属性挂接

编辑图形文件与填制完成属性表的关键字段，通过 GeoMag 软件的转入图元属性功能进行属性

挂接。

大地构造相图编图流程如图 8-4-1 所示。

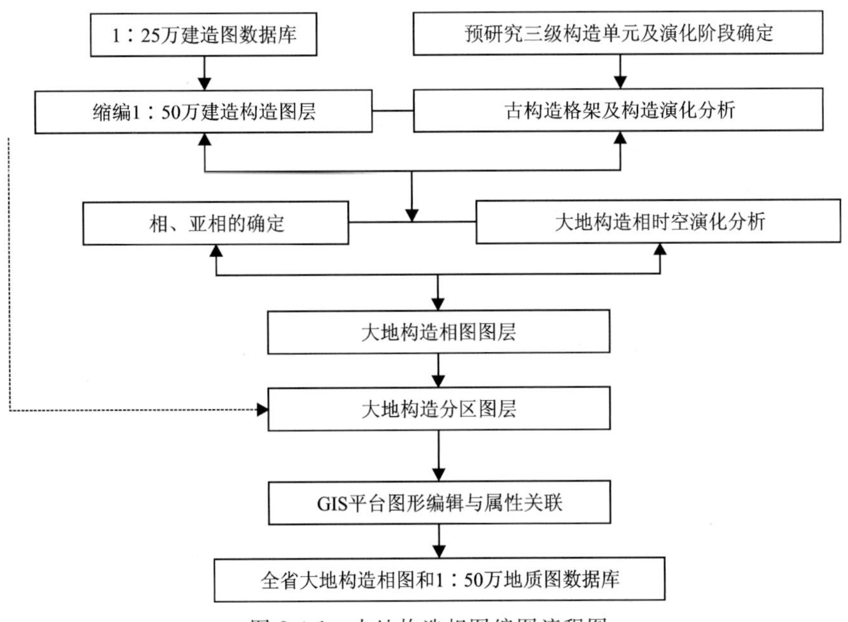

图 8-4-1　大地构造相图编图流程图

二、质量检查

1. GeoTOK 软件检查

利用 GeoTOK 软件对图件进行空间拓扑检查，检查内容如下：①拓扑结点检查；②重叠点坐标检查；③“Z”字型线检查；④自相交线弧检查；⑤多余弧段检查；⑥重复点线面检查；⑦文件压缩存盘情况检查；⑧套合一致性检查；⑨拓扑一致性检查。

2. GeoMAG 软件检查

利用 GeoMAG 软件对图件属性数据进行质量检查，检查内容如下：①检查图层结构；②检查图件结构；③检查属性结构；④检查属性项值域。

3. 质量监控

建立完整的工作日志表，自检、互检、抽检表，每个作业人员做 100％的自检，自检结果与修改处理要有记录，而且每一幅图必须经过 100％的互检。图幅完成后项目负责要进行 60％以上的抽检，以确保图幅内容全部符合质量要求。

三、元数据编写

以中国地质调查局发布的《地质信息元数据标准》(DD-2006-05)为标准，参照全国矿产资源潜力评价元数据模版编写吉林省 1：50 万大地构造相图件元数据。

第九章　关键地质问题讨论

1. 古元古代地层层序问题

1)集安岩群

集安岩群原名集安亚群，吉林省地质局通化地质大队(以下简称通化队)辑安地质队(1961)创名，指分布于集安市北部久财源子、花甸子、头道、清河、台上一带，由片麻岩、斜长角闪岩、黑云角闪岩、变粒岩、钠长浅粒岩、白云大理岩、蛇纹橄榄大理岩、含石墨大理岩、石英岩和各类混合岩等组成的变质岩系。自下而上划分为清河组、新开河组、大东岔组，置于辽河群之下，鞍山群之上，时代归属于太古宙。集安岩群命名前称五台系(饭家实,1938)，后又被称为胶东系(长春地院通化地质大队,1958)、中鞍山群(长春地院,1960)、鞍山群辑安亚群(通化队辑安地质队,1961)。1973 年郑传久等和中华人民共和国地质图集吉林省 1∶300 万地质图编图组均将辑安亚群从鞍山群中分出，改称集安群，并按 1964 年 6101 队经 1∶5 万区域地质调查的划分，自下而上划分为清河组、新开河组、大东岔组。1974 年毕振刚等将大东岔组从集安群分出，改为达台山组，划入老岭群，该意见于 1975 年被吉林地层表编写组采纳。1975 年辽宁省区测队，在桓仁县幅 1∶20 万区域地质调查时，将集安群称为辽河群，自下而上划分为里尔峪组、高家峪组、大石桥组、盖县组。同年吉林区调队在浑江市幅、集安县幅 1∶20 万区域地质调查中，复将大东岔组重新划入集安群。1986 年吴水波将大东岔组置于集安群下部，清河组置于上部。1979—1987 年，姜春潮对此先后提出不同划分意见，最后在《辽吉东部前寒武系地质》中将集安群划分为达台山组、蚂蚁河组、清河组、新开河组、霸王朝组，将集安群大东岔组划入草河群。1989 年王福润等提出集安群是同斜为主的多期叠加褶皱，重新厘定后的集安群，由下到上为蚂蚁河组、荒岔沟组、大东岔组。本次地层对比研究，按变质岩系划群原则，把具有三幕变形特征的花山组、临江组、大栗子组划入集安岩群，复原构造形态，理顺新老关系后，集安岩群自下而上划分为蚂蚁河岩组、荒岔沟岩组、临江岩组和大栗子岩组。

1997 年出版的《吉林省岩石地层清理》，重新厘定了集安岩群的含义，认为集安岩群是鞍山岩群之上，老岭群之下，从含硼、含墨、多硅高铝和高铝含铁为特征的火山-沉积变质岩系，包括蚂蚁河岩组、荒岔沟岩组、临江岩组和大栗子岩组。

2001—2006 年进行的 1∶25 万国土资源大调查，根据区域地质特征，对层型、次层型剖面进行了系统研究，结合岩石特征、变质特征、岩石化学特征等，考虑上下叠置关系，采用 1989 年王福润等提出的集安群是同斜为主的多期叠加褶皱的观点，把集安岩群自下而上划分为蚂蚁河岩组、荒岔沟岩组、大东岔岩组，本次工作采纳之。

2)老岭岩群

老岭岩群由吉林区调队(1973)创名，指青白口系之下，太古宙地质体之上，由含砾变质长石石英砂岩、白云质大理岩、二云片岩、石英岩、千枚岩夹大理岩的一套岩石组成，自下而上划分为达台山组、珍珠门组、花山组、临江组和大栗子组。

1944 年斋藤林次将临江县老三队—花山—临江一带的变质岩称为花山层、临江层、大栗子层，归入辽河系盖平统。长春地院(1960)将该套变质岩称辽河群,自下而上划分达台山组、珍珠门组、花山组、临江组、大栗子组。吉林区调队(1973)在编制吉林省1∶300万地质图时考虑辽吉两省辽河群含义不同,差别很大,遂易名为老岭群。王福润等(1988)将老岭群只限定于珍珠门组以下地层,由老到新划分为新农村组、板房沟组、珍珠门组,将花山组、临江组从老岭群中分出,划入集安群相当层位。唐守贤(1990)将老岭群厘定为5个群,老岭群仍作为一个群保留下来,其含义与王福润等人意见相同,但在珍珠门组之下另立林家沟组。

1997年出版的《吉林省岩石地层清理》,经过对比研究,仍沿用老岭岩群一名,指在青白口系之下,集安岩群之上,由长石石英岩、石英岩、浅粒岩、变粒岩、钙硅酸盐岩(暖气包岩)、碳质板岩、大理岩、白云质大理岩组成的一套岩石,由老到新划分为新农村岩组、板房沟岩组、旱沟碳质板岩和珍珠门岩组。

2001—2006年进行的1∶25万国土资源大调查,根据区域地质特征,对层型、次层型剖面进行了系统研究,结合岩石特征、变质特征、岩石化学特征等,考虑上下叠置关系,把老岭岩群自下而上划分为林家沟岩组、珍珠门岩组、花山岩组、临江岩组、大栗子岩组。林家沟岩组又进一步划分新农村段、板房沟段,1∶25万白山市幅国土资源大调查把与林家沟岩组相当的,以变质砾岩为主的一套变质岩系划为达台山岩组;1∶25万通化市幅国土资源大调查把老岭岩群划为中元古代。本次工作根据区域地质特征,考虑地质构造环境及为成矿预测提供详细地质资料,把老岭岩群自下而上划分为林家沟岩组、珍珠门岩组、花山岩组、临江岩组、大栗子岩组,其中林家沟岩组又进一步划分4段,时代置于古元古代。

2. 吉林省南华系(纪)的划分

吉林省新元古代地层主要分布在两个不同的大地构造单元,即分布在兴蒙造山带内的以构造岩片形式存在的一套变质岩系及分布在华北陆块辽吉古裂谷内的未变质的陆源碎屑岩,原有划分是青白口系和震旦系,即细河群为青白口系,浑江群为震旦系。但在细河群中的钓鱼台组、桥头组中的海绿石石英砂岩,取海绿石做同位素测年,分别为818Ma(K-Ar)、629~656Ma(K-Ar),按照最新国际地层划分(2002)及中国区域年代地层划分(2001),应属南华系。经查阅大量原始资料,在二道江地区细河群中的钓鱼台组中曾发现有冰痕构造,故本次编图将原青白口系细河群划为南华系细河群。

3. 吉南古元古代构造单元划分及东部边界划分问题

辽吉古元古代古裂谷(另有观点为古元古代造山带)发育在华北陆块上胶辽吉古裂谷北延部分,是在太古宙古陆核基底上形成的夭折裂谷,是一条重要的贵金属、多金属及非金属成矿带,吉林省著名的老岭成矿带位于其中。原有划分在抚松至白头山一带,经过对区域地质资料的分析,认为松江至露水河一带被新生代玄武岩覆盖也有古元古代地层的存在(局部有出露),因此,辽吉元古代古裂谷的东部边界应向东延至到二江—松江一带。这个划分,对在辽吉元古宙古裂谷带内找矿及对华北陆块北缘东界的认识都有积极意义。

4. 华北陆块与兴凯-佳木斯地块拼合的地点、时间、方式问题

吉林省东部(松辽平原以东)分3个大地构造发展阶段,即前南华纪构造发展阶段、南华纪—中三叠世构造发展阶段、晚三叠世以来构造发展阶段。各不同的构造发展阶段其构造环境、物质组成、力学属性、成矿特征存在着巨大的差别。前南华纪构造发展阶段大地构造位置处于两大Ⅰ级构造单元交界部位,即以长春-敦化-图门结合带为界,以南为华北东部陆块及其陆缘活动带,以北为西伯利亚陆块(佳木斯-兴凯地块)陆缘活动带。华北东部陆块属于华北陆块北缘东段,进一步划分Ⅱ级构造单元:清源地块、龙岗地块(由板石地块、白山地块和夹皮沟地块组成)、和龙地块及辽吉古元古代裂谷、光华古元古代裂谷。华北东部陆块北部陆缘活动带为包尔汉图-温都尔庙弧盆系(Ⅱ级构造单元),金银别-海沟陆缘裂谷(Ⅲ级构造单元)。西伯利亚陆块(佳木斯-兴凯地块)陆缘活动带主要包括小兴安岭弧盆系(Ⅱ级构

造单元),杨木桥子岛弧(Ⅲ级构造单元),塔东岛弧(Ⅲ级构造单元),机房沟岛弧(Ⅲ级构造单元)。南华纪—中三叠世构造发展阶段是吉林省古亚洲构造域发展的主要阶段,也是南(华北陆块)北(西伯利亚陆块)汇聚阶段。有关南北汇聚的时间、汇聚方式观点很多,据现有地质资料,本项目工作采用的观点是:早古生代中-晚期,南北陆块已经开始汇聚碰撞,古亚洲洋基底消失,华北陆块抬升,导致中奥陶世以后地层缺失,晚古生代时期,南北板块始终处于拼合汇聚过程中,汇聚碰撞方式以陆—弧-弧—陆碰撞为主。晚古生代末期,随着潘尼亚(音译)超大陆的形成,古亚洲洋闭合,结束了南华纪—中三叠世构造发展阶段,拼贴构造缝合带在机房沟、头道沟、采秀洞一带,以蛇绿构造混杂岩出现为标志。晚三叠世以来构造发展阶段中国东部进入滨太平洋构造体系域发展阶段,去克拉通化,该阶段以叠加造山及拉伸裂谷为主要动力学机制,表现为侵入-火山岩浆活动造山带、拉伸裂谷带、断陷-坳陷盆地带。

主要参考文献

安俊义,1991.东北及内蒙古东部下白垩统划分与对比[J].东北煤炭技术(2),39-45.

白瑾,1990.辽南下元古界辽河群变形构造与铅锌矿的关系[R].天津:地质矿产部天津地质矿产研究所.

白瑾,1993.华北陆台北缘前寒武纪地质及铅锌成矿作用[M].北京:地质出版社.

陈秉鄰,1992.依—伊断裂带成堑阶段的沉积环境变化和生物演化[J].岩相古地理,32(3):220.

陈跃军,2004.吉林省东—南部中生代火山事件地层研究[D].长春:吉林大学.

董崇光,1980.中国东部裂谷系盆地的石油地质特征[J].石油学报,1(4):19-26.

方文昌,1976.天池碱性火山岩岩石学及含矿性[J].地质科学(4):9-17.

方文昌,1992.吉林省花岗岩类及成矿作用[M].长春:吉林科学技术出版社.

冯本智,1985.辽东前震旦纪变质岩中硼矿床成因的讨论[J].化工地质(1):9-17.

郭鸿俊,1987.中国东北北部石炭纪及二叠纪生物地层研究[C]//长春地质学院科学研究论文集.长春:吉林科学技术出版社.

郭胜哲,苏养正,池永一,等,1992.吉林、黑龙江东部地槽区古生代生物地层及岩相地理[M]//南润善,郭胜哲.内蒙古—东北地槽区古生代生物地层古地理.北京:地质出版社:71-143.

韩广玲,赵洪涛,1988.松辽盆地中央拗陷带青山口组玄武岩与油气分布的关系[J].石油实验地质,10(3):248.

豪威尔 D G,1991.地体构造学:山脉形成和大陆生长[M].成都:四川科学技术出版社.

何国琦,韩宝福,1995.大陆岩石圈研究[J].地学前缘,2(1-2):187-194.

何国琦,李茂松,1996.关于岩浆型被动陆缘[J].北京地质(S1):29-33.

何国琦,邵济安,1983.内蒙古南部(昭盟)西拉木伦河一带早古生代蛇绿岩建造的确认及其大地构造意义[C]//中国北方板块构造论文集.北京:地质出版社:243-250.

何镜宇,孟祥化,1987.沉积岩和沉积相模式及建造[M].北京:地质出版社.

贺高品,叶慧文,1998.辽东吉南地区早元古代变质地体的组成及主要特征[J].长春科技大学学报,28(2),121-134.

贺高品,叶慧文,1998.辽东吉南地区早元古代两种类型变质作用及其构造意义[J].岩石学报,14(2),152-162.

黑龙江省地质矿产局,1993.黑龙江省区域地质志[M].北京:地质出版社.

洪大卫,王涛,童英,等,2003.华北敌台和秦岭—大别—苏鲁造山带的中生代花岗岩于深部地球动力学过程[J].地学前缘,10(3):232-256.

黄本宏,1982.东北北部石炭二叠纪陆相地层及古地理概况[J].地质论评,28(5):385-401.

吉林省地质矿产局,1988.吉林省区域地质志[M].北京:地质出版社.

吉林省地质矿产局,1997.吉林省岩石地层[M].武汉:中国地质大学出版社.

吉林省区域地层表编写组,1978.东北地区区域地层表(吉林省分册)[M].北京:地质出版社.

姜春潮,1987.辽吉东部前寒武纪地质[M].沈阳:辽宁科学技术出版社.

姜春潮,刘光启,1983.辽东前寒武系草河群云盘组变质复理石建造的研究[J].地质论评,29(1):9-16.

李春昱,王荃,1983.我国北部边陲及邻区的古板块构造与欧亚大陆的形成[C]//中国北方板块构造文集.北京:地质出版社:3-16.

李德发,1984.延边地区下白垩统泉水村组的新认识[J].吉林地质(2):61-65.

李莉,谷峰,1982.吉林省延边地区柯岛组之我见[J].地质论评,28(2):10.

李之彤,李长庚,1994.吉林省盘石—双阳地区金银多金属矿床地质特征成矿条件很找矿方向[M].长春:吉林科学技术出版社.

辽宁省地质矿产局,1989.辽宁省区域地质志[M].北京:地质出版社.

林景仟,1987.岩浆岩成因导论[M].北京:地质出版社.

刘大瞻,刘跃文,1992.华北板块北缘东段上三叠统的若干特征[J].吉林地质,11(4):1-7.

刘桂年,安俊义,1991.延吉盆地白垩系层序及其几个地层问题的探讨[J].东北煤炭技术(5):54-60.

刘国良,王光奇,1985.吉林省吉黑地槽区早三叠世地层的发现[J].吉林地质(1):78-83.

刘茂强,米家榕,1981.吉林临江附近早侏罗世植物群及下伏火山岩地质时代的讨论[J].长春地质学院学报(3):18-40.

马俊孝,李之彤,张允本,等,1998.吉林中部古生代构造-岩浆活动与金银成矿作用[M].北京:地质出版社.

孟祥化,1993.沉积盆地与建造层序[M].北京:地质出版社.

米家榕,张川波,孙春林,等,1993.中国环太平洋北段晚三叠世地层古生物及古地理[M].北京:北京科学技术出版社.

米家榕,张川波,孙春林,1986.中国北方晚三叠世植物地理区划问题[J].长春地质学院学报(4):1-9.

内蒙古自治区地质矿产局,1991.内蒙古自治区区域地质志[M].北京:地质出版社.

欧祥喜,1987.蛟河盆地“河西砾岩”时代的讨论[J].吉林地质(1):67-70.

彭齐鸣,许虹,1994.辽东—吉南地区早元古宙变质蒸发岩系的形成环境及硼矿床成因[M].长春:东北师范大学出版社.

彭向东,张梅生,米家榕,1998.中国东北地区二叠纪生物混生机制讨论[J].辽宁地质(1):40-43.

彭玉鲸,1997.吉林省中生代陆相地层的年代地层学初步划分[J].吉林地质科技情报(4):2-10.

彭玉鲸,王友勤,刘国良,等,1982,吉林省及东北部邻区的三叠系[J].吉林地质(3):1-19.

彭玉鲸,王占幅,1995.吉林省中部A型花岗岩带的确定及其构造意义[J].吉林地质(3):31-44.

彭玉鲸,王占福,1999.吉林省蛇绿岩问题[J].吉林地质(2):17-29.

彭玉鲸,王占福,郑春子,1995.吉林省中生代火山运动及动力学机制[J].吉林地质科技情报(4):2-10.

齐文同,1990.事件地层学概论[M].北京:地质出版社.

邱家骧,1985.岩浆岩岩石学[M].北京:地质出版社.

邵济安,1986.内蒙古中部早古生代蛇绿岩及其在恢复地壳演化中的意义[C]//中国北方板块构造论文集.北京:地质出版社:158-172.

邵济安,唐克东,等,1995.中国东北地体与东北亚大陆边缘演化[M].北京:地震出版社.

石新增,李树田,王忠恒,1995.吉林省北部西土山火山岩的地质特征及其形成的地质时代[J].吉林地质,14(4):45-50.

苏养正,唐克东,池永一,等,1983.内蒙古白云鄂博东北上志留统西别河组新资料[C]//中国北方板块构造文集.北京:地质出版社:221-229.

孙德有,吴福元,李惠民,等,2000.小兴安岭西北部造山后A型花岗岩的时代及与索伦山-贺根山-扎赉特碰撞拼合带东延的关系[J].科学通报,45(20):2217-2222.

孙景贵,门兰静,赵俊康,等,2008.延边小西南岔富金铜矿区内暗色脉岩的锆石年代学及其地质意义[J].地质学报,82(4):518-527.

孙敏,张立飞,吴家弘,1996.早元古代宽甸杂岩的成因:地球化学证据[J].地质学报,70(3)207-222.

孙敏,张立飞,吴家弘,等,1998.中朝克拉通2300—2400宽甸杂岩地球化学:古元古代大陆裂谷存在吗?[C]//第30届国际地质大会论文集(火成岩、岩石学).北京:地质出版社:135-145.

唐克东,王莹,何国琦,等,1995.中国东北及邻区大陆边缘构造[J].地质学报,69(1):16-30.

王福润,王显武,1988.吉林省通化南部新农村一带集安群、老岭群的划分及其对比[J].吉林地质科技情报(3):16-21.

王海峰,张廷山,戴传瑞,等,2008.敦化盆地上侏罗统—上新统地层划分对比讨论[J].中国地质,35(1):41-53.

王鸿祯,1981.从活动论观点论中国大地构造分区[J].地球科学(1):42-66.

王五力,郑少林,张立君,等,1995.中国东北环太平洋带构造地层学[M].北京:地质出版社.

吴福元,孙德有,李惠民,等,2000.松辽盆地基底岩石的锆石U-Pb年龄[J].科学通报,45(6):656-660.

薛天武,1999.吉林省集安群斜长角闪岩特征及古构造环境浅析[J].吉林地质,18(2):11-45.

殷长建,彭玉鲸,靳克,2000.中国东北东部中生代火山活动与泛太平洋板块[J].中国区域地质,19(3):303-311.

于宏斌,陈会军,聂立军,等,2017.吉林省中泥盆世变质火山岩系的发现:来自原机房沟(岩)组(群)中锆石LA-ICP-MS U-Pb测年的证据[J].世界地质(2):281-390.

苑清杨,1979.吉林省永吉磐石一带下石炭统鹿圈屯组细碧角斑岩建造地质特征及含金铜性[J].吉林地质(3):13-21.

张德英,高殿生,1988.吉林省中部上三叠:南楼山组火山岩初议[J].吉林地质(1):63-68.

张梅生,彭向东,张松梅,等,1998.中国东北地区古生代构造古地理格局[J].辽宁地质(2):40-43.

张秋生,1984.中国早前寒武纪地质及成矿作用[M].长春:吉林人民出版社.

张秋生,1988.辽东半岛早期地壳与矿床[M].北京:地质出版社.

张艳斌,吴福元,翟明国,等,2004.和龙地块的构造属性与华北地台北缘东段边界[J].中国科学(D),34(9):795-806.

张允平,2004.华北板块与西伯利亚板块之间重大地质构造问题综合研究报告[R].沈阳:沈阳地质矿产研究所.

张允平，唐克东，苏养正，1986. 由陆壳增生旋回的观点试论内蒙古中部的加里东运动[C]//中国北方板块构造论文集. 北京：地质出版社：102-114.

赵春荆，彭玉鲸，党增欣，等，1996. 吉黑东部构造格架及地壳演化[M]. 北京：地质出版社.

郑春子，王光奇，杨树源，等，1999. 吉林晚石炭世威宁期石头口门裂陷槽的发现及地质意义[J]. 地质论评，45(6)：632-639.

周晓东，殷长建，彭玉鲸. 吉林延边地区柯岛群的由来及再认识[J]. 世界地质，29(1)：72-79.